国家卫生和计划生育委员会"十二五"规划教材
全国高等医药教材建设研究会"十二五"规划教材
全国高职高专院校教材

供临床医学专业用

生物化学
实验及学习指导

主　编　吕士杰　何旭辉

副主编　李　妍　孙秀玲　尹永英　赵　红

编　者（以姓氏笔画为序）

于海英（漯河医学高等专科学校）　　李艳花（大同大学医学院）

王黎芳（浙江医学高等专科学校）　　何旭辉（大庆医学高等专科学校）

文　程（大庆医学高等专科学校）　　张向阳（济宁医学院）

尹永英（南阳医学高等专科学校）　　陈明雄（益阳医学高等专科学校）

吕士杰（吉林医药学院）　　　　　　罗洪斌（湖北民族学院医学院）

孙秀玲（山东医学高等专科学校）　　赵　红（天津医学高等专科学校）

李　妍（吉林医药学院）　　　　　　徐世明（首都医科大学）

李元宏（山西医科大学汾阳学院）

人民卫生出版社

图书在版编目（CIP）数据

生物化学实验及学习指导/吕士杰，何旭辉主编.
—北京：人民卫生出版社，2014
ISBN 978-7-117-19703-8

Ⅰ.①生…　Ⅱ.①吕…②何…　Ⅲ.①生物化学-
化学实验-高等职业教育-教学参考资料　Ⅳ.①Q5-33

中国版本图书馆 CIP 数据核字（2014）第 197861 号

人卫社官网　www.pmph.com	出版物查询，在线购书
人卫医学网　www.ipmph.com	医学考试辅导，医学数据库服务，医学教育资源，大众健康资讯

生物化学实验及学习指导

主　　编：吕士杰　何旭辉
出版发行：人民卫生出版社（中继线 010-59780011）
地　　址：北京市朝阳区潘家园南里 19 号
邮　　编：100021
E - mail：pmph @ pmph.com
购书热线：010-59787592　010-59787584　010-65264830
印　　刷：三河市潮河印业有限公司
经　　销：新华书店
开　　本：787×1092　1/16　　印张：18
字　　数：449 千字
版　　次：2014 年 10 月第 1 版　2019 年 1 月第 1 版第 5 次印刷
标准书号：ISBN 978-7-117-19703-8/R·19704
定　　价：29.00 元

  按照高职高专临床医学专业培养目标的要求，编写人员在第 6 版《生物化学》配套教材《生物化学学习指导及习题集》的基础上，修编了第 7 版《生物化学》的配套教材《生物化学实验及学习指导》。编写人员来自全国 13 所医学院校，均长期从事生物化学教学工作。在编写过程中，编写人员始终遵循"三基"、"五性"、"三特定"的编写原则，注重培养学生的职业技能。

  本教材共分为生物化学实验及生物化学学习指导两部分。在生物化学实验部分，编写人员对生化实验基本知识与技能操作进行了较为详细的叙述，并根据医学专科不同专业的特点及临床需要，选择了 16 项实验内容。各院校可根据不同专业及对象酌情选用。为了进一步加强学生对第 7 版《生物化学》教材的理解与掌握，学习指导中每一章均分为内容要点、重点和难点解析、习题测试及参考答案 4 个部分，在习题测试部分，编写人员以国家执业医师/执业助理医师考纲为引领，同时兼顾其他类型的考试，设定了名词解释、选择题、填空题及问答题 4 个题型，以期突出教学中的基础与重点，密切结合临床病例，并培养学生理解知识、分析问题和解决问题的能力。

  编写过程中，得到编者所在单位以及吉林医药学院、生物化学教研室的大力支持。在此表示衷心的感谢。

  由于编者能力水平有限，难免存在错误及不当之处，恳请广大同行专家及各位读者批评指正。

吕士杰　何旭辉

2014 年 8 月

第一篇 生物化学实验

第二篇 生物化学学习指导

第一篇　生物化学实验

第一章

生化实验基本知识与技能操作

一、生物化学实验基本操作

（一）器皿的清洗及干燥

1. 玻璃器皿的清洗及干燥

（1）初用玻璃器皿的清洗：未使用过的玻璃器皿表面常附着有游离的碱性物质，可先用0.5%的去污剂洗刷，再用自来水洗净，然后浸泡在1%～2% HCl 溶液中过夜（4 小时以上），再用自来水冲洗，最后用无离子水冲洗2～3 次，100～120℃烘箱内烘干备用。

（2）使用过的玻璃器皿的清洗：非计量玻璃器皿或粗容量器皿，如试管、烧杯、量筒等普通玻璃器皿，可直接用毛刷蘸取清洁剂洗刷，或浸泡在0.5%的清洗剂中超声清洗，然后用自来水洗净清洁剂，用无离子水冲洗内壁2～3 次，烘干备用。

（3）比色皿的清洗：只能用专用洗液或1%～2%的去污剂浸泡（决不能用强碱清洗），然后用自来水冲洗，再用无离子水冲洗干净，切忌用刷子、粗糙的布或滤纸等擦拭，洗净后倒置晾干备用。

2. 塑料器皿的清洗及干燥　第一次使用的塑料器皿，可先用 8mol/L 尿素（用浓 HCl 调 pH=1）清洗，之后依次用无离子水、1mol/L KOH、无离子水清洗，然后用 3～10mol/L EDTA 除去金属离子的污染，最后用无离子水彻底清洗，以后每次使用时，可用 0.5% 的去污剂清洗，然后用自来水和无离子水洗净，晾干备用。

（二）刻度吸管及微量移液器的使用

1. 刻度吸管　刻度吸管为多刻度吸量管，用以量取 10ml 或 10ml 以下任意体积的溶液，有 0.1、0.2、0.5、1.0、2.0、5.0、10.0ml 等多种规格。吸管刻度所标的数字有自上而下及自下而上两种；有"快"字则为快流式，有"吹"字则为吹出式，无"吹"的吸管不可将管尖的残留液吹出，使用之前应仔细分辨。用刻度吸管吸、放溶液前要用吸水纸擦拭管尖外壁。

2. 微量移液器　微量移液器主要用于多次重复地快速定量移液，因其可以一只手操作，十分方便，现已在生物化学与分子生物学实验中广泛使用。微量移液器可分为二种：一种是固定容量移液器，常用的有 100μl、200μl 和 1000μl 等几种；另一种是可调容量移液器，常用的有 200μl、1000μl 和 5000μl 等多种规格。每种移液器都有其专用的聚丙烯塑料吸头,吸头可一次性使用,也可经超声清洗后重复使用,而且此种吸头还可以进行 120℃ 高压灭菌。

(1)原理:移液器的推动按钮可带动推杆使活塞向下移动,排除活塞腔内空气,松手后,活塞在变位弹簧的作用下恢复至原位,完成一次吸液过程。

(2)移液器的选择:不同型号的微量移液器吸取液体的体积范围也各不相同,操作时只可在额定取液量范围内设定,绝不可超出额定范围随意调整取液量,任何过度用力旋转旋钮及超过额定范围的设定都会损坏移液器并影响其准确度。因此,应主要根据量取液体的体积选择相应的移液器。

(3)操作方法:

1)调节体积旋钮至所需体积值刻度。

2)套上配套吸头并旋紧。

3)垂直持握微量移液器,用大拇指按至第一挡。

4)将吸头插入溶液,缓慢松开大拇指,使其复位。

5)将微量移液器移出液面,必要时可用纱布或滤纸拭去附于吸头表面的液体,但不要接触吸头孔。

6)排放液体时,重新将大拇指按下直至第二挡以排空液体。

7)微量移液器用后,将体积旋钮旋至最大刻度。

(三)溶液的混匀、加热和保温

1. 溶液的混匀方法主要有以下几种

(1)甩动混匀法:适用于试管中液体较少时,用手持试管上部,利用腕力甩动、振动以混匀液体。

(2)振荡混匀法:适用于使多个试管同时混匀,可将试管置于试管架上,双手持管架轻轻振荡,达到混匀的目的。

(3)敲法:适用于微量试管中液体的混匀,手持试管上部,将试管的下部在另一手掌心弹敲以混匀液体。

(4)转法:适用于试管中液体较多或小口器皿,用手反向握住试管上端,五指紧握试管,利用腕力使试管向一个方向做圆周运动,使液体旋转混匀。

(5)倒转混匀法:适用于液体较多,损失少量液体对实验没有显著影响时。将封好口的试管在手中上下倒转数次而将液体充分混匀。

(6)玻棒搅动法:适用于烧杯、量筒内容物的混匀。如固体试剂的溶解和混匀。

(7)漩涡混旋器混匀法:手持容器上端于混旋器上振动混匀。

(8)磁力搅拌器混匀法:适用于酸碱自动滴定、量大或混匀时间较长的溶液等。

2. 溶液的加热与保温

(1)水浴恒温箱:将水浴箱内水的温度调节至所需温度,将样品放置其中。

(2)空气恒温箱:按照需要调节恒温箱内的温度,将样品放置在一定温度的空气中。因空气传导温度时间较长,所以空气恒温箱适用于需要长时间保温的样品,如培养的大肠杆菌。

(3)恒温振摇器(恒温摇床):恒温摇床有两种,水平旋转式振摇器及跷板式振摇器,前者多用于菌种的扩增,后者多用于电泳凝胶染色和脱色。

二、分光光度技术

分光光度技术是利用物质具有对光的选择性吸收特征而建立起来的一种定量、定性分析方法。分光光度技术作为一种最为常用的仪器分析方法,具有操作简便、准确快速、灵敏稳定和用样量少等优点,因此广泛地应用于医药卫生、化学化工、机械电子、能源环保、食品饮料等多个领域,并已成为这些领域实验分析及测试的基本手段。

(一)基本原理

光的本质是一种电磁波,具有波-粒二相性。可见光的波长范围为 400~760nm。波长小于 400nm 的光线称为紫外线,大于 760nm 的光线称为红外线。

光线通过透明溶液介质时,一部分光线被溶液吸收,因此光线射出溶液后光波强度减少。这种光波的吸收和透过性质可用于物质的定性与定量分析,其理论依据是 Lambert 定律及 Beer 定律。

1. Lambert 定律　一束单色光通过透明溶液时,一部分光波被吸收,被吸收光波的量与溶液厚度有一定比例关系,即:

$$I = I_0 e^{-AL} \tag{1}$$

式中:I_0 为入射光强度;I 为通过溶液后的透射光强度;L 为光径上溶液的厚度;e 为自然对数的底,即 2.718;A 为溶液的吸光度。

式(1)可改写为:

$$\ln(I_0/I) = AL \tag{2}$$

将式(2)换算成常用对数式,即:

$$\lg(I_0/I) = 0.4343 \cdot AL$$

令 $K = 0.4343 \cdot A$

$$则 \lg(I_0/I) = KL \tag{3}$$

(3)式中:K 为比例系数。

2. Beer 定律　以溶液中溶质浓度的变化代替溶液厚度的改变,光波的吸收与溶质浓度的变化有相似的关系。即一束单色光通过溶液时,部分光波被溶液吸收,被吸收光的多少与溶液中溶质浓度呈一定的比例关系。依据 Lambert 定律中同样的推导,可得出下式:

$$\lg(I_0/I) = KC \tag{4}$$

式中 C 为溶液中溶质的浓度。

Lambert 定律和 Beer 定律合并,即式(3)和式(4)合并为

$$\lg(I_0/I) = KCL \tag{5}$$

令 $T = (I/I_0)$

$$则 A = \lg(1/T) = \lg(I_0/I)$$

$$A = KCL \tag{6}$$

式中:T 为透光度,A 为吸光度。

式(6)为 Lambert-Beer 定律的物理表示式,为分光光度技术的基本计算式。表示一束单色光通过溶液后,光波被吸收一部分,吸收光的多少与溶液中溶质的浓度和溶液厚度成正比。

(二)分光光度计的基本结构

分光光度计的种类很多,其原理及结构基本相似,主要包括光源、单色光器、狭缝、吸收

池及检测系统几个部件(图1-1)。

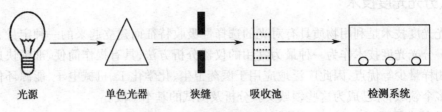

图1-1　分光光度计结构示意图

1. 光源　可见光的连续光谱可由钨灯、卤钨灯发射,最适波长范围为360～1000nm;紫外线的连续光谱由氢灯、氘灯发射,最适波长范围为150～400nm。

2. 单色光器　单色光器的作用为将混合光波分解为单一波长光,多用棱镜或光栅作为色散元件,可在较宽光谱范围内分离出相对纯波长的光线,通过此色散系统可根据需要选择一定波长范围的单色光。

3. 狭缝　狭缝是由一对不透光的隔板在光通路上形成的缝隙,通过调节缝隙的大小可调节入射单色光的强度,并使入射光形成平行光线,以便检测。

4. 吸收池(又称比色杯、比色皿、比色池)　可由玻璃或石英制成。在可见光范围内测量时,选用光学玻璃吸收池;在紫外线范围内测量时需选用石英吸收池。

5. 检测系统　主要由受光器和测量器两部分组成,常用的受光器有光电池、真空光电管或光电倍增管,均可将接收到的光能转变为电能,并将弱电流放大,提高敏感度。由电流计显示出电流的大小,在仪表上可直接读出吸光度值。

三、电泳技术

电泳是指带点粒子在电场中向与自身相反电荷的电极移动的现象,电泳技术是生物化学与分子生物学中重要的研究方法之一。

(一)基本原理

若某一带电粒子在电场中所受的力为F,则F的大小与电场强度E和粒子所带电荷Q乘积呈正比,即:F = E·Q。

根据Stoke氏定律,一球形分子在非真空条件下运动时所受的阻力F′与分子移动的速度(v)、分子半径(r)、介质的黏度(η)有关,即:

$$F' = 6\pi r\eta v$$

当F = F′时,即达到动态平衡时:

$$E \cdot Q = 6\pi r\eta v$$

移项后得

$$v/E = Q/6\pi r\eta \tag{1}$$

式中:v/E表示单位电场强度时粒子运动速度,称为迁移率(mobility),以μ表示,即:

$$\mu = v/E = Q/6\pi r\eta \tag{2}$$

由式(2)可见,带电颗粒的迁移率与其自身所带净电荷的数量,颗粒的大小、形状和介质的黏度等多种因素有关。通常带电颗粒所带的净电荷数量越多,颗粒越小,越接近球形,则在电场中泳动的速度越快。两种不同的粒子一般有不同的迁移率,移动速度v可表示为单位时间t内移动的距离d,即:

$$v = d/t$$

若电场强度 E 为单位距离内电势差 U(以伏特计),L 为支持物的有效长度,则:

$$E = U/L$$

将 v = d/t,E = U/L 代入(2)式即得:

$$\mu = Q/6\pi r\eta = v/E = dL/tU$$

式中:v 为粒子的泳动速度(cm/s 或 min),E 为电场强度或电势梯度(V/cm),d 为粒子泳动距离(cm),L 为支持物的有效长度(cm),t 为通电时间(s 或 min),U 为加在支持物两端的实际电压(V)。因此迁移率(或泳动度)的单位为 $cm^2/(s \cdot V)$。

物质 A 在电场中移动的距离表示为:

$$d_A = \mu_A tU/L$$

物质 B 在电场中的移动距离表示为:

$$d_B = \mu_B tU/L$$

则两物质移动距离差为:

$$d_A - d_B = (\mu A - \mu B)tU/L \tag{3}$$

式(3)说明物质 A、B 能否分离决定于两者的迁移率。若他们的迁移率相同则不能分离,不相同则能分离,在一定的实验条件下,迁移率差别越大分离得越好。

(二)常用的电泳技术

1. 纸电泳　纸电泳是以滤纸作为支持物的电泳技术。纸电泳的设备简单,应用广泛,是最早使用的固相电泳技术。在早期的生物化学研究中,曾发挥重要作用。但由于纸电泳时间长,分辨率较差,而且滤纸的吸附作用较大,电渗作用较为严重,因此近年来逐渐被其他快速、简便、分辨率高的电泳技术所代替。

2. 乙酸纤维素薄膜电泳　乙酸纤维素是纤维素的羟基乙酰化所形成的纤维素乙酸酯。乙酸纤维素薄膜电泳即是采用乙酸纤维素薄膜作为支持物的电泳方法。乙酸纤维素薄膜具有泡沫状的结构,厚度约为 $120\mu m$,有很强的通透性,对分子移动的阻力较小。乙酸纤维素薄膜电泳目前已广泛应用于科学实验、生化产品分析和临床检验,如血清蛋白、血红蛋白、脂蛋白、糖蛋白、同工酶等的分离和鉴定。该电泳方法具有简单、快速、样品量少、区带清晰、灵敏度高、便于照相和保存等特点,缺点为乙酸纤维素薄膜的吸水性差,电泳过程中水分易蒸发,因此为保持其处于湿润状态,该电泳过程应在密闭的电泳槽中进行。

3. 琼脂糖凝胶电泳　琼脂糖为从琼脂中分离制备的一种多聚糖,是由半乳糖及其衍生物构成的不带电荷的中性物质,其结构单元为 D-半乳糖和 3,6-脱水-L-半乳糖。许多琼脂糖链依靠氢键的作用互相盘绕形成网孔型凝胶。因此该凝胶适合于免疫复合物、核酸与核蛋白的分离、鉴定及纯化。目前多用琼脂糖为电泳支持物进行平板电泳。由于该电泳操作方便,设备简单,所需样品量少,分辨能力高,已成为基因工程研究中常用的实验方法之一。由于琼脂糖凝胶的透明度好,便于扫描,其条带强度与 DNA 含量呈正比,因此可用于 DNA 半定量分析;而且琼脂糖不与染料结合,染色后背景染料颜色容易洗脱;另外凝胶可制成薄膜长期保存。缺点为易造成严重的电渗现象,影响电泳的速度,而且琼脂所含可溶性杂质难以除去。

4. 聚丙烯酰胺凝胶电泳　聚丙烯酰胺凝胶电泳是以聚丙烯酰胺凝胶作为支持介质的电泳方法,可根据被分离物质分子大小和所带电荷多少来进行分离。聚丙烯酰胺凝胶是由丙烯酰胺和 N,N′-甲叉双丙烯酰胺聚合而成的大分子。该电泳技术的优点较多,如具有分子筛作用,电渗作用比较小,不易和样品相互作用,对热稳定,凝胶无色透明,易观察,分离时间短等。缺点为丙烯酰胺和 N,N′-甲叉双丙烯酰胺均有神经及皮肤毒性,因此操作过程中应戴手套。

四、层析技术

层析技术(色谱技术)是近代生物化学实验中常用的分析方法之一。1903 年,俄国植物学家 Michael Tswett 首创了一种从叶片浸出液中分离不同色素成分的方法,即色谱法。目前色谱技术形式多种多样。

(一)基本原理

层析技术是利用混合物中各组分的理化性质不同,而使各组分以不同程度分布在固定相与分离相。当混合物通过多孔支持物时,各组分受固定相的阻力和受流动相的推力不同,各组分移动速度各异,并在支持物上集中分布于不同的区域,从而各组分得以分离。

层析须在两相系统间进行。一相是固定相,需支持物,是固体或液体。另一相为流动相,是液体或气体。当流动相流经固定相时,被分离物质在两相间的分配,由平衡状态到失去平衡又至恢复平衡,即不断经历吸附与解吸附的过程。

(二)分类

按流动相的状态进行分类,可分为液相层析和气相层析;按固定相的使用形式分类,可分为柱层析、纸层析、薄层层析、薄膜层析等;按层析的机理分类,可分为吸附层析、离子交换层析、分子排阻层析(凝胶过滤)、亲和层析等。

1. 吸附层析(absorption chromatography) 吸附作用是指某些物质能够从溶液中将溶质浓集在其表面的现象。吸附层析是利用吸附剂对不同物质的吸附力不同而对混合物中的各组分进行分离的方法。把吸附剂装入玻璃柱内或铺在玻璃板上,由于吸附剂的吸附能力因不同溶剂的影响而发生改变,因此样品中的物质被吸附剂吸附后,再用适当的洗脱液冲洗,改变吸附剂的吸附能力,使之解吸附,并随洗脱液向前移动。解吸下来的物质向前移动时,遇到新的吸附剂则又重新被吸附。此被吸附的物质再被后来的洗脱液解吸下来。经如此反复的吸附——解吸——再吸附——再解吸的过程,物质即可沿着洗脱液的前进方向移动。由于同一吸附剂对样品中各组分的吸附能力不同,所以在洗脱过程中具有不同吸附能力的各组分便会由于移动速度不同而逐渐分离出来。

2. 离子交换层析(ion-exchange chromatography) 离子交换层析是以离子交换剂为固定相,利用离子交换剂对需要分离的各种离子具有不同的结合力,而进行分离的层析技术。离子交换剂根据其可交换离子的性质分为阳离子交换剂和阴离子交换剂两大类;根据离子交换剂的化学本质不同又可分为离子交换树脂、离子交换纤维素和离子交换葡聚糖等多种。

3. 凝胶过滤层析(gel chromatography) 凝胶过滤层析是以多孔性凝胶填料为固定相,以分子筛作用对生物大分子进行分离的层析技术。当样品随流动相经过凝胶填料固定相时,比凝胶孔穴孔径大的大分子物质不能扩散进入凝胶颗粒内部,于是随流动相流经颗粒之外的空间,首先洗脱出层析柱;比凝胶孔穴孔径小的小分子物质可以扩散进入凝胶颗粒孔穴内,比大分子物质流经的载面积宽,经历流程长,于是与大分子物质分离开来,最后被洗脱出去。即固定相的孔穴对不同大小的样品成分具有不同的阻滞作用,使之以不同的速度通过凝胶柱,从而达到分离的目的。

4. 亲和层析(affinity chromatography) 亲和层析是利用化学方法将可与待分离物质可逆性特异性结合的配体连接到某种固定相上,并将载有配体的固定相装柱,待分离的生物大分子通过此层析柱时,该分子便与配体特异性结合而留在柱上,其他物质则随流动相流出。再用适当方法使该大分子从配体上分离并洗脱下来,从而达到分离的目的。亲和层析近年来受到广泛重视,并得到迅速发展。

五、离心分离技术

离心分离技术是待分离的物质借助于离心机旋转所产生的外向离心力,根据物质的沉降系数、密度及浮力等性质的不同,而对混合物质进行分离的技术。在生物化学与分子生物学研究领域,离心分离技术已经得到广泛的应用。

(一)基本原理

1. 离心力和相对离心力 物体围绕中心轴旋转时会受到一个指向中心的力(离心力,F)的作用。可得:

$$F = M\omega^2 r \text{ 或者 } F = VD\omega^2 r$$

式中 M 为物体的质量,V 为体积,D 为密度,ω 为角速度(弧度数/秒),r 为旋转半径。

相对离心力(RCF)代表离心力与某一物质所受重力的比值,常用"数字 × g"来表示,单位是重力加速度"g"($980cm/s^2$)。此时 RCF 可表示为:

$$RCF = \frac{\omega^2 r}{980}$$

若以每分钟转速(rpm 或 r/min)来表述相对离心力,由于 $\omega = 2\pi rpm/60$,则:

$$RCF = 4\pi^2 rpm^2 r/(3600 \times 980)$$

即 $RCF = 1.119 \times 10^{-5} \times rpm^2 r$

由上式可见,在已知旋转半径 r 的条件下,则 RCF 和 rpm 之间可以进行换算。

2. 沉降系数 沉降系数(sedimentation coefficient,S)是物质在单位离心力场作用下的沉降速度。一般生物大分子的沉降系数(单位为 S)在 $(1 \sim 500) \times 10^{-13}$ 秒之间,若规定 1×10^{-13} 秒为一个单位(或称 1S),则纯蛋白在 1S ~ 20S 之间,较大核酸分子在 4S ~ 100S 之间,亚细胞结构在 30S ~ 500S 之间。

(二)离心机的主要构造和类型

1. 主要构造 离心机的构造主要包括离心室、驱动系统、温度控制和真空系统、转子及操作系统。

(1)离心室:为转头进行高速旋转的空间。

(2)驱动系统:主要包括电动机和转轴。

(3)温度控制和真空系统:温度控制系统由制冷压缩机、冷凝器、干燥过滤器、膨胀阀等组成。真空系统由机械泵和扩散泵串联接在离心室上,使离心室维持真空状态。

(4)转子(转头):离心机的转子分为固定角式转子、水平转子、垂直转子、带状转子、连续转子等。

(5)操作系统:操作系统由开关、旋钮、指示灯等组成,为离心机的中枢。

2. 类型 离心机根据转数的不同分为低速、高速和超速离心机;根据用途分为工业用离心机和实验用离心机,实验用离心机又分为分析性离心机和制备性离心机。

(三)离心方法

1. 差速沉淀离心 差速沉淀离心(differential centrifugation)是利用不同强度的离心力使不同质量的物质分批分离的方法。差速离心分辨率不高,适用于 S 在 1 到几个数量级的混合样品的分离。

2. 速率区带离心 速率区带离心(rate zonal centrifugation)是将样品置于平缓的介质梯度中(该梯度的最大密度低于样品混合物的最小密度),样品颗粒按照其不同的沉降速率沉降,而使样品分离的方法。

3. 等密度梯度离心 等密度梯度离心(isopycnic centrifugation)是一种测定粒子浮力密度的方法。其介质溶液能在离心力场内自行形成连续的梯度,同时被分离的样品颗粒能分别达到相当于本身浮力密度的平衡位置,从而使样品得到分离。

(四)离心操作的注意事项

使用离心机时都必须严格遵守操作规程,否则因使用不当或缺乏定期的检修和保养,均可能发生严重事故。

1. 使用离心机时,必须事先平衡离心管和其内容物,平衡时重量之差不得超过其说明书上规定的范围;转子中绝对不能装载单数的离心管,另外离心管必须互相对称地放在转子中,以便使负载均匀地分布在转子的周围。

2. 根据待离心液体的性质及体积选用适合的离心管,无盖的离心管中液体不能装得过多,以防离心时液体甩出,造成转子不平衡、生锈或被腐蚀。但制备性超速离心机的离心管,则一般要求将液体装满,以免离心时塑料离心管的上部凹陷变形。

3. 每次使用后,必须仔细检查转子,及时清洗、擦干。转子长时间不用时,应涂蜡保护,严禁使用显著变形、损坏或老化的离心管。搬动时要小心,避免碰撞及造成伤痕。

4. 当在低于室温的温度下离心时,转子提前放置在冰箱或置于离心机的转子室内预冷。

5. 实验人员在离心过程中不得随意离开,应随时观察离心机上的仪表是否正常工作,如有异常的声音应立即停止离心,并立即检查,及时排除故障。

6. 使用转子时要查阅说明书,不得超过每个转子的最高允许转速和使用累积限时。

(李 妍)

第二章

实　验　项　目

实验一　蛋白质等电点的测定

【实验目的】

1. 验证蛋白质两性电离性质和等电点。

2. 掌握测定酪蛋白等电点的原理和方法。

【实验原理】

蛋白质是两性电解质,在一定的 pH 溶液中可解离出带负电荷及带正电荷的基团,调节溶液的 pH,可使蛋白质所带正、负电荷数量变化。当蛋白质溶液 pH = pI 时,蛋白质分子所带正、负电荷相等,净电荷为零,溶解度最低,最容易沉淀析出。在一定的 pH 范围内,蛋白质溶液偏离 pI 越远,蛋白质分子带的同种电荷数越多,越不容易发生沉淀。

【主要器材】

1. 试管、吸耳球。

2. 吸量管(1ml、2ml、5ml)。

【主要试剂】

1. 0.01mol/L 乙酸。

2. 0.1mol/L 乙酸。

3. 1.0mol/L 乙酸。

4. 5g/L 酪蛋白乙酸钠溶液　称取纯酪蛋白 0.25g,加入蒸馏水 20ml 及 1.0mol/L NaOH 5ml,混合至酪蛋白完全溶解。再加入 1.0mol/L 乙酸 5ml,移入 50ml 容量瓶中,用蒸馏水稀释至刻度。

【实验步骤】

取 5 支干净试管,编号并按表 2-1 操作。

表 2-1　蛋白质等电点测定操作步骤

试剂（ml）	1	2	3	4	5
蒸馏水	1.6	0.0	3.0	1.5	3.4
0.01mol/L 乙酸	0.0	0.0	0.0	2.5	0.6
0.1mol/L 乙酸	0.0	4.0	1.0	0.0	0.0
1.0mol/L 乙酸	2.4	0.0	0.0	0.0	0.0
5g/L 酪蛋白乙酸钠溶液	1.0	1.0	1.0	1.0	1.0
溶液 pH	3.2	4.1	4.7	5.3	5.9

立即混匀各管,静置 10 分钟,观察各管沉淀情况。

【实验结果】

各管沉淀结果用"－,＋,＋＋,＋＋＋"表示,填入表 2-2。

表 2-2　蛋白质等电点测定结果

管号	1	2	3	4	5
沉淀结果					

结合原理,分析实验结果,找出酪蛋白等电点并说明原因。

【注意事项】

1. 使用吸量管取不同试剂前均需洗涤,避免试剂相互污染,影响实验结果。
2. 注意吸量准确,否则可能导致错误实验结果。

（徐世明）

实验二　乙酸纤维素薄膜电泳分离血清蛋白质

【实验目的】

1. 掌握血清蛋白质乙酸纤维素薄膜电泳的实验方法。
2. 了解电泳的概念、原理、用途及影响电泳迁移率的因素。

【实验原理】

带有电荷的粒子在电场中向着与其电荷相反的方向移动的现象称为电泳。电泳技术是生物化学与分子生物学研究的重要手段。利用电泳技术可分离许多物质,如氨基酸、多肽、蛋白质、脂类、核苷、核苷酸、核酸等。并可用于分析物质的纯度和分子量的测定等。

蛋白质为两性电解质,在不同 pH 溶液中,其带电情况不同。当溶液的 pH 等于蛋白质的等电点时,蛋白质所带净电荷为零,在电场中不移动。当溶液 pH 小于蛋白质等电点时,蛋白质分子呈碱式解离,带正电荷,向负极移动。当溶液 pH 大于蛋白质等电点时,蛋白质呈酸式解离,带负电荷,向正极移动。电荷越多,分子量越小的球状蛋白质,移动速度就越快,反之则越慢。

血清中各种蛋白质的等电点均低于 7,故在 pH8.6 的缓冲液中,均带负电荷。由于各种蛋白质的等电点不同,加之其分子量各不相同,分子形状也不相同,导致血清蛋白质在电场中的移动速度也不相同,从而得以分离。用此方法可将血清蛋白质分为清蛋白、α_1 球蛋白、α_2 球蛋白、β 球蛋白及 γ 球蛋白 5 种。

以乙酸纤维素薄膜为支持介质,电泳分离后经染色处理,可展示出清晰的蛋白质电泳图谱。由于染色时,染料与蛋白质的结合与蛋白质的量成正比,因此将蛋白质电泳图谱中各区带剪下,分别用一定量的 NaOH 溶液洗脱下来,进行比色,即可测定出各蛋白质区带的相对含量。也可对电泳区带扫描得出各蛋白质区带的相对含量。

【主要器材】

1. 电泳仪、电泳槽。
2. 盖玻片(作为点样器)、载玻片。
3. 染色缸、漂洗缸。
4. 镊子。

5. 722 型分光光度计。

6. 乙酸纤维素薄膜。

【主要试剂】

1. 新鲜血清。

2. pH8.6 巴比妥缓冲液 称取巴比妥 1.66g,巴比妥钠 12.76g,溶于少量蒸馏水中,加热溶解,冷却至室温后,用蒸馏水稀释至 1000ml。

3. 丽春红染色液 称取丽春红 0.5g,三氯乙酸 6g,用蒸馏水溶解并稀释至 100ml。

4. 漂洗液 2.5% 乙酸溶液。

5. 洗脱液 0.4mol/L NaOH 溶液。

【实验步骤】

1. 电泳槽的准备 将巴比妥缓冲液加入电泳槽中,调节两侧槽内的缓冲液,使其在同一水平面上。用 4 层干净的纱布做桥,用巴比妥缓冲液润湿,铺垫在电泳槽支架上。

2. 乙酸纤维素膜的浸泡 将乙酸纤维素薄膜切成 8cm×2cm 的小片,浸泡在盛有巴比妥缓冲液的培养皿中,浸泡 24 小时待用。

3. 点样 取浸泡好的乙酸纤维素膜一片,夹于滤纸中,吸去多余的缓冲液,在薄膜无光泽面的一端 1.5cm 处,用盖玻片蘸取少量血清点于此处(蘸取的血清量要适中且均匀),使血清均匀渗入薄膜中。

4. 电泳 将点样后的乙酸纤维素膜无光泽面向下,点样端靠近阴极置于电泳槽架上,并使膜两端与纱布桥贴紧,用镊子将薄膜放正、拉直,放好后立即盖上电泳槽盖子。然后打开电泳仪电源开关,调节电压 90~120V,电泳 45~60 分钟,关掉电源。

5. 染色及漂洗 用镊子取出薄膜,浸入染色液中 5 分钟后取出,用漂洗液漂洗数次,使背景漂净为止。用滤纸吸干薄膜。

6. 定量 取试管 6 支编号,分别用移液管吸取 0.4mol/L NaOH 4ml,剪开薄膜上各条蛋白质色带,另于空白部位剪一平均大小的薄膜条,将各条分别浸于上述试管内,不时摇动,使色泽浸出,约 30 分钟后于波长 620nm 进行比色,用空白管(即空白部位薄膜条浸后液体)调零,分别读取各管的吸光度值。

【实验结果】

计算:各组分蛋白(%) = $A_X/A_T \times 100\%$

式中:A_T 为各组分蛋白质吸光度之总和;A_X 为各组分蛋白吸光度。

【临床意义】

1. 血清蛋白质的等电点、分子量及在正常血清中各蛋白质组分的百分数如表 2-3。

表 2-3 血清蛋白质的等电点、分子量及在正常血清中的百分数

血清蛋白质	等电点	分子量	占总蛋白质的百分比(%)
清蛋白	4.64	69 000	57~72
α₁-球蛋白	5.06	200 000	2~5
α₂-球蛋白	5.06	300 000	4~9
β-球蛋白	5.12	90 000~150 000	6.5~12
γ-球蛋白	6.85~7.3	156 000~950 000	12~20

2. 肝硬化时清蛋白明显降低,而 γ-球蛋白可增高 2～3 倍。肾病综合征和慢性肾小球肾炎时可见清蛋白降低,α_2 和 β-球蛋白增高。从电泳图谱上也可查出某些异常。例如多发性骨髓瘤病人,血清有时在 β 和 γ-球蛋白之间出现巨球蛋白。原发性肝癌病人血清在清蛋白与 α_1-球蛋白之间可见到甲胎蛋白。

3. 正常人血清总蛋白含量为 60～80g/L,分为两部分:清蛋白(A)含量为 38～48g/L,球蛋白(G)含量为 15～30g/L,A/G 比值为 1.5～2.5。

【注意事项】

1. 点样后立即电泳,以防乙酸纤维素膜干燥。

2. 点样线不能压在电泳槽的横桥纱布上。

3. 比色时乙酸纤维素膜要脱色彻底。

【思考题】

1. 为什么电泳时要将点样端置于阴极?

2. 简述电泳的基本原理。

(徐世明)

实验三 蛋白质含量测定

蛋白质含量可从蛋白质所具有的理化性质,如折射率、比重、紫外吸收、染色等特点测定而得知;或用化学方法,如双缩脲反应、Folin-酚试剂反应、BCA 法等方法来测定。其中 Folin-酚试剂法和染色法是一般实验室中经常使用的方法。Folin-酚试剂法灵敏度较高,较紫外吸收法灵敏 10～20 倍,较双缩脲法灵敏 100 倍左右。这类方法操作简便、迅速,不需要复杂和昂贵的设备,又能适合一般实验室的要求,作为一般蛋白质含量测定较为适宜。

一、考马斯亮蓝法

【实验目的】

1. 掌握考马斯亮蓝染色法(Bradford 法)定量测定蛋白质的原理与方法。

2. 熟悉分光光度计的工作原理和操作方法。

【实验原理】

该方法于 1976 年由 Bradford 建立。考马斯亮蓝 G250 在酸性溶液中为棕红色,当它与蛋白质结合后,变成蓝色。蛋白质含量在 0～1000μg 范围内,蛋白质-色素结合物在 595nm 下的吸光度与蛋白质含量成正比,故可用比色法进行定量分析。考马斯亮蓝 G250 法(Bradford 法)是比色法与色素法相结合的复合方法,简便快捷,灵敏度高,稳定性好,是一种较好的测定蛋白质含量的常用分析方法。

【主要器材】

1. 722 型分光光度计。

2. 试管、吸耳球。

3. 吸量管(0.5ml、1ml、5ml)。

【主要试剂】

1. 标准蛋白质溶液 牛血清白蛋白(BSA)用微量凯氏定氮法测定其含量后,用蒸馏水配制成 100μg/ml 的原液。

2. 考马斯亮蓝 G250 试剂 称取 100mg 考马斯亮蓝 G250,溶于 50ml 95% 的乙醇后,再加入 100ml 85%(W/V)的磷酸,用水稀释至 1000ml。此溶液在常温下可放置 1 个月。

【实验步骤】

1. 标准曲线的制作 取试管 6 支,按表 2-4 进行编号并加入试剂。

表 2-4 考马斯亮蓝法标准曲线操作步骤

试剂	1	2	3	4	5	6
蛋白质标准液(ml)	0.0	0.2	0.4	0.6	0.8	1.0
蒸馏水(ml)	1.0	0.8	0.6	0.4	0.2	0.0
考马斯亮蓝 G250(ml)	5.0	5.0	5.0	5.0	5.0	5.0
蛋白质含量(μg)	0	20	40	60	80	100

将各管混匀,放置 2 分钟后比色。取波长 595nm,用 1 号管调吸光度为零,分别读取各管吸光度值。以各管蛋白质含量为横坐标,吸光度值为纵坐标,绘制标准曲线。

2. 样品中蛋白质含量的测定 血清用蒸馏水稀释 200 倍,按表 2-5 操作。

表 2-5 样品中蛋白质含量的测定

试剂	空白管	测定管
血清(ml)	0.0	0.1
蒸馏水(ml)	1.0	0.9
考马斯亮蓝 G250(ml)	5.0	5.0

将各管混匀,在 595nm 波长处比色,以空白管调吸光度为零,读取测定管的吸光度值。

【实验结果】

从标准曲线中查出测定管的蛋白质含量,除以 0.1 即得每毫升血清中蛋白质含量的 μg 数。

【注意事项】

比色测定应在出现蓝色后 1 小时内完成。

【思考题】

考马斯亮蓝 G250 法测定蛋白质含量的原理是什么?

二、双缩脲法

【实验目的】

1. 掌握双缩脲法定量测定蛋白质的原理与方法。

2. 熟悉分光光度计的工作原理和操作方法。

【实验原理】

蛋白质含有两个以上的肽键(—CO—NH—),因此有双缩脲反应。在碱性溶液中蛋白质与 Cu^{2+} 形成紫红色络合物,其颜色的深浅与蛋白质的含量成正比,而与蛋白质的相对分子质量及氨基酸成分无关,故可用来测定蛋白质含量。双缩脲法最常用于需要快速但并不需要十分精确的测定。硫酸铵不干扰此呈色反应,使其有利于对蛋白质纯化早期步骤的测定。干扰此测定的物质包括在性质上是氨基酸或肽的缓冲剂,例如 Tris 缓冲剂,因为它们给予阳性呈色反应。Cu^{2+} 也容易被还原,有时出现红色沉淀。

【主要器材】

1. 722 型分光光度计。

2. 试管、吸耳球。

3. 吸量管(0.5ml、1ml、5ml)。

【主要试剂】

1. 标准酪蛋白溶液(10mg/ml)　酪蛋白要预先用微量凯氏定氮法测定蛋白氮含量,根据其纯度称量配制成标准溶液。用 0.05mol/L NaOH 溶液配制。亦可用 10mg/ml 牛血清白蛋白溶液。

2. 双缩脲试剂　取 1.5g 硫酸铜($CuSO_4 \cdot 5H_2O$)和 6.0g 酒石酸钾钠($NaKC_4H_4O_6 \cdot 4H_2O$),用 500ml 蒸馏水溶解,在搅拌下加入 300ml 10% NaOH 溶液,用蒸馏水稀释到 1000ml,贮存于塑料瓶中。此试剂可长期保存,若贮存瓶中有黑色沉淀出现,则需重新配制。

【实验步骤】

1. 标准曲线的制作　取 12 只试管分成两组,分别加入 0.0、0.2、0.4、0.6、0.8、1.0ml 的标准酪蛋白溶液,用蒸馏水补足到 1ml,然后各加入 4ml 双缩脲试剂,充分摇匀后,在室温下(20~25℃)放置 30 分钟,于 540nm 处进行比色测定。取两组测定的平均值,以酪蛋白的含量为横坐标,吸光度值为纵坐标绘制标准曲线。

2. 用同样的方法测定未知样品,注意样品浓度每毫升不要超过 10mg,否则要适当稀释。

【实验结果】

从标准曲线中查出样品管的蛋白质含量。

【思考题】

1. 双缩脲法测定蛋白质含量的原理是什么?

2. 哪些物质对该法测定蛋白质含量有干扰?

三、Folin-酚试剂法(Lowry 法)

【实验目的】

1. 掌握 Folin-酚试剂法(Lowry 法)定量测定蛋白质的原理与方法。

2. 熟悉分光光度计的工作原理和操作方法。

【实验原理】

蛋白质含量测定的 Lowry 反应是双缩脲方法的发展,首先在碱性溶液中形成 Cu^{2+}-蛋白质复合物,然后该复合物还原磷钼酸-磷钨酸试剂(Folin 试剂),产生钼蓝和钨蓝的混合物(深蓝色)。此测定法较双缩脲法灵敏,但费时较长。对双缩脲反应发生干扰的离子同样容易干扰 Lowry 反应。所测蛋白质样品中若含酚类及柠檬酸均有干扰作用。而浓度较低的尿素(0.5%)、胍(0.5%)、硫酸钠(1%)、硝酸钠(1%)、三氯乙酸(0.5%)、乙醇(5%)、乙醚(5%)、丙酮(0.5%)等溶液对显色无影响。含硫酸铵的溶液只须加浓碳酸钠-氢氧化钠溶液即可显色测定。

测定时,加 Folin 试剂要特别小心,因为 Folin 试剂仅在酸性 pH 条件下稳定,但上述还原反应只是在 pH10 的情况下发生,故当 Folin 试剂加到碱性的铜-蛋白质溶液中时,必须立即混匀,以便在磷钼酸-磷钨酸试剂被破坏之前,使还原反应即刻完成。

【主要器材】

1. 722 型分光光度计。

2. 试管、吸耳球。

3. 吸量管(0.5ml、1ml、5ml)。

【主要试剂】

1. 标准蛋白质溶液 可用结晶牛血清白蛋白或酪蛋白,预先经微量凯氏定氮法测定蛋白氮含量,根据其纯度配制成 $250\mu g/ml$ 的溶液。

2. Folin-酚试剂的配制(所用药品均为分析纯)

试剂甲:

(1)4%碳酸钠(Na_2CO_3)溶液。

(2)0.2mol/L NaOH 溶液。

(3)1%硫酸铜($CuSO_4 \cdot 5H_2O$)溶液。

(4)2%酒石酸钾钠溶液。

在使用前,将(1)与(2)等体积混合配成碳酸钠-氢氧化钠溶液,将(3)与(4)等体积混合配成硫酸铜-酒石酸钾钠溶液。然后将这两种溶液按 50:1 的比例混合,即为 Folin-酚试剂甲。该试剂只能用 1 天,过期失效。

试剂乙(Folin 试剂):在 2000ml 的磨口回流装置内加入 100g 钨酸钠($Na_2WO_4 \cdot 2H_2O$),25g 钼酸钠($Na_2MoO_4 \cdot 2H_2O$),700ml 蒸馏水,再加 50ml 85% 磷酸及 100ml 浓 HCl,充分混合后,以小火回流 10 小时。再加入 150g 硫酸锂(Li_2SO_4),50ml 蒸馏水及数滴液体溴。然后开口继续沸腾 15 分钟,以便驱除过量的溴。冷却后定容到 1000ml。过滤,滤液微呈绿色,置于棕色试剂瓶中冰箱保存;使用时用标准 NaOH 溶液滴定,以酚酞为指示剂,而后适当稀释(约 1 倍),使最终的酸浓度为 1mol/L,此为 Folin-酚试剂乙应用液。贮于冰箱中可长期保存。

【实验步骤】

1. 样品测定 取 1ml 样品溶液(约含 20~250μg 多肽或蛋白质),加入 5ml 试剂甲,混匀后 20~25℃放置 10 分钟。再加入 0.5ml 试剂乙(Folin 试剂),立即振摇均匀,在 20~25℃保温 30 分钟,然后于 500nm 处比色。以 1ml 蒸馏水代替样品作为空白对照。

2. 标准曲线的制作 取 14 只试管分成两组,分别加入 0.0、0.1、0.2、0.4、0.6、0.8、1.0ml 标准蛋白质溶液(250μg/ml),用蒸馏水补足到 1ml,然后按上述方法进行操作,测定吸光度值。取两组测定的平均值,以蛋白质浓度为横坐标,吸光度值为纵坐标,绘制标准曲线。

【实验结果】

从标准曲线中查出样品管的蛋白质含量。

【思考题】

1. Folin-酚试剂法测定蛋白质含量的原理是什么?

2. 哪些物质对该法测定蛋白质含量有干扰?

四、紫外分光光度法

【实验目的】

1. 掌握紫外分光光度计测定蛋白质的操作技术及结果计算。

2. 了解紫外分光光度法测定蛋白质的原理。

【实验原理】

蛋白质分子中常含有酪氨酸、色氨酸和苯丙氨酸,在紫外 280nm 波长处有最大吸收峰,其吸收值与蛋白质浓度成正比,故可用 280nm 波长吸收值大小来测定蛋白质含量。

【主要器材】

1. 紫外分光光度计。

2. 石英比色皿。

3. 试管、吸耳球。

4. 吸量管(0.5ml、1ml、2ml、5ml)。

【主要试剂】

1. 蛋白质标准液(1.0mg/ml)　取已知准确浓度的蛋白质溶液,根据用量,用容量瓶准确稀释至 1.0mg/ml。

2. 未知浓度蛋白质溶液　用酪蛋白配制,浓度控制在 1.0~2.5mg/ml 范围内。

【实验步骤】

1. 标准曲线的绘制　取 8 支洁净干燥试管,按表 2-6 编号并加入试剂。

表 2-6　紫外吸收法标准曲线操作步骤

试剂(ml)	0	1	2	3	4	5	6	7
蛋白质标准液(1.0mg/ml)	0.0	0.5	1.0	1.5	2.0	2.5	3.0	4.0
蒸馏水	4.0	3.5	3.0	2.5	2.0	1.5	1.0	0.0
蛋白质浓度(mg/ml)	0.000	0.125	0.25	0.375	0.500	0.625	0.750	1.000
A_{280}								

混匀,用紫外分光光度计,在波长 280nm 处,以"0"号管调零,分别测定各管吸光度,以吸光度(A)为纵坐标,蛋白质浓度为横坐标,制作标准曲线。

2. 样品测定　取待测样品 1.0ml,加蒸馏水 3.0ml,混匀,测其吸光度,查标准曲线求得样品中蛋白质的浓度。

3. 样品中核酸干扰的校正　若样品中含有核酸(嘌呤、嘧啶)会出现较大的干扰。因嘌呤、嘧啶结构在 280nm 有较强吸收。虽然核酸在 280nm 有较强吸收,但在 260nm 处吸收更强。而蛋白质正好相反,280nm 处紫外吸收大于 260nm 处紫外吸收。利用此性质,通过计算,可以适当校正核酸对蛋白质测定的干扰。该方法是将待测样品在 280nm 和 260nm 波长处分别测出其 A_{280} 和 A_{260} 值。计算出 A_{280}/A_{260} 比值后,从表 2-7 中查出校正因子"f"值,将 f 值代入下述经验公式,即可计算出待测样品中蛋白质含量。

$$蛋白质含量(mg/ml) = f \times 1/d \times A_{280} \times D$$

式中:A_{280} 为待测样品在 280nm 处吸光度

　　　d 为石英杯厚度(cm)

　　　D 为待测样品的稀释倍数

表2-7 校正因子 f 值

A_{280}/A_{260}	核酸%	校正因子 f	A_{280}/A_{260}	核酸%	校正因子 f
1.75	0.00	1.116	0.846	5.50	0.656
1.63	0.25	1.081	0.822	6.00	0.632
1.52	0.50	1.054	0.804	6.50	0.607
1.40	0.78	1.023	0.784	7.00	0.585
1.36	1.00	0.994	0.767	7.50	0.565
1.30	1.25	0.970	0.753	8.00	0.545
1.25	1.50	0.944	0.730	9.00	0.508
1.16	2.00	0.899	0.705	10.00	0.478
1.09	2.50	0.852	0.671	12.00	0.422
1.03	3.00	0.814	0.644	14.00	0.377
0.979	3.50	0.776	0.615	17.00	0.322
0.939	4.00	0.743	0.595	20.00	0.278
0.874	5.00	0.682			

【实验结果】

1. 标准曲线制作结果填入表2-8。

表2-8 标准曲线制作测定结果

	0	1	2	3	4	5	6	7
蛋白质浓度(mg/ml)	0.000	0.125	0.250	0.375	0.500	0.625	0.750	1.000
A_{280}								

以吸光度(A)为纵坐标,蛋白质浓度(mg/ml)为横坐标,用坐标纸制作标准曲线。

2. 待测样品 A =

3. 待测样品蛋白质含量(mg/ml) =

【注意事项】

1. 玻璃和塑料比色皿在紫外线范围有光吸收,因此紫外分光光度法不能用玻璃或塑料比色皿来进行蛋白质定量。

2. 由于蛋白质吸收高峰常因 pH 的改变而有变化,因此要注意溶液的 pH,测定样品时的 pH 要与测定标准曲线的 pH 相一致。

五、BCA 法

【实验目的】

1. 掌握 BCA 法定量测定蛋白质的原理。

2. 熟练微量取样器的使用。

【实验原理】

碱性条件下,蛋白将 Cu^{2+} 还原为 Cu^+, Cu^+ 与 BCA(bicinchonininc acid,二喹啉甲酸)试

剂形成紫色的络合物,测定其在 562nm 处的吸收值,并与标准曲线对比,即可计算待测蛋白的浓度。

【主要器材】

1. 722 型分光光度计。

2. 试管、吸耳球。

3. 吸量管、微量取样器。

4. 恒温水浴箱。

【主要试剂】

1. 蛋白质标准液　结晶牛血清白蛋白根据其纯度用生理盐水配制成 1.5mg/ml 的蛋白质标准液(纯度可经凯氏定氮法测定蛋白质含量而确定)。

2. 试剂 A　1% BCA 二钠盐、2% 无水碳酸钠、0.16% 酒石酸钠、0.4% NaOH、0.95% 碳酸氢钠,混合调 pH 至 11.25。

3. 试剂 B　4% 硫酸铜。

4. BCA 工作液　试剂 A 100ml 与试剂 B 2ml 混合即为 BCA 工作液。

【实验步骤】

取试管 7 支编号,其中 6 号管为样品管,按表 2-9 操作。

表 2-9　BCA 法操作步骤

管号	0	1	2	3	4	5	6
蛋白质标准液(μl)	0	20	40	60	80	100	0
蒸馏水(μl)	100	80	60	40	20	0	0
待测样品(μl)	0	0	0	0	0	0	100
BCA 工作液(ml)	2	2	2	2	2	2	2

混匀,37℃保温 30 分钟,冷却至室温后于 562nm 处以"0"号管调零,分别测定各管吸光度值。

【实验结果】

以吸光度(A)为纵坐标,蛋白浓度为横坐标,制作标准曲线。以样品管吸光度值查找标准曲线,求出待测样品中蛋白质浓度。

【注意事项】

1. 配制好的混合 BCA 工作液室温 24 小时内稳定。

2. 加入 BCA 工作液后,也可以在室温放置 2 小时。BCA 法测定蛋白浓度时,吸光度会随着时间的延长不断加深。

3. 待测样品浓度在 50~2000μg/ml 浓度范围内有较好的线性关系。

4. BCA 法测定蛋白质浓度不受绝大部分样品中化学物质的影响,但受螯合剂和略高浓度还原剂的影响,需确保乙二胺四乙酸(EDTA)浓度低于 10mmol/L,无乙二醇双 2-氨基乙醚四乙酸(EGTA),二硫苏糖醇、β-巯基乙醇浓度低于 1mmol/L。

5. 不适用 BCA 法时建议使用 Bradford 法测定蛋白质浓度。

【思考题】

1. BCA 法测定蛋白质含量的原理是什么?

2. BCA 法测定蛋白质浓度受样品中哪些化学物质的影响？

（徐世明）

实验四 动物组织中核酸的提取、鉴定及含量测定

【实验目的】

1. 掌握用盐溶法从动物组织中提取核酸的原理和操作技术。

2. 了解核酸鉴定的原理、技术及核酸含量测定的方法。

【实验原理】

动物组织中的核糖核酸（RNA）和脱氧核糖核酸（DNA）大都以核蛋白的形式存在于细胞内。根据不同核蛋白在一定浓度的氯化钠溶液中的溶解度不同进行分离，然后用蛋白质变性剂去除蛋白，使核酸释放出来，再利用核酸不溶于乙醇的性质将核酸析出，达到分离提纯的目的。

在 0.14mol/L 的氯化钠溶液中，RNA 核蛋白溶解度大，而 DNA 核蛋白溶解度较小；相反，在 1mol/L 的氯化钠溶液中，DNA 核蛋白溶解度最大，而 RNA 核蛋白溶解度却很小。核蛋白分离后可用蛋白变性沉淀剂（氯仿 + 异戊醇）、十二烷基硫酸钠（SDS）和热酚等去除蛋白，释放核酸。去除蛋白后的核酸溶液中加入 1.5 ~ 2 倍体积的 95% 乙醇，核酸便从溶液中析出。

动物肝中含有核糖核酸酶（RNase）和脱氧核糖核酸酶（DNase），因此要保持低温，并防止 Mg^{2+}、Fe^{2+} 及 Co^{2+} 等激活离子。

【主要器材】

1. 冷冻离心机（3000rpm）。

2. 冰浴箱。

3. 组织捣碎机或组织匀浆器。

4. 剪刀。

【主要试剂】

1. 地衣酚（3,5-二羟甲苯）试剂 称取 100mg 地衣酚溶于 100ml 浓 HCl 中，再加入 100mg $FeCl_3 \cdot 6H_2O$，该溶液应在使用前新鲜配制。

2. 二苯胺试剂 称取 1g 二苯胺（经重结晶）溶入 100ml 冰乙酸中，再加入 2.75ml 浓 H_2SO_4 摇匀，冰箱内保存备用。

3. 0.14mol/L 氯化钠溶液。

4. 1mol/L 氯化钠溶液。

5. 95% 乙醇。

6. 氯仿。

7. 丙酮。

8. 异戊醇。

9. 含量测定试剂见本实验［附1］、［附2］、［附3］试剂。

【操作步骤】

1. 制备匀浆 将新鲜或冷冻肝组织称重后用冷的 0.14mol/L 氯化钠溶液（内含 0.01mol/L 柠檬酸）洗去血水，用不锈钢剪刀将肝剪成碎块，放入组织捣碎机中加入 2 倍体

积的 0.14mol/L 氯化钠溶液(含 0.01mol/L 柠檬酸)制备匀浆。

将匀浆离心 2500rpm/min 离心 15 分钟。上层是 RNA 核蛋白提取液,下层是细胞碎片及 DNA 核蛋白。上层液倾出留待抽取 RNA。

下层用 2 倍体积冷的 0.14mol/L 氯化钠溶液抽提 0.5 小时,待分离 DNA 核蛋白。

2. 核酸的抽提

(1)RNA 的提取:0.14mol/L 氯化钠抽提液(内含 RNA 核蛋白)加入等体积的氯仿和 1/40 体积(3~4 滴)异戊醇,置带塞离心管中,振摇 15 分钟,此时提取液为乳白色混悬液,以 2000rpm/min 离心 10 分钟,离心物呈 3 层。

用滴管吸出上清液,在低温下加入 1.5~2 倍体积的冷 95% 乙醇,并轻轻搅拌。低温放置 10 分钟,弃去上清液,即得 RNA 颗粒状沉淀,待定性。

(2)DNA 抽提:将抽提 1 小时的 1mol/L 氯化钠匀浆悬液以 2500rpm/min 离心 10 分钟,弃去沉淀,将其上清液倒入带塞的离心管中,加入等体积的氯仿及 1/40 体积(3~4 滴)异戊醇,振摇 15 分钟,离心 10 分钟。将其上清液加入 2 倍体积的冷 95% 乙醇,边加边摇,低温放置 10 分钟后,2 500rpm/min 离心 10 分钟。

3. 定性实验

(1)RNA 的呈色反应:取 2 支干净试管,一管加入 1.5ml RNA 溶液(将 RNA 颗粒状的沉淀溶于 4ml 0.14mol/L 氯化钠溶液中即为 RNA 提取液),另一管加入蒸馏水 1.5ml,向两管中加入 3ml 地衣酚试剂,于沸水中加热 10 分钟,由黄色变成绿色为阳性反应。

(2)DNA 的呈色反应:取 2 支干净试管,一管加入 1.5ml DNA 溶液(将 DNA 纤维状沉淀溶于 2ml 1mol/L 氯化钠溶液中即为 DNA 提取液),另一管中加入蒸馏水 1.5ml,向两管中加入 3ml 二苯胺试剂,于沸水中加热 10 分钟,由乳白色变成蓝色为阳性反应。

4. 含量测定 核酸样品真空干燥后,含量测定见本实验[附1]、[附2]、[附3]。

【注意事项】

1. 在提取、分离及纯化核酸时,为了保持核酸的完整性,防止核酸变性降解,操作过程必须防止过酸或过碱。全部过程应在低温下(0℃左右)进行,必要时还需加入抑制剂,以抑制核酸酶的作用。

2. 加氯仿、异戊醇后振摇要充分,但又不能太剧烈,以防核酸断裂。

3. 离心后,注意上清液和沉淀的取舍。

4. 提取核酸的一般原则是用机械方法或酶学方法(溶菌酶)使细胞破碎,然后用蛋白质变性剂(如苯酚)、去垢剂(如十二烷基硫酸钠)等处理,使蛋白质沉淀,最后用乙醇将核酸沉淀。

5. 所得的 DNA 若有一定程度解聚,不会影响鉴定。

6. 核酸是由戊糖、磷酸和碱基组成的。要快速简单地鉴定出 RNA 和 DNA,可采用呈色反应(地衣酚反应、二苯胺反应)。

[附1] 紫外吸收法测定核酸含量

【实验原理】

DNA 和 RNA 都有吸收紫外线的性质,它们的吸收高峰在 260nm 波长处。吸收紫外线的性质是嘌呤环和嘧啶环的共轭双键所具有的,所以嘌呤和嘧啶以及一切含有它们的物质,不论是核苷、核苷酸或核酸都有吸收紫外线的特性,核酸和核苷酸的摩尔消光系数(或称吸收系数)用 $K(P)_{260nm}$ 来表示,$K(P)_{260nm}$ 为每升溶液中含有 1 摩尔核酸磷的光吸收值。RNA 的 $K(P)_{260nm}$(pH7)为 7700~7800。RNA 的含磷量约为 9.5%,因此每毫升溶液含 $1\mu g$ RNA 的光吸收值相当于 0.022~0.024。小牛胸腺 DNA 钠盐的 $K(P)_{260nm}$(pH7)为 6600,含磷量为 9.2%,因此每毫升溶液含 $1\mu g$ DNA 钠盐的光吸收值为 0.020。

蛋白质由于含有芳香族氨基酸,因此也能吸收紫外线。通常蛋白质的吸收高峰在 280nm 波长处,在 260nm 处的吸收值仅为核酸的 1/10 或更低,故核酸样品中蛋白质含量较低时对核酸的紫外测定影响不大。RNA 的 260nm 与 280nm 吸收的比值在 2.0 以上;DNA 的 260nm 与 280nm 吸收的比值在 1.9 左右。当样品中蛋白质含量较高时比值即下降。

【主要器材】

1. 容量瓶(50ml)。

2. 离心机。

3. 紫外分光光度计。

【主要试剂】

1. 钼酸铵-过氯酸沉淀剂(0.25% 钼酸铵-2.5% 过氯酸溶液) 取 3.6ml 70% 过氯酸和 0.25g 钼酸铵溶于 96.4ml 蒸馏水中。

2. 样品 RNA 或 DNA 干粉。

【实验步骤】

1. 将样品配制成每毫升含 5~50μg 核酸的溶液,用紫外分光光度计测定 260nm 和 280nm 吸收值,计算核酸浓度和两者吸收比值。

$$RNA\ 浓度(\mu g/ml) = \frac{A_{260nm}}{0.024 \times L} \times 稀释倍数$$

$$DNA\ 浓度(\mu g/ml) = \frac{A_{260nm}}{0.020 \times L} \times 稀释倍数$$

式中:A_{260nm} 为 260nm 波长处光吸收读数;L 为比色杯的厚度,一般为 1 或 0.5cm;0.024 为每毫升溶液内含 $1\mu g$ RNA 的光吸收;0.020 为每毫升溶液内含 $1\mu g$ DNA 钠盐时的光吸收。

2. 如果待测的核酸样品中含有酸溶性核苷酸或可透析的低聚多核苷酸,则在测定时需加钼酸铵-过氯酸沉淀剂,沉淀除去大分子核酸,测定上清液 260nm 处吸收值作为对照。具体操作如下:

取两支小离心管,甲管加入 0.5ml 样品和 0.5ml 蒸馏水;乙管加入 0.5ml 样品和 0.5ml 钼酸铵-过氯酸沉淀剂,摇匀,在冰浴中放置 30 分钟,3000rpm/min 离心 10 分钟,从甲、乙两管中分别吸取 0.4ml 上清液到两个 50ml 容量瓶中,定容到刻度。于紫外分光光度计上测定 260nm 处吸收值。

$$RNA(或\ DNA)浓度(\mu g/ml) = \frac{\Delta A_{260nm}}{0.024(或\ 0.020) \times L} \times 稀释倍数$$

式中 ΔA_{260nm} 为甲管稀释液在 260nm 波长处吸收值减去乙管稀释液在 260nm 波长处吸收值的差。

$$核酸\% = \frac{待测液中测得的核酸质量(\mu g)}{待测液中制品的质量(\mu g)} \times 100$$

[附2] 二苯胺显色法测定 DNA 含量

【实验原理】

脱氧核糖核酸中的 2-脱氧核糖在酸性环境中与二苯胺试剂一起加热产生蓝色反应,在 595nm 处有最大光吸收。DNA 在 40~400μg 范围内,光吸收与 DNA 的浓度成正比。在反应液中加入少量乙醛,可以提高反应灵敏度。除 DNA 外,脱氧木糖、阿拉伯糖也有同样反应。其他多数糖类,包括核糖在内,一般无此反应。

【主要器材】

1. 分析天平。

2. 恒温水浴箱。

3. 722 型分光光度计。

【主要试剂】

1. DNA 标准溶液(须经定磷确定其纯度) 准确称取小牛胸腺 DNA 钠盐用 0.01mol/L NaOH 溶液配成 200μg/ml 的溶液。

2. 样品待测液 准确称取 DNA 干燥制品用 0.01mol/L NaOH 溶液配成 100μg/ml 的溶液。在测定 RNA 制品中的 DNA 含量时,要求 RNA 制品的每毫升待测液中至少含有 20μg DNA。

3. 二苯胺试剂 使用前称取 1g 重结晶二苯胺,溶于 100ml 分析纯的冰乙酸中,再加入 10ml 过氯酸(60%以上),混匀待用。临用前加入 1ml 1.6% 乙醛溶液。所配得的试剂应为无色。

【实验步骤】

1. DNA 标准曲线的制定 取 10 支试管,分成 2 组,依次加入 0.4、0.8、1.2、1.6 和 2.0ml DNA 标准液。添加蒸馏水,使之都成 2ml。另取 2 支试管,各加 2ml 蒸馏水作为对照。然后各加入 4ml 二苯胺试剂,混匀。于 60℃恒温水浴中保温 1 小时,冷却后于 595nm 处进行比色测定。取两管平均值,以 DNA 浓度为横坐标,光吸收值为纵坐标,绘制标准曲线。

2. 制品测定 取 2 支试管,各加入 2ml 待测液(内含 DNA 应在标准曲线的可测范围之内)和 4ml 二苯胺试剂,摇匀。其余操作同标准曲线的制作。

3. DNA 含量计算 根据测得的光吸收值,从标准曲线上查出相当该光吸收值 DNA 的含量,按下式计算出制品中 DNA 的百分含量:

$$DNA\% = \frac{待测液中测得的 DNA 质量(\mu g)}{待测液中制品的质量(\mu g)} \times 100$$

[附3] 地衣酚显色法测定 RNA 含量

【实验原理】

RNA 与浓 HCl 共热时,即发生降解,形成的核糖继而转变成糠醛,后者与 3,5-二羟基甲苯(地衣酚 orcinol)反应呈绿色,该反应需要用三氯化铁或氯化铜作催化剂,反应产物在 670nm 处有最大吸收。RNA 在 20~250μg 范围内,光吸收与 RNA 浓度成正比。地衣酚法特异性差,凡戊糖均有此反应,DNA 和其他杂质也能与地衣酚反应产生类似颜色。因此,可先测得 DNA 含量再计算 RNA 含量。

【主要器材】

1. 分析天平。

2. 恒温水浴箱。

3. 722 型分光光度计。

【主要试剂】

1. RNA 标准溶液(须经定磷确定其纯度) 准确称取酵母 RNA 配成 $100\mu g/ml$ 的溶液。

2. 样品待测液 准确稀释,使每毫升溶液含 RNA 干燥制品 $50 \sim 100\mu g$;

3. 地衣酚试剂 先配制 0.1% 三氯化铁的浓 HCl(分析纯)溶液,实验前用此溶液作为溶剂配成 0.1% 地衣酚溶液。

【实验步骤】

1. RNA 标准曲线的制定 取 10 支试管,分成 2 组,依次加入 0.5、1.0、1.5、2.0 和 2.5ml RNA 标准液。添加蒸馏水,使之都成 2.5ml。另取 2 支试管,各加 2.5ml 蒸馏水作为对照。然后各加入 2.5ml 地衣酚试剂,混匀。于沸水浴中加热 20 分钟,取出冷却(自来水中),于 670nm 处进行比色测定。取两管平均值,以 RNA 浓度为横坐标,光吸收值为纵坐标,绘制标准曲线。

2. 制品测定 取 2 支试管,各加入 2.5ml 待测液(内含 RNA 应在标准曲线的可测范围之内),再加 2.5ml 地衣酚试剂,摇匀。其余操作同标准曲线的制作。

3. RNA 含量计算 根据测得的光吸收值,从标准曲线上查出相当该光吸收值 RNA 的含量,按下式计算出制品中 RNA 的百分含量:

$$RNA\% = \frac{待测液中测得的 RNA 质量(\mu g)}{待测液中制品的质量(\mu g)} \times 100$$

(李元宏)

实验五 温度、pH、抑制剂及激活剂对淀粉酶活性的影响

【实验目的】

1. 掌握影响唾液淀粉酶活性的因素。

2. 了解实验的原理和方法。

【实验原理】

酶是生物体内具有催化功能的一类蛋白质,它的催化作用受温度的影响很大。当反应速度达到最大值时的温度称为此酶作用的最适温度。

酶的活性受环境 pH 的影响极为显著。酶表现其活性最高时的 pH 称为最适 pH。低于或高于最适 pH 时,酶的活性逐渐降低,不同酶的最适 pH 不同,例如胃蛋白酶的最适 pH 为 $1.5 \sim 2.5$,胰蛋白酶的最适 pH 为 8.0。

能使酶的活性增加的物质称为激活剂;使酶的活性降低的物质称为抑制剂。

本实验以唾液淀粉酶为实验对象。此酶只能催化淀粉水解,终产物为麦芽糖;淀粉水解程度不同,遇碘呈色反应不同。因此,可以通过呈色反应,了解淀粉水解的程度,从而间接判断唾液淀粉酶活性的大小。淀粉水解过程如下:

淀粉——→紫色糊精——→红色糊精——→无色糊精——→麦芽糖

遇碘呈色:蓝色　　　　紫色　　　　红色　　　　浅黄　　　　无色

中间可能出现其他过渡色,如蓝紫色、棕红色等。

【主要器材】

1. 恒温水浴箱。

2. 电炉。

3. 冰水浴。

4. 反应板(或试管)。

5. 移液器(或刻度离心管)。

【主要试剂】

1. 1% 淀粉溶液。

2. 1:10 稀释新鲜唾液。

3. I_2-KI 溶液:将碘 10g 及碘化钾 20g 定容至 100ml 蒸馏水中为储存液。使用前稀释 10 倍。

4. 1% NaCl 溶液。

5. 1% $CuSO_4$ 溶液。

6. 1% Na_2SO_4 溶液。

7. 不同 pH 磷酸氢二钠-柠檬酸缓冲液的配制　取 71.64g $Na_2HPO_4 \cdot 12H_2O$ 溶于少量蒸馏水,移入 1000ml 容量瓶内,稀释至刻度为 A 液;取 38.48g 柠檬酸溶于少量蒸馏水中,移入 1000ml 容量瓶内,稀释至刻度为 B 液。

按表 2-10 分别吸取一定量的 A 液和 B 液,即配制出所需不同 pH 的缓冲液。

表 2-10　磷酸氢二钠-柠檬酸缓冲液的配制

pH	A(ml)	B(ml)
5.0	10.30	9.70
6.0	12.63	7.37
6.8	15.45	4.55
7.4	18.17	1.83
8.0	19.45	0.55

【操作步骤】

1. 温度对唾液淀粉酶活性的影响　取试管 5 支,编号,按表 2-11 操作。

表 2-11　温度对唾液淀粉酶活性影响的检测

试剂/管号	1	2	3	4	5
1% 淀粉溶液(ml)	2.0	2.0	2.0	2.0	2.0
保温 5 分钟	37℃	100℃	100℃	0℃	0℃
1:10 稀释唾液(ml)	1.0	1.0	1.0	1.0	1.0
保温 8 分钟	37℃	100℃	100℃	0℃	0℃
保温 8 分钟	37℃	100℃	37℃	0℃	37℃
碘液(滴)	1	1	1	1	1

观察、记录各管颜色变化并分析实验结果。

2. pH 对唾液淀粉酶活性的影响 取试管 5 支,编号,按表 2-12 操作。

表 2-12 pH 对唾液淀粉酶活性影响的检测

试剂/管号	1	2	3	4	5
1% 淀粉溶液(ml)	2.0	2.0	2.0	2.0	2.0
缓冲溶液(ml)	2.0	2.0	2.0	2.0	2.0
pH	5.0	6.0	6.8	7.4	8.0
1:10 稀释唾液(ml)	1.0	1.0	1.0	1.0	1.0

混匀。在反应板上的孔中,加 1 滴碘液,每隔 30 秒从第 3 号试管取 1 滴混合液与碘反应,如呈棕红色时,则向各管迅速加碘液 2 滴,混匀,记录时间,观察并记录结果。

3. 激活剂和抑制剂对唾液淀粉酶活性的影响 取试管 4 支,编号,按表 2-13 操作。

表 2-13 激活剂和抑制剂对唾液淀粉酶影响的检测

试剂/管号	1	2	3	4
1% 淀粉溶液(ml)	1.0	1.0	1.0	1.0
1% NaCl 溶液(滴)	2	0	0	0
1% $CuSO_4$ 溶液(滴)	0	2	0	0
1% Na_2SO_4 溶液(滴)	0	0	2	0
蒸馏水(滴)	0	0	0	2
1:10 稀释唾液(ml)	0.5	0.5	0.5	0.5

混匀,置于室温(记录温度)下。在反应板上的每 1 孔中,加 1 滴碘液,每隔 30 秒从第 1 号管中,取 1 滴混合液与碘反应,如呈棕红色时,则向各管迅速加碘液 2 滴,混匀,记录时间,观察并记录结果。分析哪种离子为激活剂,哪种离子为抑制剂。

【注意事项】

1. 如室温太低,以上反应管也可置于 37℃ 恒温水浴中保温,在此温度下,酶促反应很迅速。

2. 试管要冲洗干净,否则影响实验结果。

3. 加稀释唾液和碘液时,时间间隔要保持一致,即在反应时间一样的条件下,观察反应的速度。

【思考题】

1. 在激活剂和抑制剂对唾液淀粉酶活性的影响实验中加入 1% Na_2SO_4 溶液有何意义?

2. 抑制剂与变性剂有何不同?

3. 温度和 pH 影响酶活性的原理是什么?

(吕士杰)

实验六 脲酶 Km 值的简易测定

【实验目的】

1. 掌握脲酶 Km 值简易测定的原理和方法。

2. 学习并掌握一般的数据处理方法。

【实验原理】

脲被脲酶催化分解,产生碳酸铵。碳酸铵在碱性溶液内与奈氏试剂作用,产生橙黄色的碘化双汞铵。在一定范围内,呈色深浅与碳酸铵的多少成正比。故借比色法可测定单位时间所产生的碳酸铵量,从而求得酶促反应速度。其反应式如下:

$$\underset{NH_2}{\overset{NH_2}{O=C}} + H_2O \xrightarrow{\text{脲酶}} (NH_4)_2CO_3$$

$$(NH_4)_2CO_3 + 8NaOH + 4(KI)_2HgI_2 \longrightarrow$$

$$2O\underset{Hg}{\overset{Hg}{\diagdown}}NH_2I + 6NaI + 8KI + Na_2CO_3 + 6H_2O$$

碘化双汞铵(橙黄色)

在保持恒定的合适条件(时间、温度及 pH)下,以同一浓度的脲酶催化不同浓度的脲分解,于一定范围内,与酶促反应速度成正比。因此,以酶促反应速度倒数(1/v)为纵坐标,脲浓度倒数(1/[S])为横坐标,以双倒数作图法作图,可求出脲酶的 Km 值。

【主要器材】

1. 恒温水浴锅。

2. 721 型分光光度计。

3. 小漏斗。

4. 滤纸。

5. 移液器。

6. 试管。

7. 吸管。

【主要试剂】

1. 豆粉;无水酒精;尿素(AR);Na_2HPO_4;KH_2PO_4;$ZnSO_4$;NaOH;酒石酸钾钠;KI;碘;汞。

2. 配制

(1)脲酶液:取豆粉 2g 移入 250ml 三角烧瓶,加 30% 乙醇 100ml,连续混悬 15 分钟,室温下静置 1~4 小时,离心或脱脂棉过滤,收上清备用。

(2)0.1mol/L 脲液:取尿素 0.6g 加水溶解,定容至 100ml。

(3)1/15mol/L pH 7.0 磷酸盐缓冲液(PB):1/15mol/L Na_2HPO_4 600ml 与 1/15mol/L KH_2PO_4 400ml 混合(或 $Na_2HPO_4 \cdot 2H_2O$ 7.126g,KH_2PO_4 3.631g 加水溶解,定容至 1000ml)。

(4)奈氏试剂:

母液:取 KI150g,碘 110g,蒸馏水 100ml,汞 140~145g 同置于 500ml 平底烧瓶内强力震荡 7~15 分钟,待碘红色将褪尽,用冷水冷却,继续摇荡至有绿色出现为止,倾出上清液,用少许水冲洗剩余汞,将冲洗液与上清液合并,用水稀释至 2000ml,储存棕色瓶内。

应用液:向 1000ml 量筒加入母液及蒸馏水各 150ml,摇匀后,加入 100g/L 的 NaOH 至 1000ml,充分混匀后,用棕色瓶长期保存。

（5）100g/L 的 $ZnSO_4$。

（6）100g/L 的酒石酸钾钠。

（7）0.5mol/L NaOH。

（8）显色液:将 100g/L 的酒石酸钾钠和奈氏试剂应用液按 1:2 混合即成显色液(临用前混合)。

【操作步骤】

取试管 5 支,编号,按表 2-14 操作。

表 2-14　脲酶 Km 的测定

试剂/管号	1	2	3	4	对照
脲稀释液(ml)	0.2	0.2	0.2	0.2	0.2
脲稀释液浓度(mol/L)	1/20	1/30	1/40	1/50	1/50
1/15mol/L PB 缓冲液(ml)	0.6	0.6	0.6	0.6	0.6
脲酶液(ml)	0.2	0.2	0.2	0.2	0.0
煮沸脲酶液(ml)	0.0	0.0	0.0	0.0	0.2
脲液终浓度(mol/L)	1/100	1/150	1/200	1/250	1/250
摇匀,37℃水浴 15 分钟					
100g/L $ZnSO_4$(ml)	0.5	0.5	0.5	0.5	0.5
蒸馏水(ml)	3.0	3.0	3.0	3.0	3.0
0.5mol/L NaOH(ml)	0.5	0.5	0.5	0.5	0.5
充分摇匀,室温下静放 5 分钟,过滤,另取 5 支中试管,同上编号,加入下列试剂					
滤液(ml)	1	1	1	1	1
蒸馏水(ml)	2	2	2	2	2
显色液(ml)	0.75	0.75	0.75	0.75	0.75

迅速摇匀,用 721 型分光光度计,420nm,以对照管调零,测定各管 A 值。作图:以脲液终浓度(1/[S])为横坐标,1/A(1/v)为纵坐标作图,然后依(1/[S])找出对应 1/A 点,将各点连接延长与横轴相交,得 $-1/Km$,表示即以 $Km = 1 \times 10^{-n}mol/L$。

【注意事项】

1. 操作中,每加一样试剂请务必摇匀,尤其在 37℃保温后和加显色液这两步。

2. 变性脲酶液,要煮沸完全,沸后继续加热片刻,以防空白对照管读数偏高。

3. 一些重金属离子、硫胺、蛋白质等可影响酶的活性,故实验后务必用洗洁剂刷洗、自来水彻底冲洗及蒸馏水清洁试管、漏斗等玻璃器皿,以防影响酶的活性,确保下次实验结果的准确性。

4. pH、离子强度、温度、试管的洁净度等均可影响酶的活性,故务必固定实验条件,严格按操作程序操作,变化任何一个因素,都要做预实验,做到心中有数。

5. 豆粉原料不同,所得结果也不一样。由黄豆、黑豆、大豆中提取的脲酶所得 Km 值较一致,红豆、豇豆不宜作为提取脲酶的原料。

（吕士杰）

实验七 琼脂糖电泳测定血清乳酸脱氢酶同工酶

【实验目的】

1. 掌握电泳法测定血清乳酸脱氢酶同工酶的基本原理。

2. 熟悉电泳法测定血清乳酸脱氢酶同工酶的操作过程。

【实验原理】

乳酸脱氢酶(LDH)各同工酶的一级结构和等电点不同,一定的电泳条件可使其在支持介质上分离。然后利用酶的催化反应进行显示:以乳酸钠作为底物,LDH 催化其脱氢生成丙酮酸,同时使 NAD^+ 还原为 NADH。吩嗪二甲酯硫酸盐(PMS)将 NADH 的氢传递给氯化碘代硝基四唑蓝(INT),使其还原为紫红色的甲臢化合物。有 LDH 活性的区带显紫红色,且颜色的深浅与酶活性呈正比,利用光密度仪或扫描仪可求出各种同工酶的相对含量。

【试剂器材】

1. 巴比妥缓冲液(pH8.6,离子强度 0.075) 称取巴比妥钠 15.458g,巴比妥 2.768g,溶解于蒸馏水中,加热助溶,冷却后定容至 1L。电泳用。

2. 0.082mol/L 巴比妥-HCl 缓冲液(pH8.2) 称取巴比妥钠 17.0g,溶解于蒸馏水中,加 1mol/L HCl 24.6ml,蒸馏水定容至 1L。用于凝胶配制。

3. 10mmol/L 乙二胺四乙酸二钠(EDTA·Na₂) 称取 EDTA·Na₂ 372mg,溶解于蒸馏水中,并定容至 100ml。

4. 5g/L 缓冲琼脂糖凝胶 称取琼脂糖 0.5g,加入 50ml pH8.2 的巴比妥-HCl 缓冲液中,再加入 EDTA·Na₂ 溶液 1.2ml,蒸馏水 48.8ml,隔水煮沸溶解,不时摇匀,趁热分装到大试管中,冷后用塑料膜密封管口置冰箱中备用。

5. 8g/L 缓冲琼脂糖凝胶 称取琼脂糖 0.8g,加入 50ml pH8.2 的巴比妥-HCl 缓冲液,再加入 EDTA·Na₂ 溶液 2ml,蒸馏水 48ml,配制方法同上。

6. 底物-显色试剂

(1)D-L-乳酸溶液:取 85% 乳酸(AR)2ml,用 1ml/L NaOH 调 pH 至中性(约用 23.6ml)。

(2)1g/L 吩嗪二甲酯硫酸盐(PMS):称取 50mg PMS,加蒸馏水 50ml 溶解。

(3)10g/L NAD^+:称取 100mg NAD^+ 溶解于 10ml 新鲜蒸馏水中。

(4)1g/L 氯化碘代硝基四唑蓝(INT):称取 30mg INT,溶解于 30ml 蒸馏水中。

上述试剂需要储存于棕色瓶中,置 4℃ 保存。除 10g/L NAD^+ 外,其余均可保存 3 个月以上。

(5)底物-显色液(临用前配制):取上述各试剂按以下比例混合而成。

取(1)液 4.5ml;(2)液 1.2ml;(3)液 4.5ml(或 45mg NAD^+ 溶解于 4.5ml 蒸馏水中);(4)液 12.0ml。将上述 4 液混匀,共 22.2ml。

7. 固定漂洗液 按乙醇:水:冰醋酸 =14:5:1(V/V/V)的比例混合,或按 95% 乙醇:冰醋酸 =98:2 的比例混合而成。

【操作步骤】

1. 制备琼脂糖凝胶玻片 取冰箱保存的 5g/L 缓冲琼脂糖凝胶一管,置沸水浴中加热融化。用吸管吸取已融化的凝胶液约 1.2ml,均匀铺在干净的 7.5cm×2.5cm 玻片上,冷却凝固后,于凝胶板阴极端约 1~1.5cm 处挖槽,滤纸吸干槽内水分。

2. 加样　用微量加样器加约 $40\mu l$ 血清于槽内。

3. 电泳　电压 75～100V,电流 8～10mA/片,电泳 30～40 分钟,待血清白蛋白部分泳动 3～4cm 即可。

4. 显色　在电泳结束前 5～10 分钟,将底物显色液与沸水浴融化的 8g/L 缓冲琼脂糖凝胶按 4:5 的比例混合,制成显色凝胶液,置 50℃ 热水中备用,注意避光。

终止电泳后,取下凝胶玻片,置于铝盒内,立即用滴管吸取显色凝胶约 1.2ml,迅速滴加在凝胶玻片上,使其自然展开覆盖全片。待显色凝胶凝固后,加盖避光,铝盒于 37℃ 水浴中浮于水面保温 1 小时。

5. 固定和漂洗　取出显色的凝胶玻片,浸入固定漂洗液中 20～40 分钟,直至背景无黄色为止。用蒸馏水漂洗多次,每次 10～15 分钟。

【结果观察】

1. 目视观察　根据在碱性介质中 LDH 同工酶由负极向正极泳动速率递减的顺序,电泳条带由正极到负极依次为:LDH_1（H_4）、LDH_2（H_3M）、LDH_3（H_2M_2）、LDH_4（HM_3）和 LDH_5（M_4）。

按各区带呈色的深浅,比较 LDH 各同工酶区带呈色强度的关系。正常人 LDH 同工酶电泳图像上呈色深浅关系为 $LDH_2 > LDH_1 > LDH_3 > LDH_4 > LDH_5$。$LDH_5$ 显色很浅。

2. 光密度计扫描求相对百分率　用光密度计在 570nm 波长下扫描,求出各同工酶区带吸光度所占百分比。

3. 在不具备光密度计条件下,如果需要进行定量,可将各区带切开,分别装入试管中,加入 400g/L 尿素 4ml,于沸水浴中加温 5～10 分钟,取出冷却后以 570nm 波长比色。空白管取大小相同但无同工酶区带的凝胶,用上述相同的方法处理。比色后根据各管吸光度值计算各同工酶的百分率。

【计算】

吸光度总和 $A_总 = A_1 + A_2 + A_3 + A_4 + A_5$

式中,A_1～A_5 为各同工酶区带的吸光度。

各同工酶百分率(%)为:

$LDH_1(\%) = A_1 \times 100/A_总$

$LDH_2(\%) = A_2 \times 100/A_总$

$LDH_3(\%) = A_3 \times 100/A_总$

$LDH_4(\%) = A_4 \times 100/A_总$

$LDH_5(\%) = A_5 \times 100/A_总$

【注意事项】

1. 红细胞中 LDH_1 与 LDH_2 活性很高,因此标本严禁溶血。

2. LDH_4 与 LDH_5（尤其是 LDH_5）对热敏感,故底物-显色液的温度不能超过 50℃,否则易变性失活。

3. LDH_4 与 LDH_5 对热不稳定,容易失活,应采用新鲜标本测定。如果需要,血清应放置于 25℃ 条件下保存,一般可保存 2～3 天。

4. PMS 对光敏感,故底物-显色液须避光,否则显色后凝胶板背景颜色较深。

（吕士杰）

实验八 维生素 C 含量测定

【实验目的】

1. 了解天然维生素 C 的结构、功能以及天然存在形式。

2. 掌握测定总维生素 C 的原理与方法。

【实验原理】

维生素 C 又称为抗坏血酸,一般新鲜水果、蔬菜中维生素 C 的含量均较高。维生素 C 不稳定,易被氧化成脱氢维生素 C。脱氢维生素 C 仍保留部分维生素 C 的生物活性,在动物组织内被谷胱甘肽等还原物质还原成维生素 C。在 pH5.0 以上时,脱氢维生素 C 易将其分子构造重新排列使其内酯环裂开,生成没有活性的二酮古洛糖酸。维生素 C、脱氢维生素 C 和二酮古洛糖酸合称为总维生素 C。

维生素 C 测定时,先将样品中还原型维生素 C 经活性炭氧化为脱氢维生素 C,因脱氢维生素 C 和二酮古洛糖酸都能与 2,4-二硝基苯肼作用生成红色的脎。脎的生成量与总维生素 C 含量成正比。将脎溶于硫酸,再与同样处理的维生素 C 标准液比色,可求出样品中总维生素 C 的含量。

【主要器材】

1. 恒温箱。

2. 可见-紫外分光光度计。

3. 组织捣碎机。

【主要试剂】

本实验用水均为蒸馏水,试剂纯度均为分析纯。

1. 新鲜水果或蔬菜。

2. 4.5mol/L 硫酸 小心地将 250ml 浓硫酸(相对密度 1.84)加入到 700ml 水中,冷却后用水稀释至 1000ml。

3. 85% 硫酸 小心将 90ml 硫酸(相对密度 1.84)加入到 100ml 水中,搅拌均匀。

4. 1% 草酸溶液 称取草酸($H_2C_2O_4$)10g 溶解于 700ml 水中,再加水稀释至 1000ml。

5. 10% 硫脲溶液 称取 50g 硫脲溶解于 500ml 1% 草酸溶液中。

6. 2% 2,4-二硝基苯肼溶液 称取 2,4-二硝基苯肼 2g 溶解于 4.5mol/L 硫酸 100ml 内,过滤。不用时,存于冰箱内,每次用前必须过滤。

7. 活性炭 将活性炭 100g 加到 750ml 1mol/L HCl 中,回流 1~2 小时,过滤,用蒸馏水洗涤数次,至滤液中无铁离子(Fe^{3+})为止,然后置于 110℃烘箱中烘干。

8. 维生素 C 标准储存液(1g/L) 将 100mg 维生素 C 溶解于 100ml 1% 草酸溶液中。

9. 维生素 C 标准应用液(1mg/ml) 取储存液 1.0ml,用 1% 草酸溶液稀释至 100ml。

【实验步骤】

1. 样品的制备 称 5g 新鲜样品置研钵中,加入 1% 草酸溶液 10~15ml,研磨 5~10 分钟,将提取液收集至 50ml 容量瓶中,如此重复提取 2~3 次,最后用 1% 草酸溶液定容至 50ml。

2. 氧化处理 取 10ml 上述提取液倒入干燥锥形瓶中,加入 2g 活性炭,充分振摇 1 分钟后过滤,此即为样品滤液。取 10ml 维生素 C 标准应用液于另一干燥锥形瓶中,加入 2g 活性炭,同法振摇、过滤。

3. 呈色反应 取3支试管,编号,按表2-15操作。

表2-15 总维生素C的测定体系

试剂(ml)	空白管	标准管	测定管
样品滤液	2.5	0.0	2.5
维生素C标准应用液	0.0	2.5	0.0
10%硫脲	1.0	1.0	1.0
2% 2,4-二硝基苯肼	0.0	1.0	1.0
混匀,置沸水浴中10分钟,冰水浴冷却			
2% 2,4-二硝基苯肼	1.0	0.0	0.0
85%硫酸	3.0	3.0	3.0

加完后混匀,静置10分钟。以空白管调零,在500nm波长处比色,测定各管吸光度值。

4. 计算

$$样品中维生素 C(mg/100g) = \frac{A 测}{A 标} \times 1 \times 2.5 \times \frac{100}{5 \times 2.5/50}$$

同一实验室平行或重复测定,相对偏差绝对值应小于10%。

【注意事项】

加85%硫酸时,要逐滴慢加,并将试管置于冷水中,边加边摇边冷却。

【思考题】

1. 维生素C在什么条件下稳定?

2. 实验操作中,为什么要进行氧化处理?

(吕士杰)

实验九 激素对血糖浓度的影响及血糖浓度测定

【实验目的】

1. 掌握胰岛素和肾上腺素调节血糖水平的作用机制。

2. 熟练掌握葡萄糖氧化酶法测定血糖的方法。

【实验原理】

正常人的血糖水平保持在3.89~6.11mmol/L,肝通过调节血糖的来源和去路来维持血糖浓度,激素水平的变化主导着血糖水平的变化。在调节血糖的激素中,胰岛素是体内唯一能降低血糖的激素。其他激素如肾上腺素、胰高血糖素、肾上腺糖皮质激素、生长素等则具有升高血糖的作用。本实验选取降糖激素胰岛素和作用迅速及明显的升糖激素肾上腺素做对比试验,分别测定家兔空腹、注射胰岛素和肾上腺素后家兔的血糖浓度,比较注射前后血糖浓度变化,从而了解激素对血糖浓度的影响。

本实验测定血糖的方法采用葡萄糖氧化酶(glucose oxidase,GOD)法。GOD在有氧存在的条件下,能催化葡萄糖氧化生成葡萄糖酸和过氧化氢。后者在过氧化物酶的作用下,使4-氨基安替吡啉与酚作用生成粉红色的醌亚胺化合物,其颜色的深浅与葡萄糖的含量成正比。用比色的方法,根据颜色的差异可以测定葡萄糖的准确含量。

$$C_6H_{12}O_6 + O_2 + H_2O \xrightarrow{GOD} 葡萄糖酸 + H_2O_2$$

$$2H_2O_2 + 4\text{-}氨基安替吡啉 + 酚 \xrightarrow{过氧化物酶} 醌亚胺 + 4H_2O$$

【主要器材】

1. 注射器,微量移液器,吸量管,试管,烧杯,滴管。

2. 去毛剪刀,刀片,乙醇,棉花棒,医用胶布。

3. 台式磅秤,722 型分光光度计,恒温水浴箱,离心机。

4. 2.5 ~ 3kg 家兔 2 只。

【主要试剂】

1. 胰岛素注射液(4U/ml)。

2. 肾上腺素(1mg/ml)。

3. 血糖测定试剂盒(葡萄糖氧化酶法)。

【实验操作】

1. 动物准备

(1)健康家兔 2 只,禁食 16 小时以上后称体重并记录。

(2)用去毛剪刀,沿家兔耳缘剪掉部分毛发,暴露耳缘静脉。

2. 取血及样品处理

(1)空腹血采集:用乙醇擦拭家兔耳缘,扩张血管后用刀片刺破或纵向划破耳缘静脉取血,将血液收集在干燥试管中。每只家兔取血 2 ~ 3ml,分别标注为"肾上腺素注射前"和"胰岛素注射前"。采血后用干棉花棒压迫血管 2 分钟左右止血。

(2)注射激素:采集完空腹血样后,分别向两只家兔皮下注射激素。一只注射胰岛素,剂量为 0.5ml/kg 体重;另一只注射肾上腺素,剂量为 0.4ml/kg 体重。分别记录注射时间。

(3)注射激素后血样采集:注射激素 30 分钟后,再次各取血 2 ~ 3ml 置于 2 只干燥试管中,分别标注为"胰岛素注射后"和"肾上腺素注射后"。取血方法同上。

(4)血清制备:每次取血后及时离心,3000rpm/min 离心 5 分钟,分离出血清用于血糖测定。

3. 血糖测定

(1)测定:取清洁干燥试管 6 只,编号,按表 2-16 加入试剂。

表 2-16　血糖测定

试剂(ml)	肾前	肾后	胰前	胰后	标准管	空白管
血清	0.01	0.01	0.01	0.01	0.00	0.00
葡萄糖标准液	0.00	0.00	0.00	0.00	0.01	0.00
蒸馏水	0.00	0.00	0.00	0.00	0.00	0.01
测定工作液	1.50	1.50	1.50	1.50	1.50	1.50

分别混匀各管,37℃保温 10 ~ 15 分钟,用 722 型分光光度计比色,设定波长 505nm,比色杯直径 1cm,以空白管调零,分别读取标准管及测定管吸光度值。

(2)结果计算:正常空腹血糖浓度参考值:3.89 ~ 6.50mmol/L

葡萄糖浓度 = 各血清管吸光度/标准管吸光度 × 标准浓度(见试剂盒)

4. 结果记录在表2-17中。

表2-17　血糖测定结果

项目	肾前	肾后	胰前	胰后	标准管
吸光度值					
葡萄糖浓度					

【注意事项】

1. 取血过程中尽量防止溶血,否则影响比色结果。取血时应先用乙醇棉球擦拭,以扩张血管,然后必须用干棉签擦干净;盛放血液的试管一定要事先烘干等。

2. 取血及注射激素时,应尽可能使家兔保持安静状态。否则本身激素会有变化,影响结果。

3. 离心后吸取血清时要缓慢,滴管不要接触到下层红细胞。

4. 实验宜在取血后2小时内完成,血液放置过久,葡萄糖易氧化分解,致使含量降低。

5. 本法用血量甚微,操作中应直接加标本至试剂中,再吸试剂反复冲洗吸液器等,以保证结果的准确性。

(赵　红)

实验十　血清总胆固醇的测定(胆固醇氧化酶法)

【实验目的】

掌握血清总胆固醇测定的方法及临床意义。

【实验原理】

血清中总胆固醇包括游离胆固醇和胆固醇酯两部分。血清中胆固醇酯可被胆固醇酯酶(CHE)水解为游离胆固醇和游离脂肪酸,胆固醇在胆固醇氧化酶(cholesterol oxidase,COD)的氧化作用下生成 Δ4-胆甾烯酮和 H_2O_2,H_2O_2 经过氧化物酶(POD)催化,分解出氧,使无色的 4-氨基安替比林(4-AAP)与酚(三者合称 PAP)偶联生成红色醌亚胺(即 Trinder 反应)。醌亚胺的最大吸收峰在 500nm 左右,吸光度与标本中的胆固醇含量成正比,与经过同样处理的胆固醇标准品进行比较,即可计算出样品中胆固醇含量。反应式如下:

$$胆固醇酯 + H_2O \xrightarrow{CHE} 胆固醇 + 游离脂肪酸$$

$$胆固醇 + O_2 \xrightarrow{COD} Δ4-胆甾烯酮 + H_2O_2$$

【主要器材】

分光光度计　终点法检测胆固醇的基本参数:波长:500nm,反应时间:5 分钟,反应温度:37℃,光径:10mm,样品/试剂:1/100。

【主要试剂】

1. 试剂盒组成及参考浓度

胆固醇液体酶试剂组成:

GOOD 缓冲液(pH6.7)	50mmol/L
胆固醇酯酶	≥200U/L
胆固醇氧化酶	≥100U/L
过氧化物酶	≥3000U/L
4-AAP	0.3mmol/L
苯酚	5mmol/L

2. 胆固醇标准溶液[117mmol/L(200mg/dl)] 精确称取胆固醇200mg,用异丙醇配成100ml溶液,分装后,4℃保存,临用取出。也可用定值的参考血清作标准。测定前根据说明书配制工作液。

【实验步骤】

1. 取干燥试管3支,按表2-18操作。

表2-18 血清总胆固醇的测定

加入物(μl)	空白管	校准管	测定管
血清	0	0	10
标准液/定值血清	0	10	0
蒸馏水	10	0	0
酶试剂	1000	1000	1000

混匀后,置37℃水浴保温5分钟,用分光光度计,于500nm波长处以空白管调零,读取各管吸光度,按标准液(或定值血清)为标准计算结果。

如果使用自动生化分析仪,可根据上述"测定参数"在仪器上编制程序进行直接测定。

2. 计算

血清胆固醇(mmol/L) = 测定管吸光度/标准管吸光度 × 胆固醇标准液

【注意事项】

1. 样品中胆固醇浓度大于13mmol/L时,可用生理盐水稀释后再重新测定,结果乘以稀释倍数。

2. 轻度溶血对测定结果无影响,明显溶血可使结果增高。

【临床意义】

1. 参考值 成人2.85～5.69mmol/L。

2. 高胆固醇血症 常见于动脉粥样硬化、家族性高胆固醇血症、肾病综合征、甲状腺功能减退等。

3. 低胆固醇血症 常见于低蛋白血症、营养不良、慢性消耗性疾病、甲亢等。

(孙秀玲)

实验十一　血清甘油三酯的测定（磷酸甘油氧化酶法）

【实验目的】

掌握血清甘油三酯测定的方法及临床意义。

【实验原理】

血清中甘油三酯（TG）经脂蛋白脂酶（LPL）作用，水解为甘油和游离脂肪酸（FFA），甘油在 ATP 和甘油激酶（glycerokinase，GK）的作用下，生成 3-磷酸甘油（G-3-P），G-3-P 经磷酸甘油氧化酶（glycerophosphateoxidase，GPO）催化，氧化生成磷酸二羟丙酮和过氧化氢（H_2O_2），H_2O_2 在过氧化物酶（peroxidase，POD）作用下与 4-氨基安替比林（4-AAP）及 4-氯酚显色，生成红色醌类化合物（Trinder 反应），其显色程度与 TG 的浓度成正比，与经过同样处理的甘油三酯校准品进行比较，即可计算出样品中甘油三酯含量。

反应式如下：

$$TG + 3H_2O \xrightarrow{LPL} 甘油 + 3 脂肪酸$$

$$甘油 + ATP \xrightarrow{GK} G\text{-}3\text{-}P + ADP$$

$$G\text{-}3\text{-}P + O_2 \xrightarrow{GPO} 磷酸二羟丙酮 + H_2O_2$$

$$2H_2O_2 + 4\text{-}AAP + 4\text{-}氯酚 \xrightarrow{POD} 红色醌亚胺 + HCl + 2H_2O$$

血清或血浆作为检测标本，均需取血后及时分离，以免红细胞膜磷脂在磷脂酶的作用下产生游离甘油增多，或者抗凝剂存在时红细胞内水溢出而稀释血浆（清）降低 TG 值，一般主张在 4℃ 存放不宜超过 3 天。

血浆做标本时，通常使用 $EDTAK_2$（1mg/ml）作抗凝剂。

【主要试剂】

1. 试剂一

甘油三酯液体稳定酶试剂组成：

GOOD 缓冲液（pH7.2）	50mmol/L
脂蛋白脂酶	≥4000U/L
甘油激酶	≥40U/L
磷酸甘油氧化酶	≥500U/L
过氧化物酶	≥2000U/L
ATP	2.0mmol/L
硫酸镁	15mmol/L
4-AAP	0.4mmol/L
4-氯酚	4.0mmol/L

2. 试剂二

甘油三酯标准液　　　　　2.26mmol/L（200mg/dl）

测定前根据试剂盒说明书配制工作液。

【实验步骤】

1. 自动化法的参数设置见试剂盒说明书。

2. 终点法检测 TG 的基本参数为波长:500nm;反应时间:5 分钟;反应温度:37℃;光径:10mm;样品/试剂:1/100。

3. 按表 2-19 操作。

表 2-19　血清甘油三酯的测定

加入物（μl）	空白管	标准管	测定管
血清	0	0	10
标准液	0	10	0
蒸馏水	10	0	0
酶试剂	1000	1000	1000

混匀后,37℃保温 5 分钟,用分光光度计比色,于 500nm 波长处以空白管调零,读取各管吸光度。

4. 计算

$$血清 TG(mmol/L) = 测定管吸光度/标准管吸光度 × TG 标准液浓度$$

【注意事项】

1. 取血前两天内不要进食含大量脂肪的食品,早晨空腹(12 小时)取血。

2. 标本应新鲜,4℃放置不宜超过 3 天,避免 TG 水解释放出甘油。

3. 所用酶试剂应在 4℃避光保存(可稳定 3 天~1 周),当出现红色时不可再用,试剂空白管的吸光度应≤0.05。

4. 本实验方法的线性上限为 11.4mmol/L,若所测 TG 值超过了 11.0mmol/L,则可用生理盐水稀释后再测,结果乘以稀释倍数。

5. 本法没有进行抽提和吸附,所测 TG 包括血清中游离的甘油(free glycerol,FG)。正常人血清 FG 浓度平均为 0.11mmol/L(10mg/dl),对于变动幅度较大的 TG 来说,由此引起的误差可忽略不计,或在常规测定中为了校正血清中存在的游离甘油,计算结果减去 FG 0.11mmol/L。

但标本中 FG 明显增高(如糖尿病、静脉营养等)或 TG >2.3mmol/L 时,对 TG 测定结果有一定的影响,须作 FG 空白校正以除去 FG 的干扰。常用的方法有两种:

(1)外空白法:需加做一份不含 LPL 的酶试剂测定 FG 作空白值。

(2)内空白法:又称为两步法或双试剂法:将酶试剂分作两部分,其中 LPL 和 4-AAP 组成试剂Ⅱ,其余部分为试剂Ⅰ,血清先加试剂Ⅰ,37℃孵育后,因无 LPL 存在,TG 不被水解,FG 在 GK 和 GPO 的作用下反应生成 H_2O_2,但因不含 4-AAP,不能完成显色反应,H_2O_2 可能与酚类化合物形成无色二聚体而被消耗,故可除去 FG 的干扰,再加入试剂Ⅱ,即可测出 TG 水解生成的甘油。内空白法虽然增加了操作步骤,但不增加试剂成本,且排除 FG 干扰效果好,预孵育 5 分钟即可排除 4mmol/L FG 的干扰。

6. 若使用的标准是定值质控血清,应根据厂家所提供的值进行计算。

【性能指标】

线性范围:<11.4mmol/L(1000mg/dl)。

变异系数:批内 CV≤3%,批间 CV≤5%。

回收率:98.6%。

特异性:LPL 除水解 TG 外,亦能水解甘油一酯和甘油二酯(血清中后二者的浓度约占 TG 的 3%),本法测定结果包括后二者的值。

此法酶反应的最后一步为 Trinder 反应,其影响因素与胆固醇测定法相同,如胆红素、维生素 C 等还原性物质增多,可使测定结果偏低。

【临床意义】

1. 参考值 正常成人 $0.45 \sim 1.69$ mmol/L($40 \sim 150$ mg/dl)。

目前我国的血脂异常防治建议提出,国人成年人的合适 TG 水平为 ≤1.69mmol/L(150mg/dl); >1.69mmol/L 为 TG 升高。

2. 血清 TG 增高 TG 水平与种族、年龄、性别以及生活习惯(如饮食、运动等)有关。

原发性高 TG 血症包括家族性高 TG 血症、家族性高脂(蛋白)血症及 LPL 减少或缺乏引起原发性高脂血症等。继发性高 TG 血症见于肥胖症、糖尿病、糖原贮积症、甲状腺功能减退、肾病综合征、高脂饮食、酗酒等。

血中的 TG 以 CM、VLDL 中含量最高,故称之为富含甘油三酯脂蛋白(TRLs)。大量研究证实,TG 升高也是引起动脉粥样硬化及冠心病的独立危险因子,高 TG 还可使血液凝固性增高,并抑制纤维蛋白溶解,促进血栓形成。

3. 血清 TG 降低比较少见。营养不良或消化吸收不良综合征、甲状腺功能亢进、肾上腺皮质功能减退和肝功能严重损伤时可引起甘油三酯降低。

(孙秀玲)

实验十二 血清低密度脂蛋白的测定
(直接法;表面活性剂清除法)

【实验目的】

掌握血清低密度脂蛋白测定的方法及临床意义。

【实验原理】

血清低密度脂蛋白的测定(直接法;表面活性剂清除法)是采用液体双试剂分两步对血清中不同脂蛋白进行反应,其中试剂 I 中的表面活性剂 I 能改变 LDL 以外的脂蛋白(HDL、CM 和 VLDL 等)结构并解离,所释放出来的微粒化胆固醇分子与胆固醇酯酶(CEH)和胆固醇氧化酶(COD)反应,但产生的 H_2O_2 在缺乏偶联剂时被消耗而不显色,此时 LDL 颗粒仍是完整的。然后加入试剂 II(含表面活性剂 II 和偶联剂 DSBmT),可使 LDL 颗粒解离释放胆固醇,参与 Trinder 反应而显色,此时其他脂蛋白的胆固醇分子已在第一步被清除,故显色深浅与低密度脂蛋白胆固醇(LDL-C)量呈正比。

该法因标本需要量少,不需预先沉淀处理,直接用于自动生化分析仪测定,目前在临床上使用最为广泛。

【主要试剂】

表面活性剂清除法测定 LDL-C 试剂盒的试剂组成及参考浓度:

1. 试剂一

4-氨基安替比林	0.5mmol/L
胆固醇氧化酶	1.2U/ml
胆固醇酯酶	3U/ml

过氧化物酶　　　　　　　　　0.5U/ml

GOOD 缓冲液　　　　　　　　pH6.3

表面活性剂Ⅰ　　　　　　　　适量

2. 试剂二

偶联剂 DSBmT　　　　　　　1.0mmol/L

表面活性剂Ⅱ　　　　　　　　适量

GOOD 缓冲液　　　　　　　　pH6.3

3. 试剂三　参考物

临床应用时应按照仪器和试剂盒说明书采用双试剂、双波长测定,根据反应进程曲线确定读数时间,根据试剂盒要求采取 1 点或 2 点定标。

【实验步骤】

1. 基本参数

双波长:主波长 546nm;副波长 660nm;反应时间 5 分钟;反应温度 37℃;样品与反应总体积为 1:100~1:150。

2. 按表 2-20 操作。

表 2-20　血清低密度脂蛋白的测定

加入物（μl）	空白管	标准管	测定管
试剂Ⅰ	350	350	350
蒸馏水	3	0	0
校准液	0	3	0
血清	0	0	3

混合,于 37℃保温 5 分钟,在主波长 546nm 和副波长 660nm 下读取各管吸光度（$A1_{546}$、$A1_{660}$）。

试剂Ⅱ	100	100	100

混合,于 37℃保温 5 分钟,在主波长 546nm 和副波长 660nm 下读取各管吸光度（$A2_{546}$、$A2_{660}$）。

3. 计算

血清 LDL-C(mmol/L) = 测定管吸光度/标准管吸光度 × 标准液浓度

$\triangle A = (A2_{546} - A2_{660}) - (A1_{546} - A1_{660})$

【注意事项】

使用匀相测定试剂时,应注意试剂盒配套用校正物准确定值。

【性能指标】

线性范围:≥0.01mmol/L。

回收率:90%~110%。

总误差:≤2%。

变异系数:CV≤4%。

相关系数:与参考方法进行方法学比较达 0.95。

特异性:高 HDL-C、VLDL-C 对测定基本无明显影响。

【临床意义】

1. 参考值　成人 2.07~3.11mmol/L(80~120mg/dl)。

目前我国的血脂异常防治建议将 LDL-C 分成 3 个水平：≤3.10mmol/L(120mg/dl)为合适范围；3.13～3.59mmol/L(121～139mg/dl)为临界范围；≥3.62mmol/L(140mg/dl)为升高。

2. 血清 LDL-C 水平随年龄增加而升高。高脂、高热量饮食、运动少和精神紧张等也可使 LDL-C 水平升高。

3. LDL 是一种致动脉粥样硬化脂蛋白，其血中水平越高，动脉粥样硬化的危险性越大，LDL-C 水平与冠心病的发病率呈正相关。LDL-C 水平增高与 TC 增高的意义相同，是判断高脂血症、预防动脉粥样硬化的重要指标，但 LDL-C 水平更能说明胆固醇的代谢状况。故临床推荐测定 LDL-C 水平是治疗高脂血症及需要达到预防和治疗目标的必查指标之一。

（孙秀玲）

实验十三　超氧化物歧化酶活性的测定

【实验目的】

1. 掌握 SOD 活性的测定方法。
2. 了解 SOD 活性的测定意义。

超氧化物歧化酶(superoxide dismutase，简称 SOD)，广泛存在于生物体内，是含 Cu、Zn、Mn、Fe 的金属酶，它作为生物体内重要的自由基清除剂，可以清除体内多余的超氧阴离子，在防御生物体氧化损伤方面起着重要作用。超氧阴离子(O_2^-)是人体氧代谢产物，它在体内过量积累会引起炎症、肿瘤、色斑沉淀、衰老等疾病，超氧阴离子与生物体内许多疾病的发生和形成有关。SOD 能专一消除超氧阴离子(O_2^-)而起到保护细胞的作用：$2O_2^- + 2H^+ \rightarrow H_2O_2 + O_2$。

SOD 的测定方法很多，常见的有化学法、免疫法、等电点聚焦法等，其中化学法应用最普遍，化学法的原理主要是利用有些化合物在自氧化过程中会产生有色中间物和 O_2^-，利用 SOD 分解而间接推算酶活力。在化学方法中，最常用的有黄嘌呤氧化酶法、邻苯三酚法、化学发光法、Cyte 还原法等。其中改良的邻苯三酚自氧化法简单易行较为实用。化学发光法不适用于测定 Mn-SOD，但对于 Cu/Zn-SOD 反应极灵敏。Cyte 还原法用于 Mn-SOD 活力测定结果稳定，重复性好。但专一性和灵敏度不够理想，而且需要特殊仪器，实际应用受到限制。亚硝酸盐形成法与 CN—抑制剂或 SDS 处理相结合，应用于 Mn-SOD 测定，灵敏度比 Cyte 还原法提高数倍，而且专一性强，重复性好，操作方便，不需要特殊仪器和设备，易于实际应用和推广，是目前较好的测定方法之一。

一、黄嘌呤氧化酶法

【实验原理】

黄嘌呤氧化酶催化黄嘌呤产生超氧阴离子自由基，后者氧化羟胺成亚硝酸盐，亚硝酸盐在对氨基苯磺酸与甲萘胺作用下呈现紫红色，在波长 530nm 处有最大吸收峰，用可见光分光光度计测其吸光度。当被测样品中含 SOD 时，则对超氧阴离子自由基有专一性抑制作用，使可形成的亚硝酸盐减少，比色时测定管的吸光度值低于空白管的吸光度值，通过公式计算可求出被测样品中 SOD 的活力。

【主要器材】

1. 恒温水浴锅。

2. 722 型分光光度计。

3. 移液器。

4. 试管。

【主要试剂】

1. 5mmol/L 磷酸盐缓冲液(pH7.8)

(1)75mmol/L 磷酸盐缓冲液(pH7.8)母液配制:

1)0.15mol/L K_2HPO_4(母液 A):准确称取 17.115g $K_2HPO_4 \cdot 3H_2O$ 溶于 500ml 蒸馏水中;

2)0.15mol/L KH_2PO_4(母液 B):准确称取 2.041g KH_2PO_4 溶于 100ml 蒸馏水中。

(2)取母液 A 91.5ml 与母液 B 8.5ml 充分混合后,用水稀释至终体积 200ml,用酸或碱调 pH 至 7.8。

2. 0.1mol/L 盐酸羟胺溶液(要求新鲜配制) 准确称取 6.949g 盐酸羟胺溶解于 1L 蒸馏水中。

3. 75mmol/L 黄嘌呤溶液(要求新鲜配制) 准确称取 11.41g 黄嘌呤溶于 1L NaOH 稀释液中。NaOH 备用液:称 0.8g NaOH 溶于 50ml 水中,使用时稀释 3 倍为 0.133mol/L NaOH 稀释液。

4. 0.037U/L 黄嘌呤氧化酶 要求新鲜配制,避光。

5. 显色剂配制(避光保存) 量取冰乙酸 172.5ml 于 500ml 棕色瓶中,称取 0.2g 甲萘胺加入冰乙酸中;称取 2g 对氨基苯磺酸溶于 100ml 蒸馏水中(对氨基苯磺酸不易溶解,在棕色瓶里用超声波处理,水温 60~70℃)。待对氨基苯磺酸完全溶解后与冰乙酸混合,加蒸馏水至终体积 500ml。

【操作步骤】

取试管 5 支,编号,按表 2-21 操作。

表 2-21 黄嘌呤氧化酶法测定 SOD 活性

试剂	测定管（ml）	对照管（ml）
75mmol/L 磷酸盐缓冲液(pH7.8)	0.55	0.55
待测样品	A(取样量)	0.00
0.1mol/L 盐酸羟胺溶液	0.05	0.05
75mmol/L 黄嘌呤溶液	0.05	0.05
0.037U/L 黄嘌呤氧化酶	0.05	0.05
蒸馏水	0.2-A	0.20
用漩涡振荡器充分混匀,置37℃恒温水浴30分钟		
显色剂	1.00	1.00

总体积 1.9ml,混匀,室温放置 10 分钟,波长 530nm,蒸馏水调零,测各管吸光度。

计算:

每毫升反应液中 SOD 抑制率达 50% 时对应的 SOD 量为一个 SOD 活性单位(U),待测样品中的 SOD 活性由下式计算：

SOD 抑制率（%）＝（$A_2 - A_1$）/A_2 ×100%

SOD 活性（U/ml）＝（$A_2 - A_1$）/A_2 ×100% ÷50% × 反应体系的稀释倍数 × 样本测试前的稀释倍数。式中：A_1：测定管的吸光度值；A_2：空白管的吸光度值。

【注意事项】

1. 试管要洗干净，在测定微量样品时尤为重要。

2. 要做空白管，并且放在所有测试管的中间做，取平均值。

二、邻苯三酚自氧化抑制法

【实验原理】

邻苯三酚在碱性条件下能迅速发生自氧化，SOD 能抑制邻苯三酚的自氧化反应。在 420nm 处 0.2mmol/L 邻苯三酚的自氧化速率为 0.060/分钟，25℃条件下 SOD 作用 4 分钟后用 HCl 终止反应，根据抑制率高低计算出红细胞 SOD 的活性。

【主要器材】

恒温水浴锅；离心机；自动生化分析仪；移液器；试管。

【主要试剂】

1. Tris-HCl 缓冲液（pH8.2，含 0.1mol/L Tris、2mmol/L EDTA） 分别取 0.2mol/L Tris 溶液（含 4mmol/L EDTA）100ml 和 0.2mol/L HCl 溶液 44.76ml，混合后加蒸馏水至 200ml 混匀备用。

2. 10mmol/L HCl（AR）溶液。

3. 3.0mmol/L 邻苯三酚溶液 称取邻苯三酚 0.378g，溶解于 10mmol/L HCl 中并加至 1 000ml。

4. 95% 乙醇（AR）、氯仿（AR）、双蒸水/去离子水 4℃冰箱预冷或存放。

【操作步骤】

1. 红细胞 SOD 粗提液的制备 取末梢血（手指或耳垂）或肝素抗凝血 50μl，加入装有 5ml 生理盐水的刻度离心管内，用吸管混匀后 3000rpm/min 离心 5 分钟，弃上清。沉淀加入冷的双蒸水 0.2ml，使其完全溶血后，加入 4℃预冷的 95% 乙醇 0.1ml，振摇 1~2 分钟，再加入冷氯仿 0.1ml，充分振摇 1~2 分钟后 2000rpm/min 离心 5 分钟，上清即为 SOD 粗提液，记录体积，待测。

2. 邻苯三酚自氧化率的测定 取 4 支试管，按表 2-22 操作。

表 2-22 邻苯三酚自氧化抑制法测定 SOD 活性

试剂（ml）	测定管（U）	空白管（B）
Tris-HCl 缓冲液	0.87	0.87
蒸馏水	0.00	0.01
SOD 提取液	0.01	0.00
3.0mmol/L 邻苯三酚溶液	0.03	0.03

迅速混匀，立即吸入进行自氧化率（△A/分钟）的测定。

3. 实验参数

波长	340nm
延迟时间	40 秒
测定时间	15 秒
温度	25℃
测定次数	4 次
进样时间	4 秒
冲洗时间	4 秒

4. **血红蛋白(Hb)测定** 按氰化高铁血红蛋白法测定。

计算:

SOD 活性单位的定义为:以每分钟抑制邻苯三酚自氧化率 50% 所需要的酶量为 1 个活性单位。因此,每毫升反应液中所含酶的活性按下述公式计算。

$$抑制率(\%) = \frac{\Delta A_B - \Delta A_U}{\Delta A_B} \times 100$$

$$红细胞 \ SOD \ 活性(U/ml) = \frac{抑制率}{50\%} \times \frac{0.9}{0.01} \times \frac{V}{0.05}$$

$$= 抑制率 \times V \times 3600$$

或

$$SOD \ 活性[U/(g \cdot Hb)] = \frac{U/ml}{Hb(g/ml)} \times 1000$$

式中,ΔA_B:空白管每分钟吸光度的变化值;ΔA_U:测定管每分钟吸光度的变化值;V:SOD 粗提液体积(ml);0.9:反应液总体积(ml);0.01:加入 SOD 的量(ml);0.05:血液标本用量(ml)。

参考范围:

测定健康人 79 名(男 45 名,女 34 名,年龄 18~63 岁)其参考范围为(3945.5±1269.2)U/(g·Hb)。男:(4016.2±1430.5)U/(g·Hb);女:(3851.9±1009.5)U/(g·Hb)。

临床意义:

SOD 是人体防御自由基损伤的主要酶类,可清除体内产生的自由基,使自由基的产生与清除达到平衡。随年龄增长或在疾病情况下,平衡被破坏,自由基在体内堆积,导致生物膜、蛋白质、核酸等的结构与功能受损,引起组织器官功能障碍。大量临床资料表明 SOD 活性异常与人类生理病理及多种疾病(包括心、肺、肝、胃、肾、血液系统等的疾病)以及衰老的发生、发展有密切的联系。

体内 SOD 含量升高见于急性心肌梗死、粒细胞性白血病、骨髓瘤、淋巴瘤、霍奇金病以及高血压、精神分裂症等。

SOD 水平降低见于贫血、非胰岛素依赖性糖尿病(NIDDM)、蛛网膜下腔出血、吸烟以及其他疾病时。

【注意事项】

1. 所用器材必须清洁干燥。

2. 反应温度、pH 和邻苯三酚的浓度都会影响实验的结果,故应严格控制。

3. SOD 对邻苯三酚自氧化速率的抑制率在 5 分钟内呈线性。

4. 自氧化率线性速率以 ΔA/分钟 = 0.06 为标准,因此空白管(B)的 ΔA/分钟必须控制在 0.06 ~ 0.07 之间,否则可适当增减邻苯三酚的用量来达到上述要求。

5. 红细胞提取液和溶血液应密闭或加塞,于 4℃ 可保存 10 天。

6. 由于目前测定 SOD 多利用它抑制某种氧化还原反应的能力来间接反映 SOD 的活性,并存在反应条件和方法的差异,因此参考范围也各不相同,建议各室建立自己的参考范围。

(张向阳)

实验十四　血清丙氨酸氨基转移酶(ALT)活性测定

【实验目的】

1. 熟悉转氨酶活性测定的原理、方法及临床意义。

2. 掌握转氨酶测定的临床意义。

【实验原理】

丙氨酸和 α-酮戊二酸在血清丙氨酸氨基转移酶的催化下生成丙酮酸和谷氨酸,在酶反应到达规定时间时,加入 2,4-二硝基苯肼-HCl 溶液以终止反应。生成的丙酮酸与 2,4-二硝基苯肼作用,生成丙酮酸-2,4-二硝基苯腙,苯腙在碱性条件下呈红棕色。根据显色深浅,求得血清中丙氨酸氨基转移酶的活性。

【主要器材】

1. 试管。

2. 刻度吸量管。

3. 恒温水浴箱。

4. 分光光度计。

【主要试剂】

1. 0.1mol/L pH7.4 磷酸盐缓冲液　称取磷酸氢二钠(Na_2HPO_4,AR)11.928g,磷酸二氢钾(KH_2PO_4,AR)2.176g,加适量蒸馏水溶解并稀释到 1000ml。

2. 丙氨酸氨基转移酶底物液　称取 DL-丙氨酸 1.79g,α-酮戊二酸 29.2mg 于烧瓶中,加入 0.1mol/L pH7.4 磷酸盐缓冲液 80ml,煮沸溶解后,冷却,用 0.4mol/L NaOH 溶液调 pH 至 7.4(约加入 0.5ml),再用 0.1mol/L pH7.4 磷酸盐缓冲液稀释到 100ml,摇匀,加氯仿数滴,置冰箱中可保存数周。

3. 1mmol/L 2,4-二硝基苯肼溶液　称取 2,4-二硝基苯肼 19.8mg,用 10mol/L HCl 10ml 溶解后,加蒸馏水至 100ml,置于棕色瓶内,冰箱保存。

4. 0.4mol/L NaOH 溶液。

5. 2mmol/L 丙酮酸标准液(2μmol/ml)　精确称取纯丙酮酸钠 22.0mg 于 100ml 容量瓶中,加 0.1mol/L pH7.4 的磷酸盐缓冲液至刻度线。此液应新鲜配制,不能久放。

【实验步骤】

1. 取 2 支试管按照表 2-23 操作。

将上述两管分别混匀,10 分钟后,用 505nm 波长进行比色,以蒸馏水调零,读取各管吸光度值,用测定管吸光度值减去对照管吸光度值,查标准曲线或标准检量表得 ALT 活性单位。

2. 按表 2-24 进行操作。

43

表 2-23 血清 ALT 活性测定

加入物（ml）	测定管	对照管
血清	0.1	0.1
ALT 底物液	0.5	0.0
混匀,置37℃水浴,保温3分钟		
2,4-二硝基苯肼	0.5	0.5
ALT 底物液	0.0	0.5
混匀,置37℃水浴,保温20分钟		
0.4mol/L NaOH	5.0	5.0

表 2-24 丙酮酸标准曲线的制作

加入物（ml）	管号					
	0	1	2	3	4	5
丙酮酸标准液	0.00	0.05	0.10	0.15	0.20	0.25
ALT 底物液	0.50	0.45	0.40	0.35	0.30	0.25
pH7.4 磷酸盐缓冲液	0.10	0.10	0.10	0.10	0.10	0.10
混匀,置37℃水浴,保温30分钟						
2,4-二硝基苯肼	0.50	0.50	0.50	0.50	0.50	0.50
混匀,置37℃水浴,保温20分钟						
0.4mol/L NaOH	5.00	5.00	5.00	5.00	5.00	5.00
相当于 ALT 单位	0	28	57	97	150	200

混匀,10分钟后,用505nm 波长进行比色,用蒸馏水调零,读取各管吸光度值,将各管吸光度值减去0号管吸光度值后,以吸光度为纵坐标,各管相应的丙氨酸氨基转移酶单位为横坐标,绘制成标准曲线。

3. 正常参考范围:5~25 卡门单位。

【注意事项】

1. 标本应空腹采血,当时进行测定或将分离的血清贮存于冰箱中。

2. 酶的测定结果与酶作用时间、温度、pH 及试剂加入量等有关,在操作时应准确掌握。

3. 测定试剂更换时,要重新制作标准曲线。

【临床意义】

正常时,丙氨酸氨基转移酶主要存在于各组织细胞中(以肝细胞中含量最多,心肌细胞含量也较多),只有极少量释放入血液,所以血清中此酶活性很低。当这些组织病变、细胞坏死或通透性增加时,细胞内的酶即可大量释放入血液,使血清中该酶的活性显著增高。所以,在各种肝炎急性期、药物中毒性肝细胞坏死等疾病时,血清丙氨酸氨基转移酶活性明显增高;肝癌、肝硬化、慢性肝炎、心肌梗死等疾病时,血清丙氨酸氨基转移酶活性中度增高;阻塞性黄疸、胆管炎等疾病时,此酶活性轻度增高。

【思考题】

1. 为什么急性肝炎患者血清中 ALT 活性明显增高?

2. 血清 ALT 活性升高有何临床意义？

（于海英）

实验十五　血清白蛋白、γ-球蛋白的分离、提纯和定量

【实验目的】

1. 掌握在不同 pH 条件下用盐析、层析等技术分离、提纯血清白蛋白、γ-球蛋白及定量测定的方法。

2. 熟悉蛋白质分离、纯化及定量分析的原理。

【实验原理】

蛋白质的分离、纯化及含量测定是研究蛋白质的结构与生物学功能的重要手段。不同的蛋白质，理化性质不同，其分子量、溶解度以及在一定条件下带电荷的多少也不一样，可根据这些性质的差别，分离和提纯各种蛋白质。本实验拟采用盐析、凝胶和离子交换层析的方法分离、纯化血清白蛋白、γ-球蛋白，并用紫外吸收法和双缩脲法对纯化后的蛋白质进行定量分析。其原理如下：

1. 粗提取（盐析法）　在蛋白质溶液中加入大量中性盐，破坏蛋白质的胶体性，使蛋白质从水溶液中沉淀下来，此方法称为盐析。

蛋白质颗粒表面带有相同的电荷和水化膜是维持蛋白质胶体性质的两个重要因素，当其中任何一个因素受到破坏，都会降低胶体的稳定性，使蛋白质分子凝聚而发生沉淀。各种蛋白质的颗粒大小、所带电荷的多少以及亲水性都不同，用盐析的方法处理蛋白质溶液，所需的最低盐浓度也不一样，因此可利用不同浓度的盐溶液分别析出各种蛋白质，从而对蛋白质进行初步的分离。

2. 脱盐　用盐析法分离得到的蛋白质中含有大量的中性盐，会妨碍蛋白质的进一步纯化，因此必须首先去除。常用的方法有透析法、超滤法、凝胶层析法等，本试验采用的是凝胶层析法，利用所得蛋白质与无机盐之间分子量的差异，当溶液通过 Sephadex G-25 凝胶柱时，溶液中直径大于凝胶网孔的大分子物质不能进入凝胶颗粒的网孔随流动相向下移动，所以流程短、流速快，首先流出层析柱，而小分子物质直径小于凝胶网孔，能自由出入，洗脱时间长，后流出层析柱，经过一段时间层析，分子大小不同的物质彼此分开，达到分离的目的。

3. 纯化　离子交换是溶液中的离子和交换剂上的离子之间进行的可逆交换过程。带正电荷的交换剂称为阴离子交换剂；带负电荷的交换剂称为阳离子交换剂。

本实验采用的 DEAE 纤维素是一种阴离子交换剂，溶液中带负电荷的离子可与其进行反复的交换结合，带正电荷的则不能，这样便可达到分离纯化的目的。

脱盐后的蛋白质溶液尚含有各种球蛋白，利用它们等电点的不同可进行分离。血清中各种蛋白质的 pI 各不相同，因此，在同一乙酸铵缓冲液中，各种蛋白质所带电荷也不相同，可通过 DEAE 离子交换层析将血清白蛋白和 γ-球蛋白分离出来。

4. 纯度鉴定　检测用上述方法分离得到的白蛋白和 γ-球蛋白是否纯净、单一，可以正常血清样品作对照，采用乙酸纤维素薄膜电泳对其进行纯度鉴定。比较两者电泳图谱可定性判断纯化的白蛋白和 γ-球蛋白的纯度。

5. 定量测定　白蛋白、γ-球蛋白的定量测定可采用多种方法，本实验采用双缩脲法或紫外吸收法。

（1）双缩脲法：凡是具有两个或两个以上肽键的化合物，都可在碱性溶液中与 Cu^{2+} 形成紫

色化合物,即为双缩脲反应,此化合物颜色的深浅与该化合物的浓度成正比,在 540nm 处有最大吸收峰。蛋白质有多个肽键,因此具有双缩脲反应,故可用分光光度法来测定蛋白质的浓度。

(2)紫外吸收法:由于蛋白质中酪氨酸和色氨酸残基的苯环含有共轭双键,因此蛋白质在 280nm 处具有吸收紫外线的最大吸收峰值的性质,在此波长,蛋白质溶液的吸光度值(A 280)与其含量成正比,可用作蛋白质定量测定。

【主要器材】

1. 层析柱。
2. 三角烧瓶及玻棒。
3. 吸管。
4. 滴管。
5. 试管。
6. 黑色反应板。
7. 铁固定架。
8. 螺旋夹。
9. 离心管和离心机。
10. 721 型分光光度计。
11. 水浴箱。

【主要试剂】

1. 0.3mol/L 乙酸铵缓冲液(NH$_4$Ac,pH6.5) 称取乙酸铵 23.13g,加蒸馏水 800ml 溶解之,滴入稀氨水或稀乙酸液,混合均匀,准确调节 pH 6.5,再加蒸馏水至 1000ml。

2. 0.06mol/L NH$_4$Ac(pH6.5) 取上液用蒸馏水作 5 倍稀释。

3. 0.02mol/L NH$_4$Ac(pH6.5) 取上液用蒸馏水作 3 倍稀释。

上述 3 种缓冲液必须准确配制,并用 pH 计准确调整 pH,用蒸馏水稀释后应再用 pH 计测试 pH。由于乙酸铵是挥发性盐类,故溶液配制时不得加热,配好后必须密封保存,防止pH 和浓度发生改变,否则将影响所分离的蛋白质纯度。

4. 1.5mol/L 的 NaCl-0.3mol/NH$_4$Ac 溶液 称取 NaCl 87.7g,用 0.3mol/L 的乙酸铵(pH 6.5)溶液溶解,定容至 1000ml。

5. 饱和硫酸铵溶液 称取固体硫酸铵 850g 加入 1000ml 蒸馏水中,在 70~80℃下搅拌溶解,室温中放置过夜,瓶底析出白色结晶,上清液即为饱和硫酸铵溶液。

6. 0.92mol/L(20%)磺基水杨酸。

7. 双缩脲试剂 精确称取硫酸铜 3.0g,酒石酸钾钠 9.0g,碘化钾 5.0g,各自分别溶于25ml 蒸馏水中。将酒石酸钾钠和碘化钾溶液倒入 1000ml 容量瓶中,加入 6.0mol/L NaOH 100ml,混匀。再加入硫酸铜溶液,边加边摇,最后加水定容至 1000ml,储存于塑料瓶内。此试剂可长期保存,当储存瓶内有黑色沉淀出现,则需重新配制。

8. 蛋白质标准液 用微量凯氏定氮法准确测出牛血清白蛋白的蛋白含量,然后用 15%氯化钠-麝香草酚溶液稀释成每 1ml 溶液中蛋白质含量为 6.0mg,此蛋白质标准液 4℃可保存 8 个月。

9. 健康人血清。

10. G-25 葡聚糖凝胶 称取葡聚糖凝胶 G-25(粒度 50~100 目)干胶(每 100ml 凝胶床需干胶 25g),每克干胶加入蒸馏水约 50ml,轻轻摇匀,置于沸水浴中 1 小时并经常摇动使气泡逸出,取出冷却。凝胶沉淀后,倾去含有细微悬浮物的上层液,加入 2 倍量 0.02mol/L NH$_4$Ac (pH 6.5)缓冲液混匀。静置片刻待凝胶颗粒沉降后,倾去含细微悬浮物的上层液,再用 0.02mol/L NH$_4$Ac 重复处理一次。

11. DEAE 纤维素　按 100ml 柱床体积称取 DEAE 纤维素 14g,加入 0.5mol/L 的 HCl, 搅拌均匀,放置 30 分钟后加约 10 倍量的蒸馏水,搅匀,放置片刻,待纤维素下沉后,弃去含细微悬浮物的上层液。如此反复洗涤 2～3 次后,置垫有细尼龙滤布的布氏漏斗中抽滤。用蒸馏水充分滤洗,直至流出液 pH 约为 4.0。然后将 DEAE 纤维素置于烧杯中,加入 0.5mol/L NaOH(每克纤维素加 15ml)处理一次。并以蒸馏水充分滤洗,直至流出液 pH 约为 7.0。

【操作步骤】

1. G-25 葡聚糖凝胶层析柱及 DEAE 纤维素离子交换层析柱

(1)葡聚糖凝胶 G-25 凝胶的装柱与平衡:摇匀已处理好的 G-25 葡聚糖凝胶,小心加入层析柱中,至凝胶沉淀高度约为 10～15cm(注意凝胶装填要均匀,若分多次加入凝胶,应在加入凝胶前将柱内凝胶顶部搅动悬起,再将凝胶液倾入,凝胶柱床表面应平整,且液面始终高于凝胶面,凝胶柱床内不得有气泡和断层)。经 0.02mol/L NH$_4$Ac(pH 6.5)缓冲液流洗平衡(如重复使用,注意用 BaCl$_2$ 检测是否存在 SO$_4^{2-}$,如有 SO$_4^{2-}$,冲洗到无 SO$_4^{2-}$ 存在后,继续洗涤 10～15ml),关紧下端活塞,保持液面高于凝胶面,待用。

(2)DEAE 纤维素离子交换层析柱的装柱与平衡:经酸碱处理过的 DEAE 纤维素置于烧杯中,加入 0.02mol/L 的 NH$_4$Ac(pH6.5)缓冲液,并用乙酸调节 pH 至 6.5,弃上清液,用此 DEAE 纤维素装柱。在层析柱下端出水口套上硅胶管,用螺旋夹拧紧,然后将上述处理好的纤维素悬液倾入柱内,再拧松螺旋夹,使液体流出,直至所需的柱床高度约为 6cm 为止。待液面接近纤维柱柱床表面,将螺旋夹拧紧待用,装柱后层析柱接上恒压储液瓶,用 0.02mol/L,pH 约为 6.5 的 NH$_4$Ac 流洗平衡。

(3)再生及保存

1)葡聚糖凝胶 G-25 凝胶:每次用后以所需的缓冲液洗涤平衡后即可再用。久用后,若凝胶床表层有沉淀物等杂质滞留,可将表面一层凝胶粒吸出,再添补新的凝胶;若凝胶床内出现界面、气泡或流速明显减慢,应将凝胶粒倒出,重新装柱。为防止凝胶霉变,暂不用时应当用含 0.02% NaN$_3$ 的缓冲液洗涤后放置,久不用时宜将凝胶粒由柱内倒出,加 NaN$_3$ 至 0.02%,湿态下保存于 4℃,但应严防低于 0℃冻结损坏凝胶颗粒。

2)DEAE 纤维素:DEAE 纤维素柱用过一次后,经 1.5mol/L 的氯化钠-0.3mol/L 的乙酸铵缓冲液流洗。再用 0.02mol/L NH$_4$Ac(pH 6.5)洗涤平衡后可重复使用。如暂不使用,应以湿态保存在含 1% 正丁醇的缓冲液中,以防霉变。

2. 硫酸铵盐析

(1)取离心管一个,加入 0.8ml 人或动物血清,边摇边缓慢滴入饱和硫酸铵溶液 0.8ml, 混匀后室温下放置 10 分钟,离心 10 分钟(4000rpm/min)。

(2)用滴管小心吸出上清液置于试管中,作为纯化白蛋白之用。

(3)沉淀中加入 0.6ml 蒸馏水,振摇使之溶解,作为纯化 γ-球蛋白用。

3. 葡聚糖凝胶柱层析除盐

(1)上样和洗脱

1)上样前打开活塞,将凝胶上的液面放至与凝胶面相切,用长滴管吸取 γ-球蛋白溶液, 沿层析柱内表面加样(注意不要破坏凝胶床表面的平整)。

2）打开活塞,使 γ-球蛋白样品进入凝胶床,至液面降至凝胶床表面为止(液面不得降到凝胶床面以下,以下的操作均应如此)。

3）小心用 2ml 0.02mol/L NH₄Ac(pH 6.5)缓冲液洗涤层析柱壁,将其放入凝胶床内,重复三次,以洗净沾在管壁上的蛋白质样品液。

（2）收集

1）继续用 0.02mol/L NH₄Ac(pH 6.5)缓冲液流洗,同时应注意流出的液体量。

2）在反应板凹孔内每孔加 2 滴 0.92mol/L 磺基水杨酸,随时检查流出液中是否含有蛋白质,若流出液 1 滴滴入凹孔内接触到磺基水杨酸溶液,衬着黑色背景观察可见白色混浊或沉淀,表示已有 γ-球蛋白流出(当凝胶床体积为 25ml 时,流出的液体量约为 7~9ml 时就可能有蛋白质流出)。

3）用事先已经编号的干净小试管,每管收集凝胶洗脱液 10 滴,连续收集 5 管。

（3）检测

1）准备干净的反应板两块,每块反应板各开 5 孔,依次各加入各管收集的液体 1 滴(注意在取不同试管内的 γ-球蛋白时,要清洗滴管,以防相互污染)。

2）在一块反应板每孔加入 0.92mol/L 磺基水杨酸 2 滴,根据白色混浊程度检测各管蛋白的多少。

3）另一块反应板每孔加入 1 滴 1% BaCl₂,检测有无 SO₄²⁻,有 SO₄²⁻ 的弃掉。

4）只留下有蛋白,而无 SO₄²⁻ 的几管,取其中含蛋白质浓度最高的几管合并。

注意:白蛋白取上清上样,上样、收集、检测方法同 γ-球蛋白,白蛋白上样前必需再生 G-25 葡聚糖凝胶,再生方法同 γ-球蛋白。

4. DEAE 纤维素离子交换层析纯化

（1）血清 γ-球蛋白的分离与纯化过程

1）调节层析柱缓冲液面:经再生好的 DEAE 纤维素层析柱,取下恒压储液瓶管塞。小心控制柱下端螺旋夹,使柱上缓冲液液面刚好下降到纤维素床表面。柱下端用 10ml 刻度离心管收集液体,以便了解加样后液体的流出量。

2）上样:将除盐后收集的球蛋白溶液缓慢加到纤维素柱上,调节层析柱下端的螺旋夹使样品进入纤维素柱床,至液面降到纤维素柱床表面为止。

3）层析:小心用 1ml 0.02mol/L pH 6.5 的乙酸铵缓冲液洗涤沾在柱壁上的蛋白质样品液。

4）洗脱:待样品进入纤维素柱床内,继续用 0.02mol/L pH 6.5 的乙酸铵缓冲液流洗,同时注意流出液量。

5）检测及收集蛋白质:流洗时,随时用 0.92mol/L 磺基水杨酸检查流出液中是否含蛋白质(方法同前),当有蛋白质出现时,立即连续收集三管,每管 10 滴,这一步被 DEAE 纤维素吸附的蛋白质即为纯化的 γ-球蛋白,取其中蛋白质浓度最高的一管留作鉴定用。

（2）血清白蛋白的分离与纯化过程

1）调节层析柱缓冲液面:此时 DEAE 纤维素层析柱不必再生,可直接用于纯化白蛋白,小心控制住下端螺旋夹,使柱上缓冲液面刚好下降到纤维素床表面,柱下端用 10ml 刻度离心管收集液体,以便了解加样后液体流出量。

2）上样:将除盐后收集的白蛋白溶液缓慢加到纤维素柱上,调节层析柱下端的螺旋夹,使样品进入纤维素柱床,至液面降到纤维素柱床表面为止。

3）洗层析柱：将除盐的粗制白蛋白溶液上柱后，改用 0.06mol/L NH$_4$AC 缓冲液（pH 6.5）洗脱，小心用 1ml 该缓冲液洗涤沾在柱壁上的蛋白质样品液。

4）洗脱：待样品进入纤维素柱床内，继续用 0.06mol/L pH6.5 NH$_4$AC 缓冲液流洗。同时注意流出液量。流出约 6ml（其中含 α-球蛋白及 β-球蛋白）后，将柱上的缓冲液面降至与纤维素表面平齐。改用 0.3mol/L pH6.5 NH$_4$AC 缓冲液洗脱。

5）检测及收集蛋白质：用 0.92mol/L 磺基水杨酸检查流出液是否含有蛋白质（方法同前）。由于纯化的白蛋白仍然结合有少量胆色素等物质，故肉眼可见一层浅黄色的成分被 0.3mol/L pH6.5 NH$_4$AC 缓冲液洗脱下来，大约改用 0.3mol/L NH$_4$AC 缓冲液洗脱约 2.5ml 时，即可在流出液中检出蛋白质，立即连续收集 2 管，每管 10 滴，此即为纯化的白蛋白液，留作纯度鉴定用。

5. 纯度鉴定（乙酸纤维素薄膜电泳），实验步骤同实验二（略）。

6. 定量测定

（1）双缩脲法：取血清 0.1ml，加 0.9% 氯化钠溶液 0.9ml 混匀（1:10 稀释），作为测定管 1，白蛋白作为测定管 2，γ-球蛋白作为测定管 3，取 5 支试管编号，按表 2-25 加入试剂，混匀。

表 2-25 蛋白质含量的测定

试剂	空白管	标准管	测定管 1	测定管 2	测定管 3
1:10 稀释血清	0.0	0.0	1.0	0.0	0.0
白蛋白液	0.0	0.0	0.0	1.0	0.0
γ 球蛋白液	0.0	0.0	0.0	0.0	1.0
蛋白质标准液	0.0	1.0	0.0	0.0	0.0
0.9% NaCl	2.0	1.0	1.0	1.0	1.0
双缩脲试剂	4.0	4.0	4.0	4.0	4.0

混匀后置 37℃ 水浴中保温 20 分钟，以空白管调零点，在 540nm 波长处比色，读取各管吸光度值。

（2）紫外吸收法

1）标准曲线的绘制：取 8 支试管，分别加入 0.0、0.5、1.0、1.5、2.0、2.5、3.0、4.0ml 标准蛋白质溶液（1mg/ml）用水补足 4ml，混匀。在 280nm 处测定各管吸光度值。以蛋白质浓度为横坐标，吸光度为纵坐标绘出标准曲线。

2）样品测定：取收集的蛋白质溶液，按上述方法测定吸光度值，即可从标准曲线上查出待测蛋白质浓度并记录结果。

【注意事项】

为使本实验成功，应特别注意以下几点：

1. 所用血清应新鲜，无沉淀物。

2. 各种 NH$_4$Ac 缓冲液必须准确配制，并用 pH 仪准确调整 pH 至 6.5。

3. 上样时，滴管应沿柱上端内壁加入样品，动作轻慢，勿将柱床冲起。

4. 流洗时注意收集样品，勿使样品跑掉。

5. 层析时，注意层析柱不要流干，进入气泡。

6. 层析柱必须再生平衡。

7. 由于蛋白质的紫外吸收峰常因 pH 的改变而改变,故应用紫外吸收法时要注意溶液的 pH。

(罗洪斌)

实验十六 逆转录聚合酶链反应(RT-PCR)

【实验目的】

1. 了解 RT-PCR 扩增目的基因的原理。
2. 掌握 mRNA 提取、RT-PCR、核酸电泳的基本操作流程。

【实验原理】

聚合酶链式反应(polymerase chain reaction,PCR)是体外快速扩增特定的 DNA 序列或目的基因的方法,由变性、退火、延伸 3 个阶段构成。模板 DNA 经93℃加热变性一定时间后解离为单链(变性)。降低温度,单链 DNA 与特异性引物互补配对(退火),在 Taq DNA 聚合酶的催化下,以 dNTP 为原料,单链 DNA 为模板,从引物 3'-OH 处合成新链(延伸)。重复以上过程,前一轮扩增产物是下一轮扩增的模板。经过 25~35 轮循环可使模板 DNA 扩增 2^{25}~2^{35} 倍。

逆转录(reverse transcription)是以 RNA 为模板,在逆转录酶的催化下,合成 DNA 的过程。逆转录-PCR(reverse transcription PCR ,RT-PCR)指以 cDNA 作模板所进行的目的基因的体外扩增(图 2-1)。RT-PCR 主要用于基因表达的检测、表达量的测定和 cDNA 克隆。由于 cDNA 包含编码目的蛋白的完整序列又不带有内含子,因此 RT-PCR 的产物非常适用于基因工程表达研究。

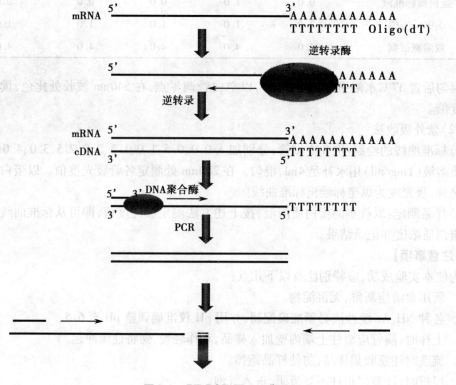

图 2-1 RT-PCR 原理示意图

在 RT 阶段,有 3 种引物可选择(表 2-26)。运用随机引物或 Oligo(dT)逆转录的产物是细胞内所有的 cDNA。

表 2-26 RT-PCR 逆转录阶段引物的选择

引物	适用对象
随机引物	长的或具有发夹结构的 RNA
Oligo(dT)	具有 poly A 尾的 RNA
基因特异性引物	序列已知的目的基因片段

RT-PCR 有一步法和两步法两种方式。两步法 RT-PCR 较为常见,即 RT 和 PCR 是分开进行的,常用于目的基因的检测或多个基因的克隆。两步法 RT-PCR 的每一步都在最佳条件下进行。而一步法 RT-PCR 其 cDNA 的合成和目的基因的扩增是在同一管中进行的,不需要反复打开管盖转移样品,有助于减少污染,且灵敏度较高。

RT-PCR 所用的 RNA 采用 Trizol 从组织细胞中提取。Trizol 内含异硫氰酸胍和酚类物质,能破碎细胞并溶解细胞中除 RNA 以外的其他成分。通过抑制细胞释放核酸酶,维持 RNA 的稳定。加入氯仿离心后,RNA 进入水相,以异丙醇沉淀水相中的 RNA,即抽提到组织细胞中的总 RNA。用 Trizol 法提取的总 RNA 无蛋白和 DNA 污染,可直接用于 RT-PCR。

RNA 在 260nm 处有最大的光吸收,可以用 260nm 波长测定提取的 RNA 的含量。$A_{260} = 1$ 相当于 $40\mu g/ml$ 的单链 RNA。用焦碳酸二乙酯(diethypyrocar-bonate,DEPC)水稀释 RNA 样品,以 DEPC 水空白为对照,在紫外分光光度仪上读出 A_{260} 的值,可根据下列公式计算出提取的 RNA 的浓度。

$$RNA(\mu g/ml) = 40 \times A_{260} \times 稀释倍数$$

同时需要测定 280nm 处的光吸收,RNA 纯品 A_{260}/A_{280} 应为 $1.8 \sim 2.0$;小于 1.8 说明有蛋白质或酚类物质污染,大于 2.0 表示可能有 RNA 的降解,需要重新处理样品。

RT-PCR 产物的鉴定方法之一是琼脂糖凝胶电泳。这是一种以琼脂糖作支持介质的电泳方法,琼脂糖兼有分子筛和电泳的双重作用。核酸是两性电解质,等电点在 $2.0 \sim 2.5$ 之间,在 pH8.5 的缓冲液中带负电荷,于电场中向正极泳动。除了电荷效应外,由于琼脂糖凝胶具有网络结构,分子量大的物质在泳动时受到的阻力大,因此在电泳过程中,不同分子量 DNA 的分离不仅取决于净电荷的性质和数量,还取决于分子大小。

溴乙锭(ethidium bromide,EB)能插入 DNA 分子中形成复合物,在紫外线照射下发出荧光,由此可观察到电泳条带。

本实验采取两步法 Oligo(dT)逆转录引物进行 RT-PCR,扩增小鼠肝细胞内管家基因 β-actin 片段,琼脂糖凝胶电泳,EB 染色观察结果。

一、总 RNA 的提取

【主要器材】

1. 研钵。
2. 冷冻台式高速离心机。
3. 低温冰箱。
4. 漩涡混悬仪。

5. 紫外分光光度仪。

6. 手套、口罩、棉球。

【主要试剂】

1. 无 RNA 酶灭菌水　1000ml 双蒸水,加 DEPC 至终浓度 0.1%。以高温烘烤的玻璃瓶(180℃,2 小时)盛装,高压灭菌,制成无 RNA 酶灭菌水(DEPC 水)。

2. 无 RNA 酶耗材　尽可能使用无菌、一次性塑料制品。已标明 RNase-free 且未开封过的耗材,不必进行如下处理。其余塑料、玻璃制品,按下列方法处理:以 DEPC 水浸泡耗材 12 小时以上,弃去 DEPC 水,耗材包装后烘烤干燥,103.4kPa,121℃高压灭菌 15 分钟,70~80℃烘烤干燥储存。

3. 75% 乙醇　用 DEPC 处理水配制 75% 乙醇,装入无 RNA 酶玻璃瓶中,低温保存。

4. 氯仿。

5. 异丙醇。

6. 液氮。

7. Trizol。

8. 生理盐水。

9. 75% 乙醇。

【实验步骤】

1. 操作者戴好手套和口罩,实验台面用 75% 的乙醇棉球擦拭干净。

2. 将小鼠引颈处死后于含有 75% 乙醇的大烧杯中浸洗 10 秒钟灭菌。用剪刀剪开小鼠腹部,迅速取出肝以生理盐水漂洗 2 次。

3. 取 100mg 肝组织,放入研钵中,倒入少量液氮速冻,快速研磨。

4. 将 1ml Trizol 加入匀浆中,混匀后移入 1.5ml eppendorf 离心管中,室温静置 2 分钟。

5. 加入 200μl 氯仿,振荡混匀 30 秒。室温静置 2 分钟后,以 12 000g 的离心速度,4℃离心 10 分钟。

6. 小心吸取上清至另一离心管中,加入 100μl 异丙醇,振荡混匀 30 秒。室温静置 10 分钟后,以 12 000g 的离心速度 4℃离心 10 分钟。小心地弃上清。

7. 在离心管中加入 200μl 75% 乙醇,颠倒混匀,以 12 000g 的离心速度 4℃离心 10 分钟。小心地弃上清。

8. 重复步骤 4,清洗提取的 RNA。

9. 室温静置挥发溶剂残余。RNA 沉淀干燥后,加入 50μl DEPC 水,溶解 RNA。

10. 取 1μl RNA 样品,加入 49μl DEPC 水,以 DEPC 水为空白对照,260nm 处测定光吸收值。根据公式:RNA(μg/ml) = 40 × A_{260} × 稀释倍数,计算样品 RNA 含量。

11. 同时测定 280nm 处的光吸收值,计算 A_{260} 与 A_{280} 的比值,检测提取纯度。

【注意事项】

1. RNA 非常容易降解。RNA 酶(RNase)广泛存在而稳定,可耐受多种处理而不被灭活。因此实验过程中要严格控制外源 RNA 酶的污染。操作环境保持干净无灰尘,严格戴好口罩,手套。

2. 实验所涉及的试剂和溶液,尤其是水,也必须确保无 RNase 污染。涉及的离心管、Tip头、移液器杆、容器等必须严格以 DEPC 水处理后干烤。

二、逆转录

【主要器材】

1. 制冰机。

2. 恒温循环水浴锅。

3. 浮板。

4. Parafilm 石蜡封口膜。

【主要试剂】

1. RNA 酶抑制蛋白(RNase inhibitor,RNase OUT):40U/μl。

2. 10mmol/L dNTP Mix(dATP,dGTP,dCTP 和 dTTP 各 10mmol/L,pH 中性)。

3. 0.1mol/L DTT。

4. oligo(dT)$_{12-18}$:500μg/ml。

5. 5×逆转录合成缓冲液(5×RT buffer):250mmol/L Tris-HCl(pH8.3,室温),375mmol/L KCl,15mmol/L MgCl$_2$。

6. M-MLV 逆转录酶 200U/μl。

7. DEPC 水。

【实验步骤】

1. 20μl 的反应体系可以用于 1ng ~ 5μg 总 RNA 逆转录成 cDNA。在 1.5ml DEPC 水处理过的 eppendorf 离心管中按表 2-27 依次加入以下试剂。

表 2-27 逆转录操作步骤

加入物	体积（或质量）
10mmol/L dNTP Mix	1μl
500μg/ml Oligo(dT)$_{12-18}$	1μl
RNA	2μg
DEPC 水	若干 μl(至终体积12μl)

2. 混匀后,封口膜封口,置于浮板上,65℃水浴 5 分钟,迅速置于冰上冷却。

3. 依次加入以下试剂

加入物	体积
5×RT Buffer	4μl
0.1mol/L DTT	2μl
RNase OUT	1μl

4. 混匀后,封口膜封口,置于浮板上,37℃水浴 2 分钟。

5. 在室温下加入 1μl(200 单位)M-MLV 逆转录酶。

6. 混匀后,封口膜封口,置于浮板上,37℃水浴 50 分钟。

7. 70℃水浴 15 分钟终止反应。

【注意事项】

水浴过程中一定要以 Parafilm 石蜡封口膜封口 EP 管,防止 EP 管盖弹开水浴箱内而使水灌入 EP 管内,造成实验失败。

三、聚合酶链反应

【主要器材】

1. PCR 仪。

2. PCR 反应管。

【主要试剂】

1. 10×PCR Buffer 200mmol/L Tris-HCl(pH8.4),500mmol/L KCl。

2. 50mmol/L $MgCl_2$。

3. 10mmol/L dNTP Mix。

4. 10μmol/L 引物:

包括上游引物 Fw-primer:5′-TGGAATCCTGTGGCATCCATGAAAC-3′和下游引物 Rev-primer:5′-TAAAACGCAGCTCAGTAACAGTCCG-3′[附]

5. 5U/μl Taq 聚合酶。

6. 双蒸水:分装于 1.5ml 离心管内。

【实验步骤】

1. 取两个 PCR 反应管,在实验管内按表 2-28 加入各成分至终体积 50μl,混匀。阴性对照管内,以双蒸水取代 cDNA。

表 2-28　PCR 所需物质

加入物	体积
10×PCR Buffer	5.0μl
50mmol/L $MgCl_2$	1.5μl
10mmol/L dNTP Mix	1.0μl
10μmol/L Fw-primer	1.0μl
10μmol/L Rev-primer	1.0μl
cDNA	2.0μl
聚合酶	0.4μl
双蒸水	38.1μl

2. 扩增条件　95℃变性 10 分钟;94℃ 15 秒,58℃ 15 秒,72℃ 10 秒,40 个循环。

【注意事项】

1. 由于 PCR 反应体系中各成分加样量比较小,必须使液体加在 PCR 管底部,并于最后吹打混匀。若反应液不慎加在管壁上,则需要离心。

2. 为防止污染,要求实验场所、相关器械干净整洁,以防外源 DNA 的污染。

四、核酸电泳

【主要器材】

1. 分析天平。

2. 电泳仪。

3. 水平电泳槽、胶槽、制胶板、样品梳。

4. 紫外观察箱、凝胶成像系统。

5. Parafilm 石蜡封口膜。

【主要试剂】

1. 50×TAE(1000ml) 242g Tris,57.1ml 冰乙酸,18.6g EDTA。用时稀释成 1×。

2. 标准(高熔点)琼脂糖。

3. EB 溶液 1g EB 溶入 100ml 双蒸水中,磁力搅拌确保完全溶解,分装,室温避光保存。

4. 6×DNA loading buffer(DNA 加样缓冲液) 0.25%溴酚蓝,0.25%二甲苯青,50%甘油(w/v)。

5. DNA Marker。

【实验步骤】

1. 称取琼脂糖 0.75g,加入 1×TAE 50ml,混匀,加热使琼脂糖融化,制成 1.5%的凝胶液。

2. 将胶槽置于制胶板上,插上样品梳子。凝胶溶液冷却至50℃左右时,加入终浓度为 0.5μg/ml 的 EB,混匀,倒于制胶板上,除掉气泡。待凝胶冷却凝固后,将凝胶与胶槽一起放入电泳槽内,上样孔位于负极。加入 1×TAE,使电泳缓冲液液面恰好高出琼脂糖凝胶面,垂直轻拔梳子。

3. 于 Parafilm 石蜡封口膜上混合 RT-PCR 扩增的 DNA 样品 10μl 和 6×DNA loading buffer 2μl。将样品加入凝胶上样孔内。另一孔内加入 DNA Marker。

4. 以 3~5V/cm 的电压进行电泳。当溴酚蓝移动到距离凝胶下沿约 1cm 处时,停止电泳。

5. 电泳完毕,取出凝胶。于 254nm 的紫外线下,根据 DNA Marker,观察橘红色荧光条带,凝胶成像系统中拍照保存实验结果。

【注意事项】

1. 按照被分离 DNA 分子的大小,可参考表 2-29 决定凝胶的浓度。

表2-29 DNA 片段分离的有效范围与琼脂糖凝胶浓度关系

琼脂糖浓度（%）	DNA 分子量（kb）
0.5	0.7~25
0.8	0.5~15
1.0	0.25~12
1.2	0.15~6
1.5	0.08~4

2. EB 是一种有毒的诱变剂,电泳过程应戴手套操作。对于含有 EB 的溶液用后应作净化处理:将 EB 浓度稀释至 0.5μg/ml 以下,每 100ml 溶液中加入 100mg 活性炭吸附 EB,室温静置 1 小时以上。滤纸过滤后,将活性炭与滤纸密封在塑料袋中作为有害废物丢弃。

【实验结果】

RT-PCR 扩增的片段为小鼠管家基因 β-actin cDNA 序列,片段长度 349bp。

附：

1. 引物序列来源参考文献：Zhang J, Jiang R, Takayama H, et al. Survival of virulent Myco-
bacterium tuberculosis involves preventing apoptosis induced by Bcl-2 upregulation and release re-
sulting from necrosis in J774 macrophages[J]. Microbiol Immunol. 2005, 49:845-852.

2. 本实验扩增的目的片段序列如下：

^{852}tggaatcct gtggcatcca tgaaactaca ttcaattcca tcatgaagtg tgacgttgac atccgtaaag acctctatgc caaca-
cagtg ctgtctggtg gtaccaccat gtacccaggc attgctgaca ggatgcagaa ggagattact gctctggctc ctagcaccat
gaagatcaag atcattgctc ctcctgagcg caagtactct gtgtggatcg gtggctccat cctggcctca ctgtccacct tccagcagat gt-
ggatcagc aagcaggagt acgatgagtc cggcccctcc atcgtgcacc gcaagtgctt ctaggcggac tgttactgag ctgcgtttta^{1200}

【思考题】

1. 简要叙述 RT-PCR 的基本原理及临床应用。

2. RT 阶段的引物与 PCR 阶段的引物各有什么用处？

3. 为什么电泳过程中点样孔位于负极？

（王黎芳）

第二篇　生物化学学习指导

第一章

选择题答题指南

《生物化学学习指导》每一章习题测试部分中的选择题,分为 A、B、C、X 型题 4 种类型,现将上述 4 种类型选择题的答题指南做以说明:

一、A 型题

A 型题即最佳选择题。先提出问题(题干),继以列出 A、B、C、D、E5 个备选答案。按题干要求在 5 个备选答案中选出一个最佳答案。例如:

1. 若以 mg/dl 表示,正常成人血浆中[Ca]×[P]的乘积为:(D)
   A. 5 ~ 10　　　　　　　B. 15 ~ 20　　　　　　　C. 25 ~ 30
   D. 35 ~ 40　　　　　　　E. 45 ~ 50

二、B 型题

B 型题即配伍题。试题开头先给出 A、B、C、D、E5 个备选答案。然后列出两个以上的试题(题干),每个试题在备选答案中选出一个最佳答案。每项备选答案可选用一次或一次以上,也可不选用。例如:

　　A. 60%　　　　B. 40%　　　　C. 20%　　　　D. 15%　　　　E. 5%

1. 正常成人的体液占体重的:(A)
2. 细胞内液占体重的:(B)
3. 细胞外液占体重的:(C)

三、C 型题

C 型题即比较配伍题。试题开头先给出 A、B、C、D4 个备选答案,然后列出两个或两个以上的试题(题干)。给每个试题在备选答案中选一个最佳答案。例如:

　　A. K^+　　　　　　B. Na^+　　　　　　C. 两者均是　　　　　　D. 两者均不是

1. 体内的主要阳离子为:(C)
2. 细胞内液中的主要阳离子为:(A)

3. 细胞外液中的主要阳离子为:(B)

四、X 型题

X 型题即多项选择题,先提出问题(题干),继以列出 5 个备选答案 A、B、C、D、E,按题干要求在 5 个备选答案中选择两个或两个以上正确答案。例如:

1. 肾对钙的排泄特点包括:(AB)

    A. 多吃多排   B. 少吃少排   C. 多吃少排

    D. 多吃不排   E. 少吃不排

(吕士杰 李 妍)

第二章

蛋白质的结构与功能

一、内容要点

蛋白质是生命的物质基础,是组成一切细胞和组织的重要成分,蛋白质的平均含氮量约为 16%,基本组成单位是 α-氨基酸。构成天然蛋白质分子的氨基酸有 20 种,根据侧链基团的结构和性质不同可将其分为非极性侧链氨基酸、极性中性侧链氨基酸、酸性氨基酸和碱性氨基酸四类。氨基酸属于两性电解质,在溶液的 pH 等于其 pI 时,氨基酸呈兼性离子。蛋白质分子中的氨基酸通过肽键连接,肽键是蛋白质分子中的主要共价键。氨基酸通过肽键相连而成的化合物称为肽,小于 10 个氨基酸残基组成的肽称为寡肽,反之则称为多肽。多肽链中 α-氨基游离的一端称为氨基端(N-端),α-羧基游离的一端称为羧基端(C-端);肽链中的氨基酸称为氨基酸残基;肽的命名从 N-端开始指向 C-端。

蛋白质的结构分为一级结构和空间结构。蛋白质的一级结构是指多肽链中氨基酸的排列顺序。肽键是其主要的化学键,有的多肽链含有二硫键。蛋白质的一级结构是蛋白质的基本结构,是决定蛋白质空间结构的基础。蛋白质的空间结构按其构成的基础和复杂程度分为二级、三级、四级结构。二级结构是指多肽链主链中各原子的局部空间排列方式。构成蛋白质二级结构的基础是肽单元,二级结构的主要形式有 α-螺旋、β-折叠、β-转角和无规卷曲,氢键维系二级结构的稳定。三级结构是指一条多肽链内所有原子的空间排布,三级结构的形成和稳定主要靠侧链基团相互作用生成的次级键,主要有疏水作用、离子键、氢键和范德瓦耳斯力等非共价键,属于共价键的二硫键在三级结构中也起重要作用。分子量较大的蛋白质在形成三级结构时,肽链中某些局部的二级结构汇集在一起,形成能发挥生物学功能的特定区域称为结构域。蛋白质空间结构的正确形成还需一类称为分子伴侣的蛋白质参与。仅由一条多肽链构成的蛋白质,它的最高结构是三级结构。四级结构是指两条或两条以上具有独立三级结构的多肽链通过非共价键相互聚合而成的结构。在四级结构中每个具有独立三级结构的多肽链称为一个亚基。亚基之间的结合主要靠非共价键。亚基单独存在时无生物学活性。

蛋白质一级结构是空间结构的基础。一级结构相似的蛋白质,空间结构相似,功能也相似;一级结构改变,空间结构改变则功能改变。蛋白质的空间结构是其发挥生物学活性的基础,空间结构相似的蛋白质功能相似,空间结构改变则功能也随之改变。

蛋白质与氨基酸一样,属于两性电解质,当溶液的 pH 等于其 pI 时,蛋白质呈兼性离子。体内大多数蛋白质以负离子的形式存在。溶液中带电粒子在电场中向电荷相反的电极移动的现象称为电泳。蛋白质是高分子化合物,其分子表面的水化膜和电荷是维持蛋白质亲水胶体稳定的两个因素。利用半透膜来分离纯化蛋白质的方法称为透析。在某些理化因素的作用下,使蛋白质的空间结构受到破坏,导致其理化性质改变及生物学活性丧失,称为蛋白质变性。蛋白质变性时,空间结构受到破坏,一级结构是完整的。某些蛋白质变性后,除去变性剂,其空间结构及功能可恢复,称为蛋白质的复性。蛋白质聚集从溶液中析出的现象称为蛋白质沉淀。变性的蛋白质容易沉淀,但沉淀的蛋白质不一定变性。蛋白质经强酸、强碱作用发生变性后,仍能溶解于强酸或强碱中,若将 pH 调至等电点,则蛋白质立即结成絮状,但此絮状物仍可溶解于强酸或强碱中。若再加热则絮状物可变成比较坚固的凝块,此凝块不再溶于强酸或强碱中,这种现象称为蛋白质的凝固作用。蛋白质分子中的色氨酸和酪氨酸在波长 280nm 处有最大吸收峰,据此可测定溶液中的蛋白质含量。常用的蛋白质呈色反应有双缩脲反应、茚三酮反应和 Folin-酚试剂反应。

根据蛋白质的分子组成,可将蛋白质分为单纯蛋白质和结合蛋白质。根据蛋白质的分子形状,可分为球状蛋白质和纤维状蛋白质。

二、重点和难点解析

(一)肽单元

肽单元的形成是因为肽键具有部分双键的性质,从两方面说明:①键长,肽键键长 0.132nm 介于 C-N 单键与双键之间;②肽键不能旋转,与 C 相连的 H 和与 N 相连的 O 又为反式构型。因此,肽键中的 C、O、N、H4 个原子和与它们相邻的两个 α-碳原子都处在同一平面上,称为肽键平面或肽单元。α-碳原子两侧的单键能够旋转,旋转角度的大小决定了两个肽键平面之间的关系。

(二)蛋白质的等电点

蛋白质是两性电解质,它们在溶液中的解离状态受溶液 pH 的影响,而且不同的侧链基团在同一 pH 溶液中解离程度不一样。当溶液处于某一 pH,蛋白质分子解离成阳离子和阴离子的趋势相等,即净电荷为零,呈兼性离子状态,此时溶液的 pH 称为该蛋白质的等电点(pI)。

(三)蛋白质的变性、沉淀与凝固的相互关系

变性的蛋白质不一定沉淀,也不一定凝固;沉淀的蛋白质不一定变性,也不一定凝固;凝固的蛋白质一定变性,且不可逆,易沉淀,不再溶于强酸或强碱溶液。

三、习题测试

(一)选择题

【A 型题】

1. 天然蛋白质中不存在的氨基酸是

    A. 丙氨酸   B. 谷氨酸   C. 瓜氨酸   D. 甲硫氨酸   E. 丝氨酸

2. 下列氨基酸中属于非编码氨基酸的是

    A. 半胱氨酸   B. 组氨酸   C. 鸟氨酸   D. 丝氨酸   E. 亮氨酸

3. 构成人体蛋白质的氨基酸属于

    A. L-α-氨基酸   B. L-β-氨基酸   C. D-α-氨基酸

    D. D-β-氨基酸   E. L、D-α-氨基酸

4. 含有两个羧基的氨基酸是

    A. 谷氨酸   B. 苏氨酸   C. 甘氨酸   D. 缬氨酸   E. 赖氨酸

5. 在蛋白质中含量相近的元素是
   A. 碳　　　　　　B. 氢　　　　　　C. 氧　　　　　　D. 氮　　　　　　E. 硫

6. 蛋白质的平均含氮量是
   A. 6.25%　　　　B. 16%　　　　　C. 45%　　　　　D. 50%　　　　　E. 60%

7. 下列氨基酸中无 L 型与 D 型之分的氨基酸是
   A. 丙氨酸　　　　B. 甘氨酸　　　　C. 亮氨酸　　　　D. 丝氨酸　　　　E. 缬氨酸

8. 天然蛋白质中有遗传密码的氨基酸有
   A. 8 种　　　　　B. 61 种　　　　C. 12 种　　　　D. 20 种　　　　E. 64 种

9. 测定 100 克生物样品中氮含量是 2 克,该样品中蛋白质含量大约为
   A. 6.25%　　　　B. 12.5%　　　　C. 1%　　　　　D. 2%　　　　　E. 20%

10. 属于碱性氨基酸的是
    A. 天冬氨酸　　　　　　　B. 异亮氨酸　　　　　　　C. 组氨酸
    D. 苯丙氨酸　　　　　　　E. 半胱氨酸

11. 蛋白质分子中的肽键
    A. 是一个氨基酸的 α-羧基和另一个氨基酸的 α-氨基脱水形成的
    B. 是由谷氨酸的 γ-羧基与另一个氨基酸的 α-氨基形成的
    C. 氨基酸的各种氨基和各种羧基均可形成肽键
    D. 是由赖氨酸的 ε-氨基与另一分子氨基酸的 α-羧基形成的
    E. 以上都不是

12. 多肽链中主链骨架的组成是
    A. —CNCCNCNCCNCNCCNC—　　　　　B. —CCHNOCCHNOCCHNOC—
    C. —CCONHCCONHCCONHC—　　　　　D. —CCNOHCCNOHCCNOHC—
    E. —COHNOCOHNOCOHNOC—

13. 蛋白质的一级结构是指
    A. 氨基酸种类和数量　　　　　　　　B. 分子中的各种化学键
    C. 多肽链的形态和大小　　　　　　　D. 多肽链中氨基酸残基的排列顺序
    E. 分子中的共价键

14. 维持蛋白质分子一级结构的主要化学键是
    A. 离子键　　　B. 氢键　　　C. 疏水作用　　　D. 二硫键　　　E. 肽键

15. 蛋白质分子中 α-螺旋构象的特点是
    A. 肽键平面充分伸展　　　B. 靠离子键维持稳定　　　C. 螺旋方向与长轴垂直
    D. 多为左手螺旋　　　　　E. 氨基酸侧链伸向螺旋外侧

16. 下列不属于蛋白质二级结构的是
    A. α-螺旋　　　　　　B. α-双螺旋　　　　　C. β-折叠
    D. β-转角　　　　　　E. 无规卷曲

17. 维持蛋白质二级结构稳定的主要化学键是
    A. 肽键　　　　　　　B. 氢键　　　　　　C. 疏水作用
    D. 二硫键　　　　　　E. 范德瓦耳斯力

18. 蛋白质中的 α-螺旋和 β-折叠都属于
    A. 一级结构　　　　　B. 二级结构　　　　　C. 三级结构

D. 四级结构　　　　　　　　　E. 侧链结构

19. 蛋白质分子中的无规卷曲结构属于
    A. 一级结构　　　　　　　B. 二级结构　　　　　　　C. 三级结构
    D. 四级结构　　　　　　　E. 结构域

20. 常出现于肽链转角结构中的第二个氨基酸为
    A. 谷氨酸　　　　　　　　B. 丙氨酸　　　　　　　　C. 甘氨酸
    D. 脯氨酸　　　　　　　　E. 半胱氨酸

21. 关于蛋白质分子三级结构的描述错误的是
    A. 天然蛋白质分子均有这种结构
    B. 具有三级结构的多肽链都具有生物学活性
    C. 三级结构的稳定主要靠次级键维系
    D. 亲水基团多聚集在三级结构的表面
    E. 决定盘曲折叠的因素是氨基酸残基

22. 维系蛋白质三级结构稳定的最主要化学键是
    A. 二硫键　　　　　　　　B. 离子键　　　　　　　　C. 氢键
    D. 范德瓦耳斯力　　　　　E. 疏水作用

23. 胰岛素分子 A 链与 B 链的交联是靠
    A. 二硫键　　　　　　　　B. 疏水作用　　　　　　　C. 氢键
    D. 范德瓦耳斯力　　　　　E. 离子键

24. 具有四级结构的蛋白质分子中,亚基间不存在的化学键是
    A. 二硫键　　　　　　　　B. 疏水作用　　　　　　　C. 氢键
    D. 范德瓦耳斯力　　　　　E. 离子键

25. 下列蛋白质具有四级结构的是
    A. 核糖核酸酶　　　　　　B. 胰蛋白酶　　　　　　　C. 乳酸脱氢酶
    D. 胰岛素　　　　　　　　E. 胃蛋白酶

26. 对蛋白质四级结构描述正确的是
    A. 一定有多个相同的亚基
    B. 一定有种类相同,而数目不同的亚基
    C. 一定有多个不同的亚基
    D. 一定有种类不同,而数目相同的亚基
    E. 亚基的种类,数目都不一定

27. 对具有四级结构的蛋白质进行一级结构分析时发现
    A. 只有一个自由的 α-氨基和一个自由的 α-羧基
    B. 只有自由的 α-氨基,没有自由的 α-羧基
    C. 只有自由的 α-羧基,没有自由的 α-氨基
    D. 既无自由的 α-氨基,也无自由的 α-羧基
    E. 有一个以上的自由的 α-氨基和 α-羧基

28. 关于蛋白质亚基的描述正确的是
    A. 一条多肽链卷曲成螺旋结构
    B. 两条以上多肽链卷曲成二级结构

C. 两条以上多肽链与辅基结合成蛋白质

D. 每个亚基都有各自的三级结构

E. 以上都不正确

29. 蛋白质的 pI 是指

A. 蛋白质分子带正电荷时溶液的 pH　　　　B. 蛋白质分子带负电荷时溶液的 pH

C. 蛋白质分子不带电荷时溶液的 pH　　　　D. 蛋白质分子净电荷为零时溶液的 pH

E. 以上都不是

30. 处于等电点的蛋白质

A. 分子不带电荷　　　　B. 分子净电荷为零　　　　C. 分子易变性

D. 易被蛋白酶水解　　　　E. 溶解度增加

31. 某蛋白质的等电点为 6.8，电泳液的 pH 为 8.6，该蛋白质的电泳方向是

A. 向正极移动　　　　B. 向负极移动　　　　C. 不能确定

D. 不动　　　　E. 以上都不对

32. 将蛋白质溶液的 pH 调节到等于蛋白质的等电点时则

A. 可使蛋白质稳定性增加　　　　B. 可使蛋白质的净电荷不变

C. 可使蛋白质的净电荷增加　　　　D. 可使蛋白质的净电荷减少

E. 可使蛋白质的净电荷为零

33. 已知某混合物存在 A、B 两种分子量相等的蛋白质，A 的等电点为 6.8，B 的等电点为 7.8，用电泳法进行分离，如果电泳液的 pH 为 8.6 则

A. 蛋白质 A 向正极移动，B 向负极移动

B. 蛋白质 A 向负极移动，B 向正极移动

C. 蛋白质 A 和 B 都向负极移动，A 移动的速度快

D. 蛋白质 A 和 B 都向正极移动，A 移动的速度快

E. 蛋白质 A 和 B 都向正极移动，B 移动的速度快

34. 当蛋白质带正电荷时，其溶液的 pH

A. 大于 7.4　　　　B. 小于 7.4　　　　C. 等于等电点

D. 大于等电点　　　　E. 小于等电点

35. 在 pH 8.6 的缓冲液中进行血清蛋白乙酸纤维素薄膜电泳，可把血清蛋白质分为 5 条带，从负极数起它们的顺序是

A. α_1、α_2、β、γ、A　　　　B. A、α_1、α_2、β、γ　　　　C. γ、β、α_2、α_1、A

D. β、γ、α_2、α_1、A　　　　E. A、γ、β、α_2、α_1

36. 蛋白质变性后将会产生下列后果

A. 大量氨基酸游离出来　　　　B. 大量肽碎片游离出来　　　　C. 等电点变为零

D. 一级结构破坏　　　　E. 空间结构改变

37. 蛋白质变性是由于

A. 蛋白质一级结构破坏　　　　B. 蛋白质亚基的解聚　　　　C. 蛋白质空间结构破坏

D. 辅基的脱落　　　　E. 蛋白质水解

38. 下列关于蛋白质变性的叙述，错误的是

A. 蛋白质的空间构象受到破坏　　　　B. 失去原有生物学活性

C. 溶解度增大　　　　D. 易受蛋白酶水解

E. 黏度增加

39. 关于蛋白质变性后的变化,错误的是
    A. 分子内部非共价键断裂　　　　　　B. 天然构象被破坏
    C. 生物活性丧失　　　　　　　　　　D. 肽键断裂,一级结构被破坏
    E. 失去水化膜易于沉淀

40. 关于蛋白质变性叙述正确的是
    A. 只是四级结构破坏,亚基解聚
    B. 蛋白质结构的完全破坏,肽键断裂
    C. 蛋白质分子内部的疏水基团暴露,一定发生沉淀
    D. 蛋白质变性后易于沉淀,但不一定沉淀,沉淀的蛋白质也不一定变性
    E. 蛋白质变性后易于沉淀,但不一定沉淀;而沉淀的蛋白质一定变性

41. 变性蛋白质的主要特点是
    A. 不易被蛋白酶水解　　B. 黏度下降　　　　C. 溶解度增加
    D. 颜色反应减弱　　　　E. 原有的生物活性丧失

42. 蛋白质变性时,被 β-巯基乙醇断开的化学键是
    A. 肽键　　　B. 疏水键　　　C. 二硫键　　　D. 氢键　　　E. 离子键

43. 蛋白质分子中能引起 280nm 波长处光吸收的主要成分有
    A. 丝氨酸上的羟基　　B. 天冬酰胺的酰胺基　　C. 色氨酸的吲哚环
    D. 半胱氨酸的巯基　　E. 肽键

44. 有关蛋白质特性的描述,错误的是
    A. 溶液的 pH 调节到蛋白质的等电点时,蛋白质容易沉降
    B. 盐析法分离蛋白质原理是中和蛋白质分子表面电荷,蛋白质沉降
    C. 蛋白质变性后,由于疏水基团暴露,水化膜被破坏,一定发生沉降
    D. 蛋白质不能透过半透膜,所以可用透析的方法将小分子杂质除去
    E. 在同一 pH 溶液,由于各种蛋白质 pI 不同,故可用电泳将其分离纯化

45. 关于蛋白质沉淀、变性和凝固的关系的叙述,正确的是
    A. 变性蛋白一定凝固　　　　　　　　B. 蛋白质凝固后一定变性
    C. 蛋白质沉淀后必然变性　　　　　　D. 变性蛋白一定沉淀
    E. 变性蛋白不一定失去活性

46. 下列不属于结合蛋白质的是
    A. 核蛋白　　B. 糖蛋白　　C. 白蛋白　　D. 脂蛋白　　E. 色蛋白

47. 蛋白质所形成的胶体颗粒,在下列哪种条件下不稳定
    A. 溶液 pH 大于 pI　　B. 溶液 pH 小于 pI　　C. 溶液 pH 等于 pI
    D. 溶液 pH 等于 7.4　　E. 在水溶液中

48. 下列氨基酸中含有羟基的是
    A. 谷氨酸和天冬酰胺　　B. 丝氨酸和苏氨酸　　C. 苯丙氨酸和酪氨酸
    D. 半胱氨酸和甲硫氨酸　　E. 亮氨酸和缬氨酸

49. 每种完整的蛋白质分子必定具有
    A. α-螺旋　　　　　　B. β-折叠　　　　　　C. 三级结构
    D. 四级结构　　　　　E. 辅基

50. 蛋白质变性不包括

    A. 氢键断裂　　　　　　B. 肽键断裂　　　　　　C. 疏水键断裂

    D. 离子键断裂　　　　　E. 二硫键断裂

【B 型题】

    A. 赖氨酸　　　　　　　B. 半胱氨酸　　　　　　C. 谷氨酸

    D. 脯氨酸　　　　　　　E. 丝氨酸

1. 碱性氨基酸是

2. 含巯基的氨基酸是

3. 酸性氨基酸是

4. 亚氨基酸是

5. 含非极性侧链的氨基酸是

    A. 酸性氨基酸　　　　　B. 碱性氨基酸　　　　　C. 含硫氨基酸

    D. 含羟基的氨基酸　　　E. 含非极性侧链的氨基酸

6. 组氨酸是

7. 甲硫氨酸是

8. 酪氨酸是

9. 缬氨酸是

10. 天冬氨酸是

    A. 一级结构　　　　　　B. 二级结构　　　　　　C. 结构域

    D. 三级结构　　　　　　E. 四级结构

11. 是指多肽链中氨基酸的排列顺序

12. 是指整条肽链中全部氨基酸残基的相对空间位置

13. 是指蛋白质分子中各个亚基的空间排布和相互作用

14. 是指多肽链主链原子的局部空间排布

15. 免疫球蛋白中与抗原结合的结构是

    A. 蛋白质的等电点　　　B. 蛋白质的沉淀　　　　C. 蛋白质的结构域

    D. 蛋白质的四级结构　　E. 蛋白质的变性

16. 蛋白质分子所带正负电荷相等时溶液的 pH 称为

17. 蛋白质的空间结构被破坏,理化性质改变,并失去其生物学活性称为

18. 蛋白质肽链中某些局部的二级结构汇集在一起,形成能发挥生物学功能的特定区域称为

19. 蛋白质从溶液中析出的现象称为

20. 两条或两条以上具有三级结构的多肽链通过非共价键相互聚合而成的结构称为

    A. 亚基　　　　　　　　B. β-转角　　　　　　　C. α-螺旋

    D. 三股螺旋　　　　　　E. β-折叠

21. 只存在于具有四级结构的蛋白质中的是

22. α-角蛋白中含量很多的是

23. 血凝块中的纤维蛋白含量很多的是

24. 氢键与长轴接近垂直的是

25. 氢键与长轴接近平行的是

A. 四级结构形成　　　　B. 四级结构破坏　　　　C. 一级结构破坏

D. 一级结构形成　　　　E. 二、三、四级结构破坏

26. 亚基聚合时出现

27. 亚基解聚时出现

28. 蛋白质水解时出现

29. 人工合成多肽时出现

30. 蛋白质变性时出现

A. 0.9% NaCl

B. 常温乙醇

C. 一定量稀酸

D. 加入强酸再将溶液调到蛋白质等电点再加热煮沸

E. 高浓度硫酸铵

31. 蛋白质既不变性也不沉淀是加入了

32. 蛋白质沉淀但不变性是加入了

33. 蛋白质变性但不沉淀是加入了

34. 蛋白质凝固是

A. 氧化还原反应　　　　B. 表面电荷与水化膜　　　C. 一级结构和空间结构

D. 紫红色　　　　　　　E. 紫蓝色

35. 还原型谷胱甘肽具有的功能是

36. 蛋白质胶体溶液稳定的因素是

37. 与蛋白质功能活性有关的主要因素是

38. 蛋白质与双缩脲试剂反应呈

39. 蛋白质分子中游离 α-氨基与茚三酮试剂反应呈

【C 型题】

A. 甘氨酸　　　　　B. 丙氨酸　　　　C. 两者均是　　　　D. 两者均否

1. 属于 L-α-氨基酸的是

2. 属非极性氨基酸的是

3. 属极性侧链氨基酸的是

4. 属碱性氨基酸的是

A. 蛋白质变性　　　B. 蛋白质沉淀　　　C. 两者均可　　　　D. 两者均不可

5. 向蛋白质溶液中加入硫酸铵可引起

6. 紫外线照射可使

7. 蛋白质溶液加热煮沸可引起

8. 向蛋白质溶液中加入重金属盐可引起

A. 色氨酸　　　　　B. 酪氨酸　　　　C. 两者都是　　　　D. 两者都不是

9. 蛋白质对 280nm 波长紫外线吸收依赖于

10. 侧链中具有极性基团的是

11. 具有紫外线吸收能力的是

12. 能与茚三酮反应生成蓝紫色化合物的是

A. 变性　　　　　　B. 复性　　　　　C. 两者均可　　　　D. 两者均无

13. 剧烈振荡可引起蛋白质

14. 超声波可引起蛋白质

15. 向核糖核酸酶溶液中加入尿素和巯基乙醇可引起酶

16. 向核糖核酸酶溶液中加入尿素和巯基乙醇以后,再用透析去除尿素和巯基乙醇

    A. 肽键   B. 氢键   C. 两者均有   D. 两者均无

17. 维持蛋白质一级结构稳定的键为

18. 结构域中含有的键为

19. 维系蛋白质二级结构稳定的键为

20. 血红蛋白分子中含有的键有

【X 型题】

1. 下列氨基酸中属于碱性氨基酸的是

    A. 甘氨酸   B. 精氨酸   C. 组氨酸   D. 丙氨酸   E. 赖氨酸

2. 下列氨基酸中其侧链上有-COOH 的是

    A. 精氨酸   B. 谷氨酸   C. 组氨酸   D. 天冬氨酸   E. 缬氨酸

3. 蛋白质空间构象包括

    A. β-折叠   B. α-螺旋   C. 三级结构   D. 结构域   E. 亚基聚合

4. 蛋白质二级结构包括

    A. α-螺旋   B. 双螺旋   C. β-转角   D. β-折叠   E. 无规卷曲

5. 维系蛋白质空间结构的非共价键有

    A. 氢键   B. 肽键   C. 二硫键   D. 离子键   E. 疏水作用

6. 关于蛋白质肽键的描述,正确的是

    A. 肽键可以自由旋转

    B. 肽键具有部分双键性质

    C. 肽键上的 4 个原子与相邻的 2 个 α-碳原子构成肽单元

    D. 肽键键长介于 C-N 单键与双键之间

    E. 蛋白质分子中的氨基酸是通过肽键相连的

7. 关于蛋白质四级结构的描述正确的是

    A. 是由一条多肽链所构成   B. 每个亚基都有各自的三级结构

    C. 亚基之间通过非共价键相连   D. 由 2 条或 2 条以上的多肽链构成

    E. 亚基之间可以通过二硫键相连

8. 变性蛋白质的特性有

    A. 溶解度降低   B. 生物活性增加   C. 黏度增加

    D. 易被蛋白酶水解   E. 溶解度增加

9. 蛋白质分子在电场中移动的方向取决于

    A. 蛋白质所处溶液的 pH   B. 蛋白质的相对分子量   C. 蛋白质的等电点

    D. 蛋白质的分子大小   E. 蛋白质的形状

10. 蛋白质变性作用的特点是

    A. 蛋白质的空间结构被破坏   B. 肽键断裂

    C. 生物学活性丧失   D. 易发生沉淀

    E. 肽链水解成碎片

11. 在中性 pH 条件下,带负电荷的氨基酸是

    A. 赖氨酸　　　　B. 谷氨酸　　　　C. 天冬氨酸　　　　D. 精氨酸　　　　E. 组氨酸

12. 使蛋白质胶体溶液稳定的因素是

    A. 蛋白质溶液黏度大　　　　　　　　　　B. 蛋白质分子表面有水化膜

    C. 蛋白质分子表面带有相同电荷　　　　D. 蛋白质分子在溶液中做布朗运动

    E. 蛋白质分子呈球状

13. 具有四级结构的蛋白质是

    A. 肌红蛋白　　　　　　　　B. 胰岛素　　　　　　　　C. 血红蛋白

    D. 牛胰核糖核酸酶　　　　　E. 乳酸脱氢酶

14. 含硫氨基酸包括

    A. 甲硫氨酸　　　　　　　　B. 苏氨酸　　　　　　　　C. 组氨酸

    D. 半胱氨酸　　　　　　　　E. 甲硫氨酸

15. 下列哪种蛋白质在 pH5 的溶液中带正电荷

    A. pI 为 4.5 的蛋白质　　　　B. pI 为 7.4 的蛋白质　　　　C. pI 为 7.0 的蛋白质

    D. pI 为 6.5 的蛋白质　　　　E. pI 为 3.5 的蛋白质

16. α-螺旋

    A. 为右手螺旋　　　　　　　B. 绕中心轴盘旋上升　　　　C. 螺距为 0.54nm

    D. 靠肽键维持稳定　　　　　E. 是较为伸展的结构

(二)名词解释

1. 肽键

2. 结构域

3. 分子伴侣

4. 蛋白质的等电点

5. 蛋白质的变性

6. 蛋白质的一级结构

7. 蛋白质的二级结构

8. 蛋白质的三级结构

9. 蛋白质的四级结构

10. 亚基

11. 沉淀

12. 盐析

(三)填空题

1. 人体蛋白质的基本组成单位是＿＿＿＿,编码的有＿＿＿＿种。

2. 根据侧链基团结构和性质的不同,可将氨基酸分为＿＿＿、＿＿＿、＿＿＿和＿＿＿ 4 种。

3. 肽键是指一个氨基酸的＿＿＿和另一个氨基酸的＿＿＿脱水缩合而形成的化学键。

4. 在 280nm 波长处有特征性吸收峰的氨基酸有＿＿＿和＿＿＿。

5. 蛋白质的一级结构是指多肽链中氨基酸的＿＿＿,主要化学键为＿＿＿。

6. 蛋白质二级结构的形式有＿＿＿、＿＿＿、＿＿＿和＿＿＿。

7. 当蛋白质溶液的 pH 大于其 pI 时,蛋白质分子带_____电荷。

8. 蛋白质变性主要是其_____结构遭到破坏,而其_____结构仍可完好无损。

9. 使蛋白质亲水胶体稳定的两个因素是_____和_____。

10. 蛋白质是两性电解质,当蛋白质在某一 pH 溶液中净电荷为零,成为兼性离子,在电场中不移动,该溶液的 pH 称为该蛋白质的_____。

11. 谷胱甘肽的主要功能基团为_____。

12. 蛋白质的紫外吸收峰为_____。

(四)问答题

1. 如何根据蛋白质的含氮量计算蛋白质的含量?

2. 蛋白质的基本组成单位是什么? 其结构特征是什么?

3. 何谓肽键和肽链及蛋白质的一级结构?

4. 什么是蛋白质的二级结构? 它主要有哪几种? 各有何结构特征?

5. 为什么蛋白质是两性电解质?

6. 何谓蛋白质变性? 影响变性的因素有哪些?

7. 蛋白质变性后为什么水溶性会降低?

8. 举例说明一级结构决定蛋白质的构象。

9. 维系蛋白质一、二、三、四级结构稳定的键或力是什么?

四、参考答案

(一)选择题

【A 型题】

1. C	2. C	3. A	4. A	5. D	6. B	7. B	8. D	9. B	10. C
11. A	12. C	13. D	14. E	15. E	16. B	17. B	18. B	19. B	20. D
21. B	22. E	23. A	24. A	25. C	26. E	27. E	28. D	29. D	30. B
31. A	32. E	33. D	34. E	35. C	36. E	37. C	38. C	39. D	40. D
41. E	42. C	43. C	44. C	45. B	46. C	47. C	48. B	49. C	50. B

【B 型题】

1. A	2. B	3. C	4. D	5. D	6. B	7. C	8. D	9. E	10. A
11. A	12. D	13. E	14. B	15. C	16. A	17. E	18. C	19. B	20. D
21. A	22. C	23. C	24. E	25. C	26. A	27. B	28. C	29. D	30. E
31. A	32. E	33. C	34. D	35. A	36. B	37. C	38. D	39. E	

【C 型题】

1. B	2. C	3. D	4. D	5. B	6. A	7. C	8. C	9. C	10. C
11. C	12. C	13. A	14. A	15. A	16. C	17. A	18. C	19. B	20. C

【X 型题】

1. BCE	2. BD	3. ABCDE	4. ACDE	5. ADE	6. BCDE	7. BCD
8. ACD	9. AC	10. ACD	11. BC	12. BC	13. CE	14. ADE
15. BCD	16. ABC					

(二)名词解释

1. 一个氨基酸的 α-羧基与另一个氨基酸的 α-氨基脱水缩合所形成的酰胺键,称为肽键。

2. 蛋白质在形成三级结构时,肽链中某些局部的二级结构汇集在一起,形成发挥生物学功能的特定区域称为结构域。

3. 能协助蛋白质分子空间结构正确形成的一类蛋白质分子,称为分子伴侣。

4. 蛋白质分子净电荷为零时溶液的 pH 称为该蛋白质的等电点。

5. 在某些理化因素的作用下,使蛋白质的空间结构受到破坏,导致其理化性质的改变和生物学活性的丧失,称为蛋白质的变性。

6. 蛋白质的一级结构是指多肽链中氨基酸的排列顺序。

7. 蛋白质的二级结构是指多肽链主链原子的局部空间排布方式。

8. 蛋白质的三级结构是指整条肽链中全部氨基酸残基的相对空间位置。

9. 蛋白质的四级结构是指蛋白质分子中各亚基的空间排布及相互接触关系。

10. 体内许多蛋白质分子含有两条或两条以上多肽链,每一条多肽链都有独立的三级结构,称为亚基。

11. 蛋白质变性后,疏水侧链暴露在外,肽链相互缠绕继而聚集,从溶液中析出,这一现象称为沉淀。

12. 在蛋白质溶液中加入高浓度的中性盐(如硫酸铵、硫酸钠、氯化钠等),破坏蛋白质的胶体稳定性,使蛋白质从水溶液中沉淀称为盐析。

（三）填空题

1. 氨基酸;20

2. 非极性侧链氨基酸;极性中性侧链氨基酸;酸性氨基酸;碱性氨基酸

3. α-COOH;α-NH$_2$

4. 酪氨酸;色氨酸

5. 排列顺序;肽键

6. α-螺旋;β-折叠;β-转角;无规卷曲

7. 负

8. 空间;一级

9. 水化膜;电荷

10. 等电点

11. 巯基

12. 280nm

（四）问答题

1. 各种蛋白质的含氮量极为接近,平均为 16%,因此测定蛋白质的含氮量就可推算出蛋白质的含量,常用的公式为:100g 样品中蛋白质含量 =1g 样品中含氮克数×6.25×100。

2. 蛋白质的基本组成单位是氨基酸,组成人体蛋白质的氨基酸均为 L-α-氨基酸(除甘氨酸外),即在 α-碳原子上连有一个氨基、一个羧基、一个氢原子和一个侧链。每个氨基酸的侧链各不相同,是其表现不同性质特征的结构基础。

3. 一个氨基酸的 α-羧基与另一个氨基酸的 α-氨基进行脱水缩合而成的酰胺键称为肽键。许多氨基酸通过肽键相连而形成的长链称为肽链。蛋白质一级结构是指多肽链中氨基酸的排列顺序,它的主要化学键为肽键。

4. 蛋白质的二级结构是指多肽链主链原子的局部空间排布方式,不涉及侧链的构象,二级结构的主要形式有 α-螺旋、β-折叠、β-转角和无规卷曲 4 种。在 α-螺旋结构中,多肽链主链围绕中心轴以右手螺旋方式旋转上升,每隔 3.6 个氨基酸残基上升一圈,氨基酸残基的侧链伸向螺旋外侧,每个氨基酸残基的亚氨基上的氢与第 4 个氨基酸残基羰基上的氧形成氢键,以维持 α-螺旋稳定。在 β-折叠结构中,多肽链的肽单元折叠成锯齿状结构,侧链交错位于锯齿状结构的上方或下方,两条以上肽链或一条肽链内的若干肽段平行排列,通过链间羰基氧和亚氨基氢形成氢键,维持 β-折叠构象稳定。在球状蛋白质分子中,肽链主链常出现 180°回折,回折部分称为 β-转角,β-转角通常由 4 个氨基酸残基组成,第 2 个残基常为脯氨酸,第 1 个氨基酸残基的羰基氧与第 4 个氨基酸残基的亚氨基氢形成氢键,维持 β-转角的稳定。无规卷曲是指肽链中没有确定规律的结构。

5. 蛋白质是由氨基酸组成的,蛋白质分子中既含有能解离出 H^+ 的酸性基团(如-COOH),又含有能接受 H^+ 的碱性基团(如-NH_2),因此蛋白质分子为两性电解质。

6. 蛋白质在某些物理因素或化学因素的作用下,蛋白质分子内部的非共价键断裂,天然构象被破坏,从而引起理化性质改变,生物学活性丧失,这种现象称为蛋白质变性。蛋白质变性的实质是维系蛋白质分子空间结构的次级键断开,使其空间结构松解,但肽键并未断开。引起蛋白质变性的因素有两方面:一是物理因素,如紫外线照射等;二是化学因素如强酸、强碱、重金属盐、有机溶剂等。

7. 三级结构以上的蛋白质的空间结构稳定主要靠次级键,当蛋白质在某些理化因素作用下变性后,维持蛋白质空间结构稳定的疏水键、二硫键以及其他次级键断裂,空间结构松解,蛋白质分子变为伸展的长肽链,大量的疏水基团外露,导致蛋白质水溶性降低。

8. 牛胰核糖核酸酶溶液加入尿素和巯基乙醇后变性失活,其一级结构没有改变,当用透析法去除尿素和巯基乙醇后,牛胰核糖核酸酶自发恢复原有的空间结构与功能,此例充分说明一级结构决定空间构象。

9. ①连接一级结构的键是肽键;②氢键是维系二级结构最主要的键;③次级键(疏水作用、氢键、离子键、范德瓦耳斯力等)及二硫键维持三级结构的稳定,最主要的键是疏水作用;④维持四级结构稳定的力是次级键,如氢键、离子键、疏水作用、范德瓦耳斯力等。

(徐世明)

3 第三章

核酸结构与功能

一、内容要点

核酸包括核糖核酸和脱氧核糖核酸两大类。核酸的元素组成为 C、H、O、N、P 等元素。核酸的基本组成单位是核苷酸,核苷酸由三部分组成,分别是碱基、戊糖、磷酸。碱基有嘌呤碱基和嘧啶碱基;戊糖为核糖和脱氧核糖两种。戊糖与碱基通过糖苷键连接,戊糖与磷酸通过酯键连接。核苷酸通过 3′,5′-磷酸二酯键连接形成核酸。

DNA 分子具有一、二级结构和超级结构。DNA 的一级结构是指 DNA 分子中脱氧核苷酸从 5′端到 3′端的排列顺序。DNA 的二级结构为右手双螺旋结构,特征为 DNA 分子是两条平行走向、相反方向的双螺旋结构,在该结构表面形成依次相间的大沟与小沟。两条链同一平面上的碱基形成氢键,使两条链连接在一起。双螺旋结构的外侧是由磷酸与脱氧核糖组成的亲水性骨架,内侧是疏水的碱基,碱基平面与双螺旋纵向垂直;双螺旋结构的直径为 2nm,螺距为 3.4nm,每一个螺旋有 10 个碱基对,每两个相邻的碱基对平面之间的垂直距离为 0.34nm。双螺旋结构的稳定性是通过横向的氢键和纵向碱基平面间的疏水性碱基堆积力维系。DNA 的超级结构分为正超螺旋和负超螺旋,真核生物的 DNA 以核小体的形式存在于细胞核。

RNA 的种类、结构多种多样,功能也各不相同。RNA 中主要的种类有信使 RNA(mRNA)、转运 RNA(tRNA)、核糖体 RNA(rRNA)。mRNA 是把 DNA 碱基序列携带的遗传信息通过转录传递到细胞质的表现形式。5′端帽子结构和 3′端多聚 A 尾结构是 mRNA 在由细胞核转移到细胞质过程中的保护形式;tRNA 是在蛋白质合成过程中作为氨基酸的运输工具,tRNA 含有多种稀有碱基,从 5′端到 3′端依次出现 3 个茎环状结构,分别为 DHU 环、反密码子环和 TψC 环。tRNA 的高级结构呈倒 L 型三级结构。rRNA 是核糖体的组成成分,与 mRNA 的结合有一定关系。

核酶是具有催化功能的 RNA 分子,是蛋白质以外的另一类生物催化剂,可降解特异的 RNA 序列。

核酸是两性电解质,通常表现较强的酸性,黏度高,但是 RNA 分子比 DNA 分子小,所以黏度也比 DNA 小很多。核酸的紫外吸收特性,其最大吸收峰在 260nm 附近,利用这一性质可以对核酸溶液进行定性和定量分析。DNA 在加热等理化因素作用下可发生变性,变性是 DNA 双链互补碱基对之间的氢键发生断裂,使双链 DNA 解链为单链的过程。当变性条件缓慢地除去后,两条解离的互补链可重新配对,恢复原来的双螺旋结构,这一过程称为 DNA 的复性。利用核酸变性和复性的特性可进行核酸分子杂交,所谓核酸分子杂交是指由不同来源的单链核酸分子结合形成杂化的双链核酸的过程。

二、重点和难点解析

DNA 与 RNA 分子组成、结构及功能上的异同点：

1. 分子组成上的异同点　DNA 和 RNA 都含有碱基、戊糖和磷酸。DNA 分子中的戊糖为脱氧核糖，碱基为 A、G、C、T；RNA 分子中的戊糖为核糖，碱基为 A、G、C、U。

2. 结构上的异同点　DNA 的基本组成单位是 dAMP、dGMP、dCMP、dTMP，由 3′,5′-磷酸二酯键连接；RNA 的基本组成单位是 AMP、GMP、CMP、UMP，也是由 3′,5′-磷酸二酯键连接。

DNA 的一级结构是指 DNA 分子中脱氧核苷酸的排列顺序，二级结构为由两条平行反向的脱氧核苷酸链形成的双螺旋结构，原核生物的超级结构为超螺旋结构，真核生物中 DNA 与组蛋白构成核小体，并进一步形成染色体。

RNA 的一级结构是指 RNA 分子中核糖核苷酸的排列顺序，RNA 通常以一条核苷酸链的形式存在。但可以通过链内的碱基配对形成局部的双螺旋，从而形成茎环状的二级结构和特定的三级结构。主要的 RNA 包括：mRNA、tRNA 和 rRNA，它们的结构各有特点，功能也不同。

3. 功能上的异同点　DNA 是生物遗传信息的载体，是基因复制和转录的模板。RNA 和蛋白质共同负责基因的表达与表达过程的调控。

三、习题测试

（一）选择题

【A 型题】

1. DNA 碱基配对主要靠
   A. 范德瓦耳斯力　　　　　B. 疏水作用　　　　　　C. 共价键
   D. 离子键　　　　　　　　E. 氢键

2. 与片段 pTAGA 互补的片段为
   A. pTAGA　　　B. pAGAT　　　C. pATCT　　　D. pTCTA　　　E. pUGUA

3. 在一个 DNA 分子中，若 A 所占摩尔比为 32.8%，则 G 的摩尔比为
   A. 67.2%　　　B. 32.8%　　　C. 17.2%　　　D. 65.6%　　　E. 16.4%

4. 根据 Watson-Crick 模型，求得每一微米 DNA 双螺旋含核苷酸对的平均数为
   A. 25 400　　　B. 2540　　　C. 29 411　　　D. 2941　　　E. 3505

5. 稳定 DNA 双螺旋的主要因素是
   A. 氢键和碱基堆积力　　　　　　　B. 疏水作用
   C. DNA 与组蛋白的结合　　　　　　D. 范德瓦耳斯力
   E. 离子键

6. 有关 DNA 双螺旋结构下列哪种叙述不正确
   A. DNA 二级结构中都是由两条多脱氧核苷酸链组成
   B. DNA 二级结构中碱基不同，相连的氢键数目也不同
   C. DNA 二级结构中，核苷酸之间形成磷酸二酯键
   D. 磷酸与戊糖总是在双螺旋结构的内部
   E. 磷酸与戊糖组成了双螺旋的骨架

7. 下列关于 DNA 分子组成的叙述哪项是正确的
    A. A = T,G = C　　　　　　　B. A + T = G + C　　　　　　C. G = T,A = C
    D. 2A = C + T　　　　　　　　E. G = A,C = T

8. tRNA 分子结构中从 5′端到 3′端依次出现 3 个环状结构,它们的排列顺序为
    A. DHU 环、反密码子环、TψC 环　　　　B. 反密码子环、TψC 环、DHU 环
    C. DHU 环、TψC 环、反密码子环　　　　D. TψC 环、反密码子环、DHU 环
    E. 反密码子环、DHU 环、TψC 环、

9. 5′端帽子结构是下列哪种核酸的组成部分
    A. 转运 RNA　　　　　B. 原核细胞信使 RNA　　　　C. 真核细胞信使 RNA
    D. 核糖体 RNA　　　　E. 小核 RNA

10. DNA 和 RNA 共有的成分是
    A. D-核糖　　　　　　B. D-2-脱氧核糖　　　　C. 腺嘌呤
    D. 尿嘧啶　　　　　　E. 胸腺嘧啶

11. DNA 与 RNA 两类核酸分类的主要依据是
    A. 所含碱基不同　　　　　　　　B. 所含戊糖不同
    C. 核苷酸之间连接方式不同　　　D. 空间结构不同
    E. 在细胞中存在的部位不同

12. 下列有关 DNA 二级结构的叙述哪种是错误的
    A. DNA 二级结构是双螺旋结构
    B. DNA 二级结构是空间结构
    C. DNA 二级结构中两条链方向相同
    D. DNA 二级结构中两链之间碱基相互配对
    E. 二级结构中碱基之间有氢键相连

13. 下列哪种碱基只存在于 RNA 而不存在于 DNA
    A. 腺嘌呤　　B. 胞嘧啶　　C. 胸腺嘧啶　　D. 尿嘧啶　　E. 鸟嘌呤

14. 稀有碱基主要存在于
    A. 核糖体 RNA　　　　B. 信使 RNA　　　　C. 转运 RNA
    D. 核 DNA　　　　　　E. 线粒体 DNA

15. tRNA 含有的核苷酸数目为
    A. 100 ~ 120　　　　　B. 70 ~ 90　　　　　C. 40 ~ 60
    D. 10 ~ 30　　　　　　E. 以上都不是

16. 下列结构特点不属于 tRNA 的结构的是
    A. 具有倒 L 型三级结构　　　　　B. 末端氨基酸臂有"CCA-OH"结构
    C. 含稀有碱基　　　　　　　　　D. 多聚 A 尾
    E. 有茎环结构

17. mRNA 的前体是哪种物质
    A. snRNA　　　B. hnRNA　　　C. DNA　　　D. 核酶　　　E. rRNA

18. 对 Watson-Crick DNA 模型的叙述正确的是
    A. DNA 为单股螺旋结构　　　　　B. DNA 两条链的走向相反
    C. 只在 A 与 G 之间形成氢键　　　D. 碱基间形成共价键

　　E. 磷酸戊糖骨架位于 DNA 螺旋内部

19. 下列核酸变性后的描述哪项是错误的
　　A. 共价键断裂,分子量变小　　　　　　　B. 紫外吸收值增加
　　C. 碱基对之间的氢键被破坏　　　　　　　D. 黏度下降
　　E. 一定条件下可以复性

20. (G + C)含量愈高 Tm 值愈高的原因是
　　A. G-C 间形成共价键　　　　　　　　　　B. G-C 间形成了两个氢键
　　C. G-C 间形成了 3 个氢键　　　　　　　　D. G-C 间形成了离子键
　　E. G-C 间形成疏水作用

21. 核小体核心蛋白是
　　A. H2A、H2B、H3、H4 各 1 个分子　　　B. H2A、H2B、H3、H4 各 2 个分子
　　C. H1 蛋白以及 140 ~ 145 碱基对 DNA　　D. H2A、H2B、H3、H4 各 4 个分子
　　E. 非组蛋白

22. 核酸中核苷酸之间的连接方式是
　　A. 2′,3′-磷酸二酯键　　　B. 2′,5′-磷酸二酯键　　　C. 3′,5′-磷酸二酯键
　　D. 肽键　　　　　　　　　E. 糖苷键

23. 原核生物的核糖体所含的 rRNA 为下列哪几种
　　A. 5S、5.8S、18S　　　　B. 5S、16S、18S　　　　C. 5.8S、18S、28S
　　D. 5S、5.8S、18S、28S　　E. 5S、16S 及 23S

24. 下列有关 tRNA 的叙述哪项是错误的
　　A. tRNA 二级结构是三叶草结构　　　　　B. tRNA 分子中含有稀有碱基
　　C. tRNA 的二级结构含有二氢尿嘧啶环　　D. tRNA 分子由 70 ~ 90 个碱基组成
　　E. 反密码子环由 CCA 3 个碱基组成的反密码子

25. 下列对 RNA 的叙述哪项是正确的
　　A. 几千至几千万个核糖核苷酸组成的多核苷酸链
　　B. RNA 种类很多
　　C. RNA 分子中 A 一定等于 U,G 一定等于 C
　　D. RNA 分子中都含有稀有碱基
　　E. mRNA 的一级结构决定了 DNA 的核苷酸顺序

26. 有关核酸的变性与复性的叙述正确的为
　　A. 热变性后 DNA 经缓慢冷却后可复性
　　B. 不同的单链 DNA,在合适温度下都可复性
　　C. 热变性的 DNA 迅速降温过程也称作退火
　　D. 复性的最佳温度为 25℃
　　E. 热变性的 DNA 随着时间延长可相互结合

27. DNA 的解链温度指的是
　　A. A_{260} 达到最大值时的温度
　　B. A_{260} 达到最大变化值的 50% 时的温度
　　C. DNA 开始解链时所需要的温度
　　D. DNA 完全解链时所需要的温度

E. A_{280} 达到最大值的 50% 时的温度

28. 真核生物 mRNA 的帽子结构中,m^7G 与多核苷酸链之间由几个磷酸基连接
    A. 1　　　　　B. 2　　　　　C. 3　　　　　D. 4　　　　　E. 0

29. 真核生物 mRNA 多数在 3′-末端有
    A. 起始密码子　　　　　B. PolyA 尾巴　　　　　C. 帽子结构
    D. 终止密码子　　　　　E. CCA 序列

30. snRNA 的功能是
    A. 作为 mRNA 的前身物　　　　　B. 促进 mRNA 的成熟
    C. 使 RNA 的碱基甲基化　　　　　D. 催化 RNA 合成
    E. 促进 DNA 合成

31. tRNA 连接氨基酸的部位是在
    A. 1′-OH　　　B. 2′-OH　　　C. 3′-OH　　　D. 3′-P　　　E. 5′-P

32. hnRNA 是下列哪种 RNA 的前体
    A. tRNA　　　　　B. 真核 rRNA　　　　　C. 原核 rRNA
    D. 真核 mRNA　　　E. 原核 mRNA

33. tRNA 在核糖体发挥其"对号入座"功能时的两个重要部位是
    A. 反密码子臂和反密码子环　　　　　B. 氨基酸臂和 D 环
    C. TψC 环与可变环　　　　　D. TψC 环与反密码子环
    E. 氨基酸臂和反密码子环

34. 热变性的 DNA 复性时叙述不正确的为
    A. 由高温迅速降至低温　　　B. 由高温缓慢降至低温　　　C. 氢键重新形成
    D. 单链变为双链　　　E. 黏度变大

35. 核酸具有紫外吸收能力的原因是
    A. 嘌呤和嘧啶环中有共轭双键　　　　　B. 嘌呤和嘧啶中有氮原子
    C. 嘌呤和嘧啶中有氧原子　　　　　D. 嘌呤和嘧啶连接了核糖
    E. 嘌呤和嘧啶连接了磷酸基团

36. 下列关于 tRNA 的叙述哪项是正确的
    A. 分子上的核苷酸序列全部是三联体密码
    B. 是核糖体组成的一部分
    C. 可贮存遗传信息
    D. 由稀有碱基构成发卡结构
    E. 其二级结构为三叶草形

37. 关于核酶的叙述正确的是
    A. 专门水解 RNA 的酶　　　　　B. 专门水解 DNA 的酶
    C. 位于细胞核内的酶　　　　　D. 具有催化活性的 RNA 分子
    E. 由 RNA 和蛋白质组成的结合酶

38. 关于锤头核酶的叙述错误的是
    A. 可进行剪接反应和剪切反应　　　　　B. 含有催化部分和底物结合部分
    C. 二级结构呈锤头状　　　　　D. 有保守的核苷酸序列
    E. 人工设计合成的核酶可能成为抗病毒的新药

39. DNA 变性下列叙述正确的是
    A. 温度升高是本质的原因　B. 磷酸二酯键发生断裂　C. 多核苷酸链发生解聚
    D. 碱基的甲基化修饰　E. 互补碱基之间的氢键断裂

40. DNA 的变性描述下列哪项性质是正确的
    A. 是一个缓慢变化的过程　　　　B. 260nm 波长处的光吸收增加
    C. 形成三股链螺旋　　　　　　　D. 溶液黏度增大
    E. 变性是不可逆的

41. 下列哪种碱基组成 DNA 分子的 Tm 高
    A. A + T = 15%　　　　B. G + C = 25%　　　　C. G + C = 40%
    D. A + T = 80%　　　　E. G + C = 35%

42. 长度相同的双链 DNA 有较高的解链温度是由于它含有较多的
    A. 嘌呤　　　B. 嘧啶　　　C. A 和 T　　　D. C 和 G　　　E. A 和 C

43. 下列有关 RNA 的叙述哪项是错误的
    A. mRNA 分子中含有遗传密码　　　B. tRNA 是分子量最小的一种 RNA
    C. RNA 可分为 mRNA、tRNA、rRNA 等　　D. 胞浆中只有 mRNA,而没有别的核酸
    E. rRNA 可以组成合成蛋白质的场所

44. 对于 tRNA 的叙述下列哪项是错误的
    A. tRNA 通常由 70 ~ 90 个核苷酸组成　　B. 细胞内有多种 tRNA
    C. 参与蛋白质的生物合成　　　　　　　D. 分子量一般比 mRNA 小
    E. 每种氨基酸都只有一种 tRNA 与之对应

45. 关于核小体和组蛋白叙述正确的是
    A. 核小体由 DNA 和组蛋白共同构成
    B. 核小体由 RNA 和组蛋白共同构成
    C. 核小体中的组蛋白有 H1,H2,,H3 和 H4 4 种
    D. 核小体由 DNA 和 H1,H2,H3,H4 各一分子构成
    E. 组蛋白是由组氨酸构成的

46. 关于 DNA 双螺旋结构模型的描述哪项不正确
    A. 腺嘌呤的数量等于胸腺嘧啶的数量
    B. 同一生物个体不同组织中的 DNA 碱基组成相同
    C. DNA 双螺旋中碱基对位于外侧
    D. 两条单链通过 A 与 T 或 G 与 C 之间的氢键连接
    E. 维持双螺旋稳定的主要因素是氢键和碱基堆积力

47. 人的基因组的碱基数目为
    A. 2.9×10^9bp　　　B. 2.9×10^6bp　　　C. 4×10^9bp
    D. 4×10^6bp　　　E. 4×10^8bp

48. 下列核苷酸不含有高能磷酸键的是
    A. ATP　　　B. GTP　　　C. AMP　　　D. ADP　　　E. GDP

49. 单链 DNA:5′-pCpGpGpTpA-3′能与下列哪种 RNA 单链分子进行分子杂交
    A. 5′-pGpCpCpTpA-3′　　　B. 5′-pGpCpCpApU-3′　　　C. 5′-pUpApCpCpG-3′
    D. 5′-pTpApGpGpC-3′　　　E. 5′-pTpUpCpGpG-3′

50. 下列关于 RNA 的论述哪项是错误的
    A. 主要有 mRNA、tRNA、rRNA 等种类
    B. 原核生物没有 hnRNA 和 snRNA
    C. tRNA 是最小的一种 RNA
    D. 胞质中的 RNA 只有 tRNA
    E. 组成核糖体的 RNA 是 rRNA

51. 关于真核生物的 mRNA 叙述正确的是
    A. 在胞质内合成并发挥其功能
    B. 帽子结构是一系列的腺苷酸
    C. 有帽子结构和多聚 A 尾巴
    D. 在细胞内可长期存在
    E. 前身是 rRNA

52. tRNA 分子 3′末端的碱基序列是
    A. CCA-3′   B. AAA-3′   C. CCC-3′   D. AAC-3′   E. ACA-3′

53. 酪氨酸 tRNA 的反密码子是 5′-GUA-3′,它能辨认的 mRNA 上的相应密码子是
    A. GUA   B. AUG   C. UAC   D. GTA   E. TAC

54. 原核生物和真核生物核糖体上都有
    A. 18SrRNA   B. 5SrRNA   C. 5.8SrRNA
    D. 30SrRNA   E. 28SrRNA

【B 型题】
    A. AMP   B. ADP   C. ATP   D. dATP   E. cAMP

1. 含一个高能磷酸键的是

2. 含脱氧核糖的是

3. 含分子内 3′,5′-磷酸二酯键的是
    A. 5S rRNA   B. 28s rRNA   C. 16s rRNA   D. snRNA   E. hnRNA

4. 原核生物和真核生物核糖体都有的是

5. 真核生物核糖体特有的是

6. 原核生物核糖体特有的是
    A. tRNA   B. mRNA   C. rRNA   D. hnRNA   E. DNA

7. 分子量最小的一类核酸是

8. 细胞内含量最多的一类 RNA 是

9. mRNA 的前体是
    A. tRNA   B. mRNA   C. rRNA   D. hnRNA   E. DNA

10. 有 5′-帽子结构的是

11. 有 3′-CCA-OH 结构的是

12. 有较多的稀有碱基的是

13. 其中有些片段被剪切掉的是
    A. 变性   B. 复性   C. 杂交   D. 重组   E. 层析

14. DNA 的两股单链重新缔合成双链称为

15. 单链 DNA 与 RNA 形成局部双链称为

16. 不同 DNA 单链重新形成局部双链称为
    A. 腺嘌呤核苷酸   B. 胸腺嘧啶核苷酸   C. 假尿嘧啶核苷酸
    D. 次黄嘌呤核苷酸   E. 黄嘌呤

17. 存在于 tRNA 中反密码子环的是

18. 主要存在于 DNA 中的是

【C 型题】

    A. 氢键   B. 碱基堆积力   C. 都是   D. 都不是

1. DNA 分子纵向稳定依靠

2. 碱基之间结合通过

3. DNA 分子的稳定性通过

    A. tRNA   B. rRNA   C. 都是   D. 都不是

4. 富含稀有碱基的 RNA 是

5. 细胞内含量最多的 RNA 是

6. 含有胸腺嘧啶的 RNA 是

    A. 5′端帽子结构   B. 多聚 A 尾   C. 都是   D. 都不是

7. 真核细胞 mRNA 的结构含有的是

8. 原核细胞 mRNA 的结构含有的是

9. 与 mRNA 从核内向细胞质的转移、维系 mRNA 的稳定性有关的是

10. 随着 mRNA 由细胞核向外转移逐渐缩短

    A. DHU 环   B. TψC 环   C. 都是   D. 都不是

11. 靠近 5′端的是

12. 连接在 3′端的是

13. 靠近 3′端的是

    A. 核糖体   B. 核小体   C. 都是   D. 都不是

14. 呈串珠状结构的是

15. 蛋白质的合成场所是

16. 由蛋白质及 DNA 构成的是

    A. A_{260} B. A_{280} C. 都有   D. 都没有

17. 蛋白溶液有最大吸光度在

18. 核酸溶液有最大吸光度在

19. 蛋白溶液和核酸溶液有吸光度

【X 型题】

1. 核酸分子中含有的化学元素有

    A. C   B. N   C. O   D. S   E. P

2. 真核细胞中,DNA 可能存在的部位有

    A. 核糖体   B. 细胞核   C. 线粒体   D. 溶酶体   E. 叶绿体

3. 核酸分子中能够出现的碱基配对形式有

    A. A 和 T   B. A 和 G   C. C 和 U   D. A 和 U   E. C 和 G

4. 下列碱基中被认为是稀有碱基的是

    A. 尿嘧啶   B. 二氢尿嘧啶   C. 鸟嘌呤

    D. 次黄嘌呤   E. 假尿嘧啶

5. 关于 DNA 双螺旋结构模型要点叙述正确的有

    A. DNA 分子是由两条走向平行、方向相反的多核苷酸链组成的双螺旋结构

    B. 双螺旋结构的内侧是亲水性骨架,外侧是疏水的碱基

C. 大沟与小沟结构能与部分特定蛋白质相互识别并发生作用

D. 每一个螺旋有 10 个碱基对

E. 双螺旋结构的纵向稳定性是通过碱基堆积力维系

6. 核心组蛋白的蛋白种类包括

 A. H1   B. H2A   C. H2B   D. H3   E. H4

7. 下列结构属于 tRNA 的是

 A. 5′端帽子结构   B. 多聚 A 尾   C. CCA-OH 结构

 D. TψC 环   E. 反密码子环

8. 关于 tRNA 的描述正确的有

 A. 密码子与 tRNA 反密码子的识别为反向碱基配对

 B. tRNA 的种类与氨基酸种类相同

 C. tRNA 的种类多于氨基酸的种类

 D. tRNA 的种类少于氨基酸种类

 E. tRNA 的特异性体现在反密码子环上

9. 真核生物细胞核糖体 rRNA 的种类有

 A. 5S   B. 5.8S   C. 16S   D. 18S   E. 28S

10. 针对核内小 RNA 的描述正确的有

 A. 是一类碱基数在 100~300 之间的小分子 RNA

 B. 参与真核生物的细胞核中 RNA 的加工

 C. 能和多种蛋白质结合成为小核核糖核蛋白

 D. 核内小 RNA 含量较少

 E. 与成熟 mRNA 的形成有关

11. 有关锤头核酶的描述正确的是

 A. 属于剪切型核酶   B. 由茎状结构和环状结构组成

 C. 包括催化部分和底物结合部分 D. 锤头核酶分子中有结构域

 E. 人类可仿照锤头核酶结构和功能设计并合成出治疗病毒感染等的药物

12. 下列哪些因素能使 DNA 发生变性

 A. 加热   B. 加压   C. 强酸   D. 强碱   E. 冷冻

(二)名词解释

1. 帽子结构

2. 核苷酸

3. 多聚 A 尾结构

4. 核酸一级结构

5. DNA 变性

6. 碱基互补规律

7. 增色效应

8. Tm 值

9. 核小体

10. 反密码子环

11. 核酶

12. 分子杂交

(三)填空题

1. 核苷酸彻底水解生成_____、_____、_____。

2. RNA 分子中常见的稀有碱基有_____、_____、_____。

3. 核苷酸分子中碱基与戊糖通过_____连接,磷酸与戊糖通过_____连接。

4. 生物体内具有一定生物学功能的核苷酸衍生物有_____、_____、_____等。

5. 核酸分子中核苷酸之间通过_____连接,核酸的方向规定是从_____端到_____端。

6. DNA 双螺旋结构中_____与_____通过两个氢键连接,_____与_____通过 3 个氢键连接。

7. 真核细胞 mRNA 的首尾特征性结构为_____和_____。

8. 染色体的基本单位是_____;组成成分有_____和_____。

9. tRNA 结构中从 5′端到 3′端的环状结构依次是_____、_____、_____。

10. 核酶根据其催化的化学反应的类型分为_____和_____。

11. 核酸的紫外吸收最大波长为_____,蛋白质的紫外吸收最大波长为_____。

12. DNA 分子链长一定情况下,Tm 值高的脱氧核糖核酸含_____比较高;Tm 值低的脱氧核糖核酸含_____比较高。

13. DNA 的复性是_____的形成,紫外吸收值_____。

14. 杂交可发生在_____、_____之间。

15. 能使 DNA 发生变性的因素有_____、_____、_____等。

(四)问答题

1. 真核细胞 DNA 如何以染色体的形式存在于细胞核?

2. 细胞内 RNA 主要有哪些种类,各自的功能如何?

3. DNA 双螺旋结构模型要点有哪些?

4. 比较 DNA 与 RNA 结构中的相同点和不同点?

5. DNA 变性的因素有哪些,变性后的性质有何变化?

6. 简述锤头核酶的结构特点及其在医学发展中的意义。

四、参考答案

(一)选择题

【A 型题】

1. E	2. D	3. C	4. D	5. A	6. D	7. A	8. A	9. C	10. C
11. B	12. C	13. D	14. C	15. B	16. D	17. B	18. B	19. A	20. C
21. B	22. C	23. E	24. E	25. B	26. A	27. C	28. C	29. B	30. B
31. C	32. D	33. E	34. A	35. A	36. E	37. D	38. A	39. E	40. B
41. A	42. D	43. D	44. E	45. A	46. C	47. A	48. C	49. C	50. D
51. C	52. A	53. C	54. B						

【B 型题】

1. B	2. D	3. E	4. A	5. B	6. C	7. A	8. C	9. D	10. B
11. A	12. A	13. D	14. B	15. C	16. C	17. D	18. A		

【C 型题】

1. B　　2. A　　3. C　　4. A　　5. B　　6. D　　7. C　　8. D　　9. C　　10. B

11. A　　12. D　　13. B　　14. B　　15. A　　16. B　　17. B　　18. A　　19. C

【X 型题】

1. ABCE　　2. BCE　　3. ADE　　4. BDE　　5. ACDE　　6. BCDE

7. CDE　　8. ACE　　9. ABDE　　10. ABCDE　　11. ABCDE　　12. ABCD

（二）名词解释

1. 大部分真核细胞 mRNA 的 5′末端都以 7-甲基鸟苷三磷酸（m^7GpppN）为起始结构,这种结构称为"帽子"结构。

2. 核苷酸是核酸的基本组成单位。核苷酸进一步水解生成磷酸和核苷,核苷可进一步水解生成碱基和戊糖。

3. 真核细胞 mRNA 的 3′末端由数十至数百个腺苷酸连接而成的多聚腺苷酸结构,称为多聚腺苷酸尾或多聚 A 尾（polyA）。

4. 是指核苷酸从 5′端到 3′端的排列顺序。

5. 是指双链 DNA 分子在高温、强酸、强碱、有机物等条件下使双链之间的氢键破坏形成两条单链的过程。

6. 是指碱基 A 与 T(U)以及 G 与 C 之间特异性识别配对的规则。

7. 由于 DNA 分子变性使 DNA 在 260nm 处的吸光度增高,称为增色效应。

8. 又叫解链温度或融解温度,是在 DNA 解链过程中,A_{260}的值达到光吸收变化最大值的一半时所对应的温度。

9. 核小体是染色质的基本组成单位,由 DNA 和 5 种组蛋白共同构成。

10. 是指 tRNA 分子中含有反密码子的结构,反密码子可与 mRNA 的密码子通过碱基互补配对识别进行氨基酸的排列完成蛋白质合成。

11. 核酶是具有催化功能的 RNA 分子,是蛋白质以外的另一类生物催化剂,可降解特异的 mRNA 序列。

12. 分子杂交是指由不同来源的单链核酸分子结合形成杂化的双链核酸的过程。

（三）填空题

1. 磷酸;碱基;戊糖

2. 二氢尿嘧啶;假尿嘧啶;甲基化嘌呤

3. 糖苷键;酯键

4. cAMP;cGMP;FMN 或 FAD 或 NAD^+

5. 3′,5′-磷酸二酯键;5′;3′

6. A(T);T(A);G(C);C(G)

7. 帽子结构;多聚 A 尾

8. 核小体;DNA;组蛋白

9. DHU 环;反密码子环;TψC 环

10. 剪切型核酶;剪接型核酶

11. 260nm;280nm

12. G 和 C;A 和 T

13. 双链(双螺旋);降低

14. DNA-DNA;RNA-RNA;DNA-RNA

15. 加热;强酸;强碱(有机溶剂、高压)

(四)问答题

1. 在真核生物内 DNA 以非常致密的形式存在于细胞核内,染色质在细胞分裂期形成染色体。染色体是由 DNA 和蛋白质构成的。染色体的基本单位是核小体,核小体由 DNA 和组蛋白共同构成。组蛋白分子 H2A、H2B、H3、H4 各两分子构成核小体的核心,DNA 双螺旋分子缠绕在这一核心上构成了核小体的核心颗粒,核小体的核心颗粒之间再由 DNA(约 60bp)和组蛋白 H1 构成的连接区连接起来形成串珠样的结构,在此基础上,核小体又进一步旋转折叠,经过形成较粗的纤维状结构、襻环结构、最后形成棒状的染色体。

2. RNA 中主要的种类有信使 RNA(mRNA)、转运 RNA(tRNA)、核糖体 RNA(rRNA)。mRNA 的功能是把 DNA 碱基序列携带的遗传信息通过转录以 mRNA 的形式传递到细胞质,在细胞质中以 mRNA 为模板进行蛋白质的生物合成。tRNA 的功能是在蛋白质合成过程中作为氨基酸的运输工具。氨基酸臂的"CCA-OH"结构能特异性的通过酯键结合不同类型的活化的氨基酸,不同的氨基酸可有 2～6 种不同的 tRNA 作为其载体。tRNA 还可以通过反密码子识别 mRNA 分子上的遗传密码,使其所携带的活化氨基酸在核糖体上按一定顺序合成多肽链。rRNA 在蛋白质合成中的功能有助于 mRNA 与核糖体的结合。

3. ①DNA 分子是由两条平行走向、相反方向的多聚核苷酸链构成双螺旋结构,呈右手螺旋结构。在该结构表面形成依次相间的大沟与小沟。②两条链同一平面上的碱基形成氢键,使两条链连接在一起。A 与 T 之间形成两个氢键,G 与 C 之间形成三个氢键。③双螺旋结构的外侧是由磷酸与脱氧核糖组成的亲水性骨架,内侧是疏水的碱基,碱基平面与双螺旋纵向垂直;双螺旋结构的直径为 2nm,螺距为 3.4nm,每一个螺旋有 10 个碱基对,每两个相邻的碱基对平面之间的垂直距离为 0.34nm。④双螺旋结构的稳定性是通过横向的氢键和纵向碱基平面间的疏水性碱基堆积力维系。

4. 相同点:核酸分子中化学键的连接方式相同。不同点:①碱基种类不同,DNA 为 A、T、C、G,RNA 为 A、U、C、G;②戊糖结构不同,DNA 为脱氧核糖,RNA 为核糖;③DNA 为双链结构而 RNA 多数为单链结构。

5. 引起 DNA 变性的因素有加热、有机溶剂、酸、碱、尿素和酰胺等。DNA 的变性可使其理化性质发生改变,如黏度下降和紫外吸收值增加等。

6. 锤头核酶属于剪切型核酶。锤头核酶的结构中由茎状结构和环状结构组成。这些结构相互靠近组成结构域,包括催化部分和底物结合部分。在结构域中存在保守的核苷酸序列,该结构的存在使得锤头结构可进行剪切反应。锤头核酶结构和功能的发现引导人们设计并合成出多种核酶用于多种疾病的基因治疗,因为一定结构的核酶可以通过剪接作用或剪切作用破坏有害基因转录的 mRNA 或其前体、病毒 RNA 等。

(李元宏)

第四章

酶与维生素

一、内容要点

酶是由活细胞产生的、对其底物具有高度特异性和高度催化作用的蛋白质。酶按其分子组成不同可分为单纯酶和结合酶。单纯酶是仅由氨基酸构成,催化活性由蛋白质结构决定。结合酶由酶蛋白与辅助因子组成,酶蛋白决定酶促反应的特异性及其催化机制;辅助因子决定反应的性质和类型,有辅酶和辅基之分。辅助因子多为金属离子或 B 族维生素的衍生物。

酶的催化活性与其特殊结构有关。酶分子中与酶活性有关的基团称为必需基团,包括结合基团和催化基团。酶分子中的部分必需基团在空间结构上彼此靠近,组成一个能够与底物特异地结合并将底物转化为产物的区域,这一区域称为酶的活性中心。酶蛋白的结构特征是具有活性中心。

酶原是指无活性的酶的前体物质。酶原激活是酶原在一定条件下转变成有活性酶的过程,其本质是暴露或形成了酶的活性中心。

同工酶指催化的化学反应相同,但酶蛋白的分子结构、理化性质乃至免疫学性质不同的一组酶。同工酶在不同组织细胞中的种类、含量与分布比例不同,因此,同工酶的测定可以为诊断不同组织器官的疾病提供依据。

酶加速化学反应的机制是降低反应的活化能。酶与底物通过诱导契合作用形成复合物,通过邻近效应与定向排列、表面效应和多元催化作用等多种机制的共同参与,完成催化反应。

酶作为生物催化剂与一般催化剂比较有不同的反应特点和反应机制,包括:酶对底物具有极高的催化效率;酶对底物的选择具有高度特异性;酶活性的不稳定性和酶活性与酶含量的可调节性。

酶促反应速度可受多种因素影响,主要有底物浓度、酶浓度、pH、温度、激活剂和抑制剂等。每种酶都有其作用的最适温度和最适 pH。底物浓度对酶促反应速度的影响可用米氏方程表示。K_m 值是酶的特征性常数,与酶的结构、底物结构和反应环境有关,而与酶浓度无关;K_m 值的大小在一定条件下可表示酶对底物的亲和力。V_{max} 是酶完全被底物饱和时的反应速度。抑制剂是能使酶活性降低或丧失但不引起酶蛋白变性的物质。抑制作用可分为不可逆性、可逆性抑制两类。抑制剂与酶活性中心的必需基团共价结合,使酶失去活性。此类抑制剂不能通过透析、超滤等方法予以去除,这种抑制作用称为不可逆性抑制。如果抑制剂通过非共价键与酶和(或)酶-底物复合物可逆性结合,使酶活性降低或丧失。此种抑制采用透析或超滤等方法可将抑制剂除去,使酶的活性恢复,这种抑制作用称为可逆性抑制。可逆性抑制作用主要有竞争性抑制、非竞争性抑制和反竞争性抑制作用3种类型。

根据酶催化的反应类型将酶分为六大类：氧化还原酶类、转移酶类、水解酶类、裂合酶类、异构酶类和合成酶类。

维生素是一类维持正常生命活动过程所必需的营养素，是人体内不能合成或合成量甚少必须由食物供给的低分子有机化合物。维生素在调节人体物质代谢和维持正常功能等方面发挥着极其重要的作用。长期缺乏某种维生素时，可发生物质代谢障碍并出现相应的维生素缺乏病。维生素分为脂溶性、水溶性维生素两大类。

脂溶性维生素包括 A、D、E、K。维生素 A 主要维持正常视觉功能，缺乏时，暗适应时间延长。维生素 A 对基因表达和生长发育、细胞分化等也具有调控作用，维持上皮组织正常形态与生长，缺乏时，可引起眼干燥症。$1,25\text{-}(OH)_2\text{-}D_3$ 是维生素 D_3 的活性形式，具有类固醇激素样作用，能够促进钙、磷吸收，影响骨的代谢，维持血钙、血磷正常水平，缺乏时，儿童可患佝偻病，成人则发生软骨病。维生素 E 是体内重要的脂溶性抗氧化剂，可清除自由基保护生物膜的结构与功能。维生素 E 还具有调节信号转导过程和基因表达过程的作用。维生素 K 具有促进凝血作用。

水溶性维生素包括 B 族维生素和维生素 C。B 族维生素主要构成辅助因子，影响某些酶的活性，进而影响物质代谢。

TPP 是 α-酮酸氧化脱羧酶和转酮醇酶的辅酶，在糖代谢中具有重要作用。维生素 B_1 缺乏时，可引起脚气病。FMN 和 FAD 是黄素酶的辅基，主要起递氢作用。维生素 B_2 缺乏时，可引起口角炎、舌炎、阴囊炎等症。维生素 PP 的活性形式是 NAD^+、$NADP^+$，两者是体内多种不需氧脱氢酶的辅酶，起递氢作用。磷酸吡哆醛是转氨酶和脱羧酶的辅酶，参与氨基酸的代谢和血红素的合成。生物素为羧化酶的辅基。泛酸是构成 CoA 和 ACP 的组分，与糖、脂类、蛋白质代谢及肝的生物转化作用有关。叶酸和维生素 B_{12} 在一碳单位和甲硫氨酸代谢中具有重要作用，缺乏可引起巨幼红细胞性贫血。维生素 C 作为体内一些羟化酶的辅酶参与多种羟化反应，维生素 C 还是水溶性抗氧化剂，参与体内氧化还原反应。

二、重点和难点解析

(一)酶的结构与功能

酶是由活细胞产生的、对其底物具有高度特异性和高度催化作用的蛋白质。

1. 酶的分子组成　根据酶的分子组成不同分为单纯酶和结合酶。结合酶由酶蛋白和辅助因子组成。酶蛋白决定催化作用的特异性；辅助因子在酶促反应中起传递电子、原子或某些化学基团的作用。根据与酶蛋白结合程度的不同辅助因子可分为辅基和辅酶。辅基与酶蛋白结合牢固，不能用透析等简单的物理化学方法使之分开；辅酶与酶蛋白结合疏松，可用透析等简单的物理化学方法使之分开。辅助因子多为 B 族维生素的衍生物或金属离子。

2. 酶的活性中心与必需基团　酶的活性中心是酶执行其催化功能的部位，是酶分子中能与底物特异性结合并催化底物转变为产物的具有特定空间结构的区域。其中，那些与酶的活性密切相关的基团称为必需基团。必需基团中能够识别底物并与之特异结合，形成酶-底物复合物的称为结合基团；催化底物发生化学反应，进而转化为产物的基团称为催化基团。有些基团虽然不直接参加酶活性中心的构成，却为维持活性中心空间构象所必需，这些基团称为酶活性中心以外的必需基团。

3. 同工酶的测定　同工酶是指催化的化学反应相同，但酶蛋白的分子结构、理化性质乃至免疫学性质不同的一组酶。

不同组织细胞中同工酶的种类、含量与分布比例不同,故当组织细胞存在病变时,该组织细胞特异的同工酶可释放入血。因此,临床上可通过检测血清中同工酶活性及同工酶谱分析,帮助疾病的诊断和预后判断。例如,乳酸脱氢酶(LDH)有 5 种同工酶(LDH$_1$、LDH$_2$、LDH$_3$、LDH$_4$ 和 LDH$_5$)。急性心肌梗死或心肌炎时,血中 LDH$_1$ 活性增高,通过测定 LDH$_1$ 活性有助于该病的诊断。肌酸激酶(CK)有 3 种同工酶(CK$_1$、CK$_2$、CK$_3$)。CK$_2$ 仅见于心肌,正常血液中主要是 CK$_3$,几乎没有 CK$_2$。心肌梗死后,血中 CK$_2$ 活性升高。因此,临床上血清 CK$_2$ 活性检测有助于心肌梗死的早期诊断。

4. 酶的作用机制

(1)诱导契合假说:酶催化底物反应时,酶首先与底物相互接近,结构上相互诱导、相互变形和相互适应,进而相互结合并生成酶-底物复合物,然后酶催化底物转变成产物并释放出酶。

(2)酶的高效率催化作用主要是:通过邻近效应与定向排列使各底物能够正确定位于酶的活性中心;通过表面效应排除反应环境中水分子对酶和底物干扰性吸引或排斥;以及酸-碱催化作用等实现。酶促反应常常是多种催化作用参与,共同完成催化反应。

(二)酶促反应特点

1. 高度的催化效率 酶促反应比非催化反应高 $10^8 \sim 10^{20}$ 倍,比一般催化反应高 $10^7 \sim 10^{13}$ 倍。

2. 高度特异性 一种酶只能作用于一种或一类底物,或一定的化学键,催化一定的化学反应并生成一定的产物,酶的这种特性称为酶的特异性。特异性又分为绝对特异性、相对特异性和立体异构特异性 3 种。

3. 酶促反应可调节性 酶促反应受多种因素的调控,以适应机体不断变化的内外环境和生命活动的需要。

4. 酶的不稳定性 凡能使蛋白质变性的因素都可使酶失活。

(三)影响酶促反应速度的因素

研究各种因素对酶促反应速度的影响及其机制具有重要的理论和实践意义。

1. 底物浓度对酶促反应速度的影响

(1)在酶浓度和其他条件不变的情况下,底物浓度[S]变化对反应速度(v)的影响作图呈矩形双曲线。当[S]很低时,v 随[S]的增加而升高。随着[S]的不断增加,v 增加幅度逐渐变缓。继续增加[S],v 不再增加达到 V_{max}。

(2)米-曼氏方程及米氏常数的意义。

将[S]对 v 作图的矩形双曲线加以数学处理,得出了单底物[S]与 v 的数学关系式,即米-曼氏方程式:

$$V = \frac{V_{max}[S]}{K_m + [S]}$$

(K_m:为米氏常数)

K_m 的意义:当 $v = 1/2 V_{max}$ 时,$K_m = [S]$,单位为 mol/L,即 K_m 值等于酶促反应速度为最大反应速度一半时的底物浓度;K_m 值是酶的特征性常数;K_m 值在一定条件下可表示酶对底物的亲和力。

V_{max} 是酶完全被底物饱和时的反应速度。

2. 温度对酶促反应速度的影响　　酶促反应速度达到最大时反应系统的温度称为酶的最适温度。温度过高,酶蛋白变性增加,反应速度下降。温度降低酶活性下降,但低温不能使酶破坏。哺乳类动物组织中酶的最适温度一般在 35～40℃ 之间。最适温度不是酶的特征性常数。

3. 抑制剂对酶促反应速度的影响　　凡能使酶活性降低或丧失但不引起酶蛋白变性的物质统称为酶的抑制剂。抑制剂可与酶活性中心或活性中心以外的调节部位结合,从而抑制酶的活性。分为不可逆性抑制和可逆性抑制两类。

(1)不可逆性抑制作用:抑制剂与酶活性中心的必需基团共价结合,使酶失活。此类抑制剂不能通过透析、超滤等方法予以去除,例如,有机磷农药和重金属中毒等。

(2)可逆性抑制作用:抑制剂与酶非共价可逆性结合,使酶活性降低或消失。此类抑制可以通过透析、超滤或稀释等方法除去抑制剂,使酶的活性恢复。可逆性抑制作用主要有 3 种:①竞争性抑制作用:抑制剂(I)和酶的底物结构相似,可与底物分子竞争酶的活性中心,从而阻碍酶与底物结合形成中间产物。其抑制程度取决于底物及抑制剂的相对浓度。②非竞争性抑制作用:抑制剂与酶活性中心外的结合位点相结合,此种结合不影响酶与底物的结合,底物也不影响酶与抑制剂的结合。这种抑制作用不能通过增加底物浓度减弱或消除。③反竞争性抑制作用:抑制剂只能与酶-底物复合物结合,而不能与游离酶结合。

(四)维生素

1. 维生素 A 缺乏与夜盲症　　人类感受暗光的视色素为视紫红质,它是由维生素 A 转变成的 11-顺视黄醛与视蛋白结合而成的络合物,在暗光中结合,弱光中又分解。视紫红质一经感光,其结构中 11-顺视黄醛发生光异构而转变为全反型视黄醛,同时与视蛋白解离而失色。这一光异构的过程引起视网膜杆状细胞膜离子通道通透性的改变而引发神经冲动并产生暗视觉。对弱光的感光性取决于视紫红质的浓度,当缺乏维生素 A 时,视紫红质合成受阻,使视网膜不能很好地感受弱光,在暗处不能辨别物体,当完全丧失暗适应能力时,称为夜盲症。

2. B 族维生素与辅酶见表 4-1。

表 4-1　B 族维生素与辅酶

维生素	辅酶或辅基	作用
维生素 B_1	焦磷酸硫胺素(TPP)	醛基
维生素 B_2	黄素单核苷酸(FMN)	氢原子
维生素 B_2	黄素腺嘌呤二核苷酸(FAD)	氢原子
维生素 PP(烟酰胺)	烟酰胺腺嘌呤二核苷酸(NAD^+,辅酶 I)	H^+、电子
维生素 PP(烟酰胺)	烟酰胺腺嘌呤二核苷酸磷酸($NADP^+$,辅酶 II)	H^+、电子
维生素 B_6	磷酸吡哆醛	氨基
泛酸	辅酶 A(CoA)	酰基
生物素	生物素	二氧化碳
叶酸	四氢叶酸(FH_4)	一碳单位
维生素 B_{12}	辅酶 B_{12}	氢原子,烷基

三、习题测试

(一)选择题

【A型题】

1. 关于酶的叙述正确的是
   - A. 所有酶都有辅酶
   - B. 酶的催化作用与其空间结构无关
   - C. 绝大多数酶的化学本质是蛋白质
   - D. 酶能改变化学反应的平衡点
   - E. 酶不能在胞外发挥催化作用

2. 下列关于酶的叙述正确的是
   - A. 活化的酶均具有活性中心
   - B. 能提高反应系统的活化能
   - C. 所有的酶均具有绝对特异性
   - D. 随反应进行酶量逐渐减少
   - E. 所有的酶均具有辅基或辅酶

3. 关于酶催化作用的叙述不正确的是
   - A. 催化反应具有高度特异性
   - B. 催化反应所需要的条件温和
   - C. 催化活性可以调节
   - D. 催化效率极高
   - E. 催化作用可以改变反应的平衡常数

4. 结合酶在下列哪种情况下才具有催化活性
   - A. 酶蛋白形式存在
   - B. 辅酶形式存在
   - C. 辅基形式存在
   - D. 全酶形式存在
   - E. 酶原形式存在

5. 关于酶蛋白和辅助因子的叙述错误的是
   - A. 二者单独存在时,酶无催化活性
   - B. 二者形成的复合物称全酶
   - C. 全酶才有催化作用
   - D. 辅助因子可以是有机化合物
   - E. 一种辅助因子只能与一种酶蛋白结合

6. 辅酶与辅基的主要区别是
   - A. 化学本质不同
   - B. 免疫学性质不同
   - C. 与酶蛋白结合的紧密程度不同
   - D. 理化性质不同
   - E. 生物学活性不同

7. 全酶中决定酶催化反应特异性的是
   - A. 全酶
   - B. 辅基
   - C. 酶蛋白
   - D. 辅酶
   - E. 辅助因子

8. 关于辅助因子的叙述错误的是
   - A. 参与酶活性中心的构成
   - B. 决定酶催化反应的特异性
   - C. 包括辅酶和辅基
   - D. 决定反应的种类、性质
   - E. 维生素可参与辅助因子构成

9. 酶与一般催化剂的共同点是
   - A. 降低反应的活化能
   - B. 高度催化效率
   - C. 高度特异性
   - D. 改变化学反应的平衡点
   - E. 催化活性可以调节

10. 对酶活性中心的叙述错误的是
    - A. 结合基团在活性中心内
    - B. 催化基团属于必需基团
    - C. 具有特定的空间构象
    - D. 空间结构与酶催化活性无关
    - E. 底物在此被转变为产物

11. 酶加快化学反应速度的原因是
    A. 降低反应的自由能　　　　B. 降低反应的活化能　　　　C. 降低产物能量水平
    D. 升高活化能　　　　　　　E. 升高产物能量水平

12. 酶的特异性是指
    A. 与底物结合具有严格选择性　　　　B. 与辅酶的结合具有选择性
    C. 催化反应的机制各不相同　　　　　D. 在细胞中有特殊的定位
    E. 在特定条件下起催化作用

13. 乳酸脱氢酶只能催化 L-型乳酸脱氢转变为丙酮酸,属于
    A. 绝对特异性　　　　　　　B. 相对特异性　　　　　　　C. 化学键特异性
    D. 立体异构特异性　　　　　E. 化学基团特异性

14. 加热后,酶活性降低或消失的主要原因是
    A. 酶水解　　　　　　　　　B. 酶蛋白变性　　　　　　　C. 亚基解聚
    D. 辅酶脱落　　　　　　　　E. 辅基脱落

15. 酶保持催化活性,必须具备
    A. 酶分子结构完整无缺　　　　　　　B. 酶分子上所有化学基团存在
    C. 有金属离子参加　　　　　　　　　D. 有活性中心及其必需基团
    E. 有辅酶参加

16. 酶催化作用所必需的基团主要是指
    A. 维持酶一级结构所必需的基团
    B. 位于活性中心,维持酶活性所必需的基团
    C. 与酶的亚基结合所必需的基团
    D. 维持酶空间结构所必需的基团
    E. 构成全酶分子所有的基团

17. 酶分子中使底物转变为产物的基团称为
    A. 酸性基团　　B. 碱性基团　　C. 结合基团　　D. 催化基团　　E. 疏水基团

18. 关于酶活性中心的叙述正确的是
    A. 酶可以没有活性中心　　　　　　　B. 都以—SH 或—OH 作为结合基团
    C. 都含有金属离子　　　　　　　　　D. 都有特定的空间结构
    E. 以上都不是

19. 酶促反应速度达到最大速度的 80% 时,K_m 等于
    A. $1/2[S]$　　　　　　　　B. $1/3[S]$　　　　　　　　C. $1/4[S]$
    D. $1/5[S]$　　　　　　　　E. $[S]$

20. 当 K_m 等于 $1/2[S]$ 时,v 等于
    A. $1/3V_{max}$　　　　　　　B. $1/2V_{max}$　　　　　　　C. $2/3V_{max}$
    D. $3/5V_{max}$　　　　　　　E. $3/4V_{max}$

21. 同工酶是指
    A. 酶蛋白分子结构相同　　　B. 免疫学性质相同　　　　　C. 催化功能相同
    D. 分子量相同　　　　　　　E. 理化性质相同

22. 酶的 K_m 值大小与下列哪个因素有关
    A. 酶性质　　　　　　　　　B. 酶浓度　　　　　　　　　C. 酶作用温度

    D. 酶作用时间   E. 环境 pH

23. 酶活性中心内能够与底物结合的基团是
    A. 催化基团   B. 结合基团   C. 疏水基团
    D. 亲水基团   E. 以上都不是

24. 底物浓度对酶促反应速度的影响可用
    A. 诱导契合学说解释   B. 中间产物学说解释   C. 多元催化学说解释
    D. 表面效应学说解释   E. 邻近效应学说解释

25. 酶促反应动力学研究的内容是
    A. 反应速度与底物结构的关系   B. 反应速度与酶结构的关系
    C. 反应速度与活化能的关系   D. 反应速度与影响因素之间的关系
    E. 酶蛋白中亚基之间的相互关系

26. 酶促反应速度与酶浓度成正比的条件是
    A. 底物被酶饱和   B. 反应速度达到最大
    C. 酶浓度远远大于底物浓度   D. 底物浓度远远大于酶浓度
    E. 以上都不是

27. $v = V_{max}$ 后再增加 $[S]$，v 不再增加的原因是
    A. 部分酶活性中心被产物占据
    B. 过量底物抑制酶的催化活性
    C. 酶的活性中心已被底物饱和
    D. 产物生成过多改变了反应的平衡常数
    E. 以上都不是

28. 底物浓度达到饱和后，再增加底物浓度
    A. 反应速度随底物浓度增加而加快
    B. 随着底物浓度的增加酶活性降低
    C. 酶促反应速度不再增加
    D. 增加抑制剂后，反应速度反而加快
    E. 形成酶-底物复合体增加

29. 关于温度对酶促反应速度的影响错误的是
    A. 酶在短时间可耐受较高温度   B. 酶都有最适温度
    C. 超过最适温度酶促反应速度降低   D. 最适温度时反应速度最快
    E. 增加温度酶促反应速度加快

30. 关于 pH 对酶促反应速度影响的叙述正确的是
    A. pH 与酶蛋白和底物分子的解离状态无关
    B. 反应速度与环境 pH 的大小无关
    C. 人体内大多数酶的最适 pH = 7
    D. pH 对酶促反应速度影响不大
    E. 最适 pH 时酶促反应速度最快

31. 关于抑制剂对酶蛋白影响的叙述正确的是
    A. 使酶蛋白变性，反应速度下降   B. 使辅基变性而使酶失活
    C. 都与酶的活性中心结合   D. 去除抑制剂后，可恢复酶活性

E. 以上都不是

32. 化学毒气路易士气可抑制下列哪种酶
　　A. 胆碱酯酶　　　B. 羟基酶　　　　C. 巯基酶　　　　D. 磷酸酶　　　　E. 羧基酶

33. 有机磷农药(敌百虫)对酶的抑制作用属于
　　A. 不可逆抑制　　　　　　B. 竞争性抑制　　　　　　C. 可逆性抑制
　　D. 非竞争性抑制　　　　　E. 反竞争性抑制

34. 可解除 Ag^+、Hg^{2+} 等重金属离子对酶抑制作用的物质是
　　A. 解磷定　　　　　　　　B. 二巯基丙醇　　　　　　C. 磺胺类药
　　D. 阿托品　　　　　　　　E. 6-巯基嘌呤

35. 有机磷农药(敌敌畏)可结合胆碱酯酶活性中心的
　　A. 丝氨酸残基的羟基　　　B. 半胱氨酸残基的巯基　　C. 色氨酸残基的吲哚基
　　D. 精氨酸残基的胍基　　　E. 甲硫氨酸残基的甲基

36. 可解除敌敌畏对酶抑制作用的药物是
　　A. MTX　　　　　　　　　B. 二巯基丙醇　　　　　　C. 磺胺类药物
　　D. 5-FU　　　　　　　　　E. 解磷定

37. 有机磷农药中毒主要是抑制了
　　A. 二氢叶酸合成酶　　　　B. 二氢叶酸还原酶　　　　C. 胆碱酯酶
　　D. 巯基酶　　　　　　　　E. 磷酸酶

38. 磺胺类药物的类似物是
　　A. 叶酸　　　　　　　　　B. 对氨基苯甲酸　　　　　C. 谷氨酸
　　D. 四氢叶酸　　　　　　　E. 二氢叶酸

39. 磺胺类药物抑菌或杀菌作用的机制是
　　A. 抑制叶酸合成酶　　　　B. 抑制二氢叶酸还原酶　　C. 抑制二氢叶酸合成酶
　　D. 抑制四氢叶酸还原酶　　E. 抑制四氢叶酸合成酶

40. 酶原激活的原理是
　　A. 补充辅助因子　　　　　　　　　　B. 使已变性的酶蛋白激活
　　C. 延长酶蛋白多肽链　　　　　　　　D. 使酶的活性中心形成或暴露
　　E. 调整反应环境达到最适温度和 pH

41. 有关酶与一般催化剂共性的叙述不正确的是
　　A. 都能加快化学反应速度
　　B. 本身在反应前后没有质和量的改变
　　C. 只能催化热力学上允许进行的化学反应
　　D. 能缩短反应达到平衡所需要的时间
　　E. 可以改变反应的平衡常数

42. 胰蛋白酶原的激活是由其 N-端水解掉
　　A. 3 肽片段　　　　　　　B. 4 肽片段　　　　　　　C. 5 肽片段
　　D. 6 肽片段　　　　　　　E. 7 肽片段

43. 关于同工酶的描述错误的是
　　A. 酶蛋白的结构不同　　　　　　　　B. 酶蛋白活性中心结构相同
　　C. 生物学性质相同　　　　　　　　　D. 催化的化学反应相同

E. 对同一底物 Km 值相同

44. 国际酶学委员会将酶分为 6 类的依据是
   A. 根据酶蛋白的结构　　　B. 根据酶的物理性质　　　C. 根据酶促反应的性质
   D. 根据酶的来源　　　　　E. 根据酶所催化的底物

45. 关于酶与临床医学关系的叙述错误的是
   A. 体液酶活性改变可用于疾病诊断
   B. 前列腺癌患者血清酸性磷酸酶活性增高
   C. 酶可用于标记检测物质
   D. 酶可用于疾病的治疗
   E. 酪氨酸酶缺乏可引起白化病

46. 关于酶促反应特点的描述错误的是
   A. 酶能加速化学反应速度
   B. 酶催化的反应都是不可逆反应
   C. 酶在反应前后无质和量的变化
   D. 酶对催化的反应具有选择性
   E. 酶能缩短化学反应到达平衡的时间

47. 在其他因素不变的情况下,改变底物浓度时
   A. 酶促反应初速度成比例改变　　　B. 酶促反应初速度成比例下降
   C. 酶促反应速度成比例下降　　　　D. 酶促反应速度变慢
   E. 酶促反应速度不变

48. 酶浓度不变,以反应速度对底物浓度作图其图像为
   A. 直线　　　　　　　B. S 形曲线　　　　　　C. 矩形双曲线
   D. 抛物线　　　　　　E. 以上都不是

49. 含 LDH_1 丰富的组织是
   A. 肝　　　　B. 心肌　　　　C. 红细胞　　　　D. 肾　　　　E. 脑

50. 乳酸脱氢酶同工酶是由 H 亚基、M 亚基组成的
   A. 二聚体　　B. 三聚体　　C. 四聚体　　D. 五聚体　　E. 六聚体

51. 有关肌酸激酶同工酶的叙述错误的是
   A. 由脑型和肌型亚基组成的二聚体酶
   B. 是二聚体酶
   C. 血清 CK_2 活性检测有助于心梗的诊断
   D. 脑中含有 CK_1
   E. 正常血液中含有 CK_2 和 CK_3

52. 蛋白酶属于
   A. 氧化还原酶类　　　　B. 转移酶类　　　　　C. 裂解酶类
   D. 水解酶类　　　　　　E. 异构酶类

53. 诱导契合假说认为,在形成酶-底物复合物时
   A. 酶和底物构象都发生改变　　　　B. 酶和底物构象都不发生改变
   C. 主要是酶的构象发生改变　　　　D. 主要是底物的构象发生改变
   E. 主要是辅酶的构象发生改变

54. 不属于金属酶和金属活化酶的是
    A. 羧基肽酶　　　　　　　B. 己糖激酶　　　　　　　C. 脲酶
    D. 碱性磷酸酶　　　　　　E. 细胞色素氧化酶

55. 酶活性是指
    A. 酶催化反应特异性的大小　　　B. 酶催化能力的大小
    C. 酶自身变化的能力　　　　　　D. 无活性的酶转变成有活性的酶能力
    E. 以上都不是

56. 胰蛋白酶以酶原形式存在的意义是
    A. 保证蛋白酶的水解效率　　　B. 促进蛋白酶的分泌
    C. 保护胰腺组织免受破坏　　　D. 保证蛋白酶在一定时间内发挥作用
    E. 以上都不是

57. 砷化物对巯基酶的抑制作用属于
    A. 可逆抑制　　　　　　　B. 不可逆抑制　　　　　　C. 竞争性抑制
    D. 非竞争性抑制　　　　　E. 反竞争性抑制

58. 非竞争性抑制的特点是
    A. 抑制剂与底物结构相似
    B. 抑制程度取决于抑制剂的浓度
    C. 抑制剂与酶活性中心结合
    D. 酶与抑制剂结合不影响其与底物结合
    E. 增加底物浓度可解除抑制

59. 关于竞争性抑制作用特点的叙述错误的是
    A. 抑制剂与底物结构相似　　　B. 抑制剂与酶的活性中心结合
    C. 增加底物浓度可解除抑制　　D. 抑制程度与[S]和[I]有关
    E. 以上都不是

60. 对于酶化学修饰的描述错误的是
    A. 有磷酸化和脱磷酸反应　　　B. 需要不同的酶参加
    C. 化学修饰调节属于快速调节　D. 化学修饰调节过程需要消耗 ATP
    E. 以上都不是

61. 活化能是指
    A. 底物和产物之间的能量差值
    B. 活化分子所释放的能量
    C. 分子由一般状态转变成活化状态所需能量
    D. 温度升高时产生的能量
    E. 以上都不是

62. 关于酶活性中心的叙述哪项正确
    A. 所有酶的活性中心都含有金属离子
    B. 所有抑制剂都作用于酶的活性中心
    C. 所有的必需基团都位于活性中心内
    D. 所有酶的活性中心都含有辅酶
    E. 所有的酶都有活性中心

63. 酶加速化学反应的根本原因是
 A. 升高反应温度
 B. 增加反应物相互碰撞的频率
 C. 降低催化反应的活化能
 D. 增加底物浓度
 E. 降低产物的自由能

64. 关于酶高效催化作用机制的叙述错误的是
 A. 邻近效应与定向排列作用
 B. 多元催化作用
 C. 酸碱催化作用
 D. 表面效应作用
 E. 以上都不是

65. 关于酶促反应特点的论述错误的是
 A. 酶在体内催化的反应都是不可逆的
 B. 酶在催化反应前后质量不变
 C. 酶能缩短化学反应到达平衡所需时间
 D. 酶对所催化反应有选择性
 E. 酶能催化热力学上允许的化学反应

66. 关于 K_m 的意义正确的是
 A. K_m 表示酶的浓度
 B. $1/K_m$ 越小,酶与底物亲和力越大
 C. K_m 的单位是 mmol/L
 D. K_m 值与酶的浓度有关
 E. 以上都不是

67. 下列关于 K_m 的叙述哪项是正确的
 A. 通过 K_m 的测定可鉴定酶的最适底物
 B. K_m 是引起最大反应速度的底物浓度
 C. K_m 是反映酶催化能力的一个指标
 D. K_m 与环境的 pH 无关
 E. 以上都不是

68. 关于别构调节的叙述错误的是
 A. 别构效应剂结合于酶的别构部位
 B. 含催化部位的亚基称催化亚基
 C. 别构酶的催化部位和别构部位可在同一亚基
 D. 别构效应剂与酶结合后影响 ES 的生成
 E. 以上都不是

69. 下列关于维生素的叙述正确的是
 A. 维生素是一类高分子有机化合物
 B. 维生素每天需要量约数克
 C. B 族维生素的主要作用是构成辅酶或辅基
 D. 维生素参与机体组织细胞的构成
 E. 维生素主要在机体合成

70. 有关维生素 A 的叙述错误的是
 A. 维生素 A 缺乏可引起夜盲症
 B. 维生素 A 是水溶性维生素
 C. 维生素 A 可由 β-胡萝卜素转变而来

    D. 维生素 A 有两种形式,即 A_1 和 A_2

    E. 维生素 A 参与视紫红质的形成

71. 胡萝卜素可以转化为维生素 A,最重要的胡萝卜素是

    A. α-胡萝卜素   B. β-胡萝卜素   C. γ-胡萝卜素

    D. 玉米黄素   E. 新玉米黄素

72. 关于维生素 D 的叙述错误的是

    A. 植物中含有维生素 D_2

    B. 皮肤中 7-脱氢胆固醇可转化为维生素 D_3

    C. 维生素 D_3 的生理活性形式是 $25\text{-OH-}D_3$

    D. 维生素 D 为类固醇衍生物

    E. 儿童缺乏维生素 D 可引起佝偻病

73. 下面关于维生素 E 的叙述正确的是

    A. 是苯骈二氢吡喃衍生物,极易被氧化   B. 易溶于水

    C. 具有抗生育和抗氧化作用   D. 缺乏时引起癞皮病

    E. 主要存在于动物性食品中

74. 儿童缺乏维生素 D 时易患

    A. 佝偻病   B. 骨质软化症   C. 坏血病

    D. 恶性贫血   E. 癞皮病

75. 脚气病由于缺乏下列哪种维生素所致

    A. 钴胺素   B. 硫胺素   C. 生物素   D. 遍多酸   E. 叶酸

76. 关于维生素 PP 叙述正确的是

    A. 以玉米为主食的地区很少发生缺乏病

    B. 与异烟肼结构相似,二者有拮抗作用

    C. 本身就是一种辅酶或酶

    D. 缺乏时可以引起脚气病

    E. 在体内可由色氨酸转变而来,故不需从食物中摄取

77. 维生素 B_6 辅助治疗小儿惊厥和妊娠呕吐的原理是

    A. 作为谷氨酸转氨酶的辅酶成分

    B. 作为丙氨酸转氨酶的辅酶成分

    C. 作为甲硫氨酸脱羧酶的辅酶成分

    D. 作为谷氨酸脱羧酶的辅酶成分

    E. 作为羧化酶的辅酶成分

78. 维生素 B_2 以哪种形式参与氧化还原反应

    A. CoA   B. NAD^+ C. $NADP^+$ D. CoQ   E. FAD

79. 以下哪种对应关系正确

    A. 维生素 B_6→磷酸吡哆醛→脱氢酶   B. 泛酸→辅酶 A→酰基转移酶

    C. 维生素 PP→NAD^+→黄酶   D. 维生素 B_1→TPP→硫激酶

    E. 维生素 B_2→$NADP^+$→转氨酶

80. 下列叙述哪项不正确

    A. 维生素 A 与视觉有关,缺乏时对弱光敏感度降低

B. 成年人没有维生素 D 的缺乏病

C. 维生素 C 缺乏时可发生坏血病

D. 维生素 K 具有促进凝血作用,缺乏时凝血时间延长

E. 维生素 E 是脂溶性维生素

81. 含有金属元素的维生素是

    A. 维生素 B_1 B. 维生素 B_2 C. 维生素 C

    D. 维生素 B_6 E. 维生素 B_{12}

82. 哪种维生素是天然的抗氧化剂并常用于食品添加剂

    A. 维生素 B_1 B. 维生素 K   C. 维生素 E

    D. 叶酸   E. 泛酸

83. 与凝血酶原生成有关的维生素是

    A. 维生素 K   B. 维生素 E   C. 硫辛酸

    D. 遍多酸   E. 硫胺素

84. 维生素 B_1 缺乏时出现胃肠蠕动减慢、消化液分泌减少、食欲不振等的原因是

    A. 维生素 B_1 能抑制胆碱酯酶的活性

    B. 维生素 B_1 能促进胃蛋白酶的活性

    C. 维生素 B_1 能促进胰蛋白酶的活性

    D. 维生素 B_1 能促进胆碱酯酶的活性

    E. 维生素 B_1 能促进胃蛋白酶原的激活

85. 有关维生素 C 功能的叙述哪项是错误的

    A. 与胶原合成过程中的羟化反应有关   B. 保护巯基酶处于还原状态

    C. 维生素 C 缺乏易引起坏血病   D. 促进铁的吸收

    E. 动物食品中含量丰富

86. 肠道细菌可给人体合成哪几种维生素

    A. 维生素 A 和维生素 D   B. 维生素 K 和维生素 B_6 C. 维生素 C 和维生素 E

    D. 泛酸和烟酰胺   E. 硫辛酸和维生素 B_{12}

【B 型题】

    A. S 型曲线   B. 平行线   C. 矩形双曲线

    D. 直线   E. 以上都不是

1. 酶浓度变化对酶促反应速度作图呈

2. 在最适温度以下条件下,温度变化与酶促反应速度作图呈

3. 底物浓度变化与酶促反应速度的作图呈

    A. 不可逆性抑制   B. 竞争性抑制   C. 非竞争性抑制

    D. 反竞争性抑制   E. 反馈抑制

4. 砷化物对巯基酶的抑制作用属于

5. 对氨基苯甲酸对四氢叶酸合成的抑制属于

    A. 底物浓度   B. 酶浓度   C. 激活剂   D. pH   E. 抑制剂

6. 可以影响酶、底物的解离

7. 能使酶活性增加

8. 酶被底物饱和时,反应速度与之成正比

9. 可与酶的必需基团结合,影响酶活性

    A. 能较牢固地与酶活性中心有关必需基团结合

    B. 较牢固地与酶分子上一些基团结合

    C. 占据酶的活性中心,阻止底物与酶结合

    D. 酶可以与底物和抑制剂同时结合

    E. 抑制剂只能与酶-底物复合物结合,不能与游离酶结合

10. 竞争性抑制剂作用是

11. 不可逆性抑制作用是

12. 可逆性抑制作用是

13. 反竞争性抑制作用是

14. 非竞争性抑制作用是

    A. 递氢作用   B. 转氨基作用   C. 转糖醛基反应

    D. 转酰基作用   E. 转运 CO_2 作用

15. HS-CoA 作为辅酶参与

16. FMN 作为辅酶参与

17. TPP 作为辅酶参与

18. 生物素作为辅助因子参与

19. 磷酸吡哆醛作为辅酶参与

    A. 组织受损伤或细胞通透性增加   B. 酶活性受抑制

    C. 酶合成增加   D. 酶合成减少

    E. 酶排泄受阻

20. 急性胰腺炎时尿中淀粉酶升高是由于

21. 急性传染性肝炎时血中转氨酶升高是由于

22. 严重肝病时血清凝血酶原降低是由于

23. 前列腺癌时血清酸性磷酸酶活性升高是由于

24. 胆管结石时血中碱性磷酸酶活性可升高是由于

    A. 维生素 K   B. 维生素 B_{12} C. 维生素 E

    D. 维生素 C   E. 维生素 A

25. 吸收时需要有内因子协助的维生素是

26. 与合成视紫红质有关的维生素是

27. 与生育有关的维生素是

    A. 磷酸吡哆醛   B. 生物素   C. 维生素 B_1

    D. 维生素 K   E. 四氢叶酸

28. 参与氨基转移作用的辅酶是

29. 参与 α-酮酸氧化脱羧作用的辅酶中含有

30. 参与一碳单位代谢的辅酶是

    A. 辅酶 A   B. 生物素   C. FAD

    D. 硫胺素   E. 磷酸吡哆醛

31. 能够转移酰基的是

32. 能够转移氢原子的是

33. 能够转移 CO_2 的是

34. 能够转移氨基的是

    A. 维生素 B_1　　B. 维生素 B_{12}　　C. 维生素 C　　D. 维生素 D　　E. 维生素 E

35. 缺乏可引起坏血病的维生素是

36. 缺乏可引起脚气病的维生素是

37. 缺乏可引起巨幼红细胞性贫血的维生素是

38. 缺乏可引起佝偻病的维生素是

【C 型题】

    A. 酶蛋白　　　　　B. 辅助因子　　　　C. 两者均有　　　　D. 两者均无

1. 结合酶含有

2. 结合酶催化反应中参与反应的是

3. 结合酶的特异性取决于

4. 谷胱甘肽的作用取决于

    A. 竞争性抑制　　　B. 非竞争性抑制　　C. 两者都是　　　　D. 两者都不是

5. 抑制剂与酶可逆性结合的是

6. 占据酶活性中心所产生的抑制是

7. 抑制剂可与 E 和 ES 复合物结合，所产生的抑制是

    A. 二巯基丙醇　　　B. 解磷定　　　　　C. 两者都是　　　　D. 两者都不是

8. 能使巯基酶的巯基重新恢复其活性的物质是

9. 能作为解毒剂的物质是

10. 可作为竞争性抑制剂的物质是

11. 能使酶活性中心的丝氨酸羟基重新恢复，使酶恢复活性的物质是

    A. 维生素 B_6　　　B. 维生素 B_{12}　　C. 两者均是　　　　D. 两者均不是

12. 缺乏时能引起小细胞低色素性贫血的是

13. 缺乏时能引起巨幼红细胞性贫血的是

    A. 维生素 PP　　　B. 维生素 B_6　　　C. 两者均是　　　　D. 两者均不是

14. 服用抗结核药异烟肼时，需要补充的维生素是

15. 缺乏时能引起脚气病的维生素是

    A. 含维生素 B_2　　B. 含钴元素　　　　C. 两者均是　　　　D. 两者均不是

16. FMN 中

17. NAD^+ 中

    A. 维生素 A　　　　B. 维生素 D　　　　C. 两者均是　　　　D. 两者均不是

18. 摄入过多可引起中毒症状的是

19. 为类固醇衍生物的是

    A. 维生素 B_6　　　B. 叶酸　　　　　　C. 两者均是　　　　D. 两者均不是

20. 参与氨基酸代谢的是

21. 参与脱羧基反应的是

【X 型题】

1. 酶按其分子组成不同可分为

    A. 单纯酶　　　B. 辅酶　　　C. 结合酶　　　D. 酶蛋白　　　E. 辅基

2. 辅助因子按其与酶蛋白结合程度与作用特点不同可分为

    A. 激活剂　　　　B. 辅基　　　　　C. 抑制剂　　　　D. 酶蛋白　　　　E. 辅酶

3. 酶对底物的特异性可分为

    A. 绝对特异性　　　　　　　B. 非特异性　　　　　　　C. 可调节性

    D. 相对特异性　　　　　　　E. 立体异构特异性

4. 酶活性中心的必需基团可分为

    A. 结合基团　　　　　　　　B. 结构基团　　　　　　　C. 产物基团

    D. 催化基团　　　　　　　　E. 底物基团

5. 酶活性的调节方式

    A. 别构调节　　　　　　　　B. 阻遏调节　　　　　　　C. 化学修饰调节

    D. 酶原激活　　　　　　　　E. 诱导调节

6. 酶催化作用的可能机制有

    A. 邻近效应与定向排列　　　B. 多元催化　　　　　　　C. 金属离子

    D. 表面效应　　　　　　　　E. 温度

7. 酶的抑制作用包括

    A. 不可逆性抑制　　　　　　B. 竞争性抑制　　　　　　C. 可逆性抑制

    D. 非竞争性抑制　　　　　　E. 反竞争性抑制

8. 影响酶促反应速度的因素有

    A. [S]　　　　　B. [E]　　　　　C. 激活剂　　　　D. 温度　　　　E. pH

9. 酶的辅助因子可以是

    A. 金属离子　　　　　　　　B. 小分子有机化合物　　　C. 维生素

    D. 脂肪酸　　　　　　　　　E. 氨基酸

10. 乳酸脱氢酶同工酶中只含有一种亚基的同工酶是

    A. LDH_1　　　　B. LDH_2　　　　C. LDH_3　　　　D. LDH_4　　　　E. LDH_5

11. 下列哪些辅助因子在酶促反应中可作为递氢体

    A. FH_4　　　　B. NAD^+　　　　C. $NADP^+$　　　　D. CoA　　　　E. FAD

12. 与一碳单位代谢有关的维生素是

    A. 维生素 B_1　　　　　　　B. 维生素 B_{12}　　　　　C. 维生素 B_6

    D. 叶酸　　　　　　　　　　E. 泛酸

13. 缺乏时能引起高同型半胱氨酸血症的维生素是

    A. 维生素 B_2　　　　　　　B. 维生素 B_{12}　　　　　C. 维生素 B_6

    D. 叶酸　　　　　　　　　　E. 生物素

14. 缺乏时引起巨幼红细胞贫血的维生素是

    A. 维生素 B_2　　　　　　　B. 维生素 B_{12}　　　　　C. 维生素 PP

    D. 叶酸　　　　　　　　　　E. 维生素 K

15. 能在人体肠道中合成的维生素是

    A. 维生素 B_6　　　　　　　B. 维生素 B_{12}　　　　　C. 生物素

    D. 叶酸　　　　　　　　　　E. 维生素 K

16. 服用抗结核药异烟肼时应补充的维生素是

    A. 维生素 B_6　　　　　　　B. 维生素 B_{12}　　　　　　　C. 维生素 PP

D. 叶酸   E. 生物素

17. 具有抗氧化作用的维生素是

    A. 维生素 B_6 B. 维生素 A   C. 维生素 D

    D. 维生素 E   E. 维生素 C

(二)名词解释

1. 酶

2. 酶的特异性

3. 必需基团

4. 酶的活性中心

5. 酶原

6. 同工酶

7. 别构调节

8. 化学修饰调节

9. 可逆抑制

10. 最适温度

11. 最适 pH

12. 抑制剂

13. 竞争性抑制作用

14. 维生素

(三)填空题

1. 全酶由_____和_____两部分组成,其中_____决定酶催化反应的特异性,而_____决定反应的类型。

2. 根据与酶蛋白结合的紧密程度,辅助因子分为_____和_____,其中_____与酶蛋白结合紧密,不能通过透析或超滤去除,_____与酶蛋白结合疏松,可用透析或超滤去除。

3. 酶是由活细胞产生的具有催化作用的特殊_____。

4. 酶按所催化的化学反应性质不同可分为 6 类,即_____、_____、_____、_____、_____和_____。

5. 酶的活性中心包括_____和_____两种必需基团,其中与底物直接结合的称为_____,催化底物转化为产物的称为_____。

6. 体内主要通过两种方式调节酶的活性,分别是_____和_____。

7. LDH 有 5 种同工酶,心肌细胞中主要含有_____,肝细胞中主要含有_____。

8. 竞争性抑制剂的结构与_____的结构相似,并与其竞争同一酶的_____。

9. 酶对底物的选择性称为酶的特异性,可分为_____,_____和_____。

10. 酶区别于一般催化反应的 4 个特点分别是_____、_____、_____、_____。

11. 维生素按其溶解性不同,可分为_____和_____两大类。

12. 脂溶性维生素包括_____、_____、_____和_____。

13. 维生素 D 的活性形式是_____。

14. 水溶性维生素包括_____和_____两大类。

15. 构成 TPP 的维生素是_____,主要功能是_____。

16. 构成 FMN 和 FAD 的维生素是_____,主要功能是_____。

17. 构成 NAD$^+$ 和 NADP$^+$ 的维生素是_____,主要功能是_____。

18. 参与一碳单位代谢的维生素有_____和_____。

19. 构成 CoA 的维生素是_____,主要功能是_____。

20. 维生素 B$_6$构成转氨酶的辅助因子,其主要形式是_____和_____。

(四)问答题

1. 以酶原的激活为例说明蛋白质结构与功能的关系。

2. 说明维生素和辅助因子的关系。

3. 举例说明竞争性抑制的特点是什么。

4. 简述诱导契合学说。

5. 试述影响酶活性的因素及它们是如何影响酶的催化活性。

6. 酶与非酶催化剂的主要异同点是什么?

7. 酶促反应高效率的机制是什么?

8. 举例说明可逆性抑制作用,并说明其特点。

9. 举例说明竞争性抑制作用在临床上的应用。

10. 什么是同工酶? 同工酶测定的意义是什么?

11. 为什么叶酸和维生素 B$_{12}$缺乏时患巨幼红细胞贫血?

12. 列举出几种维生素缺乏症的名称。

四、参考答案

(一)选择题

【A 型题】

1. C	2. A	3. E	4. D	5. E	6. C	7. C	8. B	9. A	10. D
11. B	12. A	13. D	14. B	15. D	16. B	17. D	18. D	19. C	20. C
21. C	22. A	23. B	24. B	25. D	26. D	27. C	28. C	29. E	30. E
31. D	32. C	33. A	34. B	35. A	36. E	37. C	38. B	39. C	40. D
41. E	42. D	43. E	44. C	45. B	46. E	47. A	48. C	49. B	50. C
51. E	52. C	53. C	54. C	55. B	56. C	57. B	58. D	59. E	60. E
61. C	62. E	63. C	64. E	65. A	66. C	67. A	68. C	69. C	70. B
71. B	72. C	73. A	74. A	75. B	76. B	77. D	78. E	79. B	80. B
81. E	82. C	83. A	84. A	85. E	86. B				

【B 型题】

1. D	2. D	3. C	4. A	5. B	6. D	7. C	8. B	9. E	10. C
11. A	12. B	13. E	14. D	15. D	16. A	17. C	18. E	19. B	20. A
21. A	22. D	23. C	24. D	25. B	26. E	27. C	28. A	29. C	30. E
31. A	32. C	33. B	34. E	35. C	36. A	37. B	38. D			

【C 型题】

1. C	2. C	3. A	4. D	5. C	6. A	7. B	8. A	9. C	10. D
11. B	12. A	13. B	14. C	15. D	16. A	17. D	18. C	19. B	20. C

21. D

【X 型题】

1. AC	2. BE	3. ADE	4. AD	5. ACD	6. ABD
7. ABCDE	8. ABCDE	9. ABC	10. AE	11. BCE	12. BD
13. BCD	14. BD	15. ABCDE	16. AC	17. DE	

（二）名词解释

1. 由活细胞合成的、对其特异底物具有高效催化作用的特殊蛋白质。

2. 一种酶只能作用于一种或一类底物，或一定的化学键，催化一定的化学反应并生成一定的产物，常将酶的这种特性称为酶的特异性。

3. 与酶活性密切相关的基团称为必需基团。

4. 酶分子中的必需基团在空间结构中彼此靠近，形成一个能与底物特异性结合并催化底物转化为产物的特定空间区域。这一区域称为酶的活性中心。

5. 无活性的酶的前体物质称为酶原。

6. 是指催化相同的化学反应，但酶蛋白的分子结构、理化性质乃至免疫学特性不同的一组酶。

7. 体内一些代谢物与酶分子活性中心外的调节部位可逆地结合，使酶发生构象变化并改变其催化活性，对酶催化活性的这种调节方式称为别构调节。

8. 酶蛋白肽链上的一些基团可与某种化学基团发生可逆的共价结合，从而改变酶的活性，以调节代谢途径，这一过程称为酶的化学修饰。

9. 抑制剂以非共价键与酶可逆性结合，使酶活性降低或丧失，此种抑制采用透析或超滤等方法可将抑制剂除去，恢复酶的活性。这种抑制称为可逆性抑制。

10. 使酶促反应速度达到最快时的环境温度称为酶促反应的最适温度。

11. 使酶催化活性达到最大时的环境 pH 称为酶促反应的最适 pH。

12. 凡能有选择地使酶活性降低或丧失但不使酶蛋白变性的物质统称做酶的抑制剂。

13. 抑制剂与酶的正常底物结构相似，抑制剂与底物分子竞争地结合酶的活性中心，从而阻碍酶与底物结合形成中间产物，这种抑制作用称为竞争性抑制作用。

14. 维生素是一类维持人体正常功能所必需的营养素，是人体内不能合成或合成量甚少，必须由食物供给的一组低分子有机化合物。

（三）填空题

1. 酶蛋白;辅助因子;酶蛋白;辅助因子

2. 辅酶;辅基;辅基;辅酶

3. 蛋白质

4. 氧化还原酶类;转移酶类;水解酶类;裂合酶类;异构酶类;合成酶类

5. 结合基团;催化基团;结合基团;催化基团

6. 别构调节;化学修饰调节

7. LDH_1;LDH_5

8. 底物;活性中心

9. 绝对特异性;相对特异性;立体异构特异性

10. 高效性;特异性;不稳定性;可调节性

11. 脂溶性维生素;水溶性维生素

12. 维生素 A;维生素 D;维生素 E;维生素 K

13. $1,25-(OH)_2D_3$

14. B 族维生素;维生素 C

15. 维生素 B_1;脱羧

16. 维生素 B_2;传递氢

17. 维生素 PP;传递氢或电子

18. 叶酸;维生素 B_{12}

19. 泛酸;酰基转移

20. 磷酸吡哆醛;磷酸吡哆胺

(四) 问答题

1. 在一定条件下,酶原受某种因素作用后,分子结构发生变化,暴露或形成活性中心,转变成具有活性的酶,这一过程叫做酶原的激活。

酶原激活过程说明了蛋白质结构与功能密切相关,功能基于结构,结构改变,功能也随之发生变化,结构破坏,功能丧失。

2. B 族维生素与辅助因子的关系见表 4-2。

表 4-2 B 族维生素与辅助因子的关系

维生素	化学本质	辅助因子形式	主要功能
维生素 B_1	硫胺素	硫胺素焦磷酸(TPP)	脱羧
维生素 B_2	核黄素	黄素单核苷酸(FMN) 黄素腺嘌呤二核苷酸(FAD)	递氢
维生素 PP	烟酸或 烟酰胺	烟酰胺腺嘌呤二核苷酸(NAD^+) 烟酰胺腺嘌呤二核苷酸磷酸($NADP^+$)	递氢
维生素 B_6	吡哆醇或 吡哆醛或 吡哆胺	磷酸吡哆醛 或磷酸吡哆胺	转氨基 氨基酸脱羧
泛酸		辅酶 A	酰基转移
生物素		生物素	羧化
叶酸		四氢叶酸(FH_4)	一碳单位转移
维生素 B_{12}	钴胺素	甲钴胺素	甲基转移

3. 酶的竞争性抑制作用是指抑制剂与酶的正常底物结构相似,因此抑制剂与底物分子竞争地结合酶的活性中心,从而阻碍酶与底物结合形成中间产物,这种抑制作用称为竞争性抑制作用。竞争性抑制作用具有以下特点:①抑制剂在化学结构上与底物分子相似,两者竞相争夺同一酶的活性中心;②抑制剂与酶的活性中心结合后,酶分子失去催化作用;③竞争性抑制作用的强弱取决于抑制剂与底物之间的相对浓度,抑制剂浓度不变时,通过增加底物浓度可以减弱甚至解除竞争性抑制作用;④酶既可以结合底物分子也可以结合抑制剂,但不能与两者同时结合。例如:磺胺类药物便是通过竞争性抑制作用抑制细菌生长的。对磺胺类药物敏感的细菌在生长繁殖时,不能直接利用环境中的叶酸,而是在菌体内二氢叶酸合成酶的作用下,以对氨基苯甲酸(PABA)为底物合成二氢叶酸,后者在还原酶作用下生成四氢

叶酸,四氢叶酸是细菌合成核酸过程中不可缺少的辅酶。磺胺类药物与对氨基苯甲酸结构相似,是二氢叶酸合成酶的竞争性抑制剂,可以抑制二氢叶酸的合成,进而影响四氢叶酸的合成。

4. 诱导契合学说认为,酶在发挥催化作用之前,首先酶与底物相互接近,其结构相互诱导、相互变形和相互适应,进而相互结合,生成酶-底物复合物,而后使底物转变成产物并释放出酶。这一过程称为诱导契合学说。

5. 影响酶催化活性的因素主要包括底物浓度、酶浓度、pH、温度、激活剂和抑制剂等。

(1)底物浓度:在酶浓度及其他条件不变的情况下,底物浓度变化对酶促反应速度影响的作图呈矩形双曲线。在底物浓度较低时,反应速度随底物浓度的增加而增加,两者呈正比关系,;当底物浓度较高时,反应速度虽然也随底物浓度的增加而加速,但反应速度不再呈正比例加速,反应速度增加的幅度不断下降;当底物浓度增高到一定程度时,反应速度趋于恒定,继续增加底物浓度,反应速度不再增加,达到极限,称为最大反应速度,说明酶的活性中心已被底物所饱和。

(2)酶浓度:酶促反应体系中,在底物浓度足以使酶饱合的情况下,酶促反应速度与酶浓度呈正比关系。即酶浓度越高,反应速度越快。

(3)pH:酶催化活性最大时的环境 pH 称酶促反应的最适 pH。溶液的 pH 高于或低于最适 pH,酶的活性降低,酶促反应速度减慢,远离最适 pH 时甚至会导致酶的变性失活。

(4)温度:温度对酶促反应速度具有双重影响。在较低温度范围内,随着温度升高,酶的活性逐步增加,以致达到最大反应速度。升高温度一方面可加快酶促反应速度,同时也增加酶的变性。温度升高到60℃以上时,大多数酶开始变性;80℃时,多数酶的变性不可逆转,反应速度则因酶变性而降低。综合这两种因素,将酶促反应速度达到最快时的环境温度称为酶促反应的最适温度。

(5)激活剂:使酶由无活性变为有活性或使酶活性增加的物质称为酶的激活剂。

(6)抑制剂:凡能有选择地使酶活性降低或丧失但不能使酶蛋白变性的物质统称做酶的抑制剂。无选择地引起酶蛋白变性使酶活性丧失的理化因素不属于抑制剂范畴。抑制剂多与酶活性中心内、外必需基团结合,直接或间接地影响酶的活性中心,从而抑制酶的催化活性。

6. 酶与一般催化剂比较

(1)共同点:①微量的酶就能发挥巨大的催化作用,在反应前后没有质和量的改变;②只能催化热力学上允许进行的反应;③只能缩短反应达到平衡所需的时间,而不能改变反应的平衡点,即不能改变反应的平衡常数;④对可逆反应的正反应和逆反应都具有催化作用。

(2)不同点:①高度的催化效率:酶具有极高的催化效率,一般而论,对于同一反应,酶催化反应的速率比非催化反应的速率高 $10^8 \sim 10^{20}$ 倍,比一般催化剂催化的反应高 $10^7 \sim 10^{13}$ 倍。②高度的特异性:与一般催化剂不同,酶对其所催化的底物具有较严格的选择性。即一种酶只能作用于一种或一类底物,或一定的化学键,催化一定的化学反应并生成一定的产物,常将酶的这种特性称为酶的特异性。包括:绝对特异性、相对特异性和立体异构特异性。③酶催化活性的可调节性。④酶活性的不稳定性:酶是蛋白质,酶促反应要求一定的 pH、温度和压力等条件,强酸、强碱、有机溶剂、重金属盐、高温、紫外线、剧烈震荡等任何使蛋白质变性的理化因素都可使酶蛋白变性,而使其失去催化活性。

7. 酶高效率催化作用的机制可能与以下几种因素有关

（1）邻近效应与定向排列：在两个以上底物参与的反应中，底物之间必须以正确的方向相互碰撞，才有可能发生反应。酶在反应中将各底物结合到酶的活性中心，使它们相互接近并形成有利于反应的正确定向关系，使酶活性部位的底物浓度远远大于溶液中的浓度，从而加快反应速度。

（2）多元催化：酶分子中含有多种功能基团，它们具有不同的解离常数，它们既可以作为质子的供体，也可以作为质子的受体，在特定的 pH 条件下发挥催化作用。因此，同一种酶兼有酸碱催化作用。这种多功能基团的协同作用可极大的提高酶的催化效率。

（3）表面效应：酶活性中心内部有多种疏水性氨基酸，常形成疏水性"口袋"以容纳并结合底物。疏水侧链可排除周围大量水分子对酶和底物功能基团的干扰性吸引或排斥，防止在底物与酶之间形成水化膜，有利于酶与底物的直接接触，使酶的活性基团对底物的催化反应更为有效和强烈。

应该指出的是，一种酶的催化反应不限于上述某一种因素，而常常是多种催化作用的综合机制，这是酶促反应高效率的重要原因。

8. 可逆性抑制是指抑制剂以非共价键与酶可逆性结合，使酶活性降低或丧失。此种抑制采用透析或超滤等方法可将抑制剂除去，恢复酶的活性。根据抑制剂与底物的关系，可逆性抑制作用可分为 3 种类型：竞争性抑制作用、非竞争性抑制作用和反竞争性抑制作用。如磺胺类药物便是通过竞争性抑制作用抑制细菌生长的。对磺胺类药物敏感的细菌在生长繁殖时，不能直接利用环境中的叶酸，而是在菌体内二氢叶酸合成酶的作用下，以对氨基苯甲酸（PABA）为底物合成二氢叶酸，后者在还原酶作用下生成四氢叶酸，四氢叶酸是细菌合成核酸过程中不可缺少的辅酶。磺胺类药物与对氨基苯甲酸结构相似，是二氢叶酸合成酶的竞争性抑制剂，可以抑制二氢叶酸的合成，进而影响四氢叶酸的合成。

9. 应用竞争性抑制的原理可阐明某些药物的作用机理。如磺胺类药物和磺胺增效剂便是通过竞争性抑制作用抑制细菌生长的。对磺胺类药物敏感的细菌在生长繁殖时不能利用环境中的叶酸，而是在细菌体内二氢叶酸合成酶的作用下，利用对氨基苯甲酸（PABA）、二氢蝶呤及谷氨酸合成二氢叶酸（FH_2），后者在二氢叶酸还原酶的作用下进一步还原成四氢叶酸（FH_4），四氢叶酸是细菌合成核酸过程中不可缺少的辅酶。磺胺类药物与对氨基苯甲酸结构相似，是二氢叶酸合成酶的竞争性抑制剂，可以抑制二氢叶酸的合成；磺胺增效剂（TMP）与二氢叶酸结构相似，是二氢叶酸还原酶的竞争性抑制剂，可以抑制四氢叶酸的合成。

磺胺类药物与其增效剂在两个作用点分别竞争性抑制细菌体内二氢叶酸的合成及四氢叶酸的合成，影响一碳单位的代谢，从而有效地抑制了细菌体内核酸及蛋白质的生物合成，导致细菌死亡。人体能从食物中直接获取叶酸，所以人体四氢叶酸的合成不受磺胺及其增效剂的影响。

10. 同工酶是指催化相同的化学反应，但酶蛋白的分子结构、理化性质乃至免疫学特性不同的一组酶。

意义：同工酶的测定是医学诊断中比较灵敏、可靠的手段。当某组织病变时，可能有某种特殊的同工酶释放出来，使同工酶谱改变。因此，通过观测患者血清中同工酶的电泳图谱，辅助诊断哪些器官组织发生病变。例如，心肌受损患者血清 LDH_1 含量上升，肝细胞受损患者血清 LDH_5 含量增高。

11. 维生素 B_{12} 的活性形式是甲钴胺素，甲钴胺素是 $N^5\text{-}CH_3\text{-}FH_4$ 转甲基酶的辅酶，此酶催化同型半胱氨酸甲基化生成蛋氨酸,促进游离 FH_4 的再生。FH_4 是叶酸的活性形式,是携带一碳单位的载体,一碳单位参与核苷酸的合成。当维生素 B_{12} 和叶酸缺乏时都可影响一碳单位的代谢,核酸代谢受阻,影响红细胞的分裂与成熟,导致巨幼红细胞贫血。

12. (1)脂溶性维生素:维生素 A(夜盲症、干眼病);维生素 D(佝偻病、软骨病);维生素 E(动物发生不育病);维生素 K(凝血障碍疾病)。

(2)水溶性维生素:维生素 B_1(神经炎、脚气病);维生素 B_2(口角炎、舌炎、结膜炎等);维生素 PP(癞皮病);维生素 B_6(小细胞低色素性贫血,高同型半胱氨酸血症);叶酸(巨幼红细胞贫血,高同型半胱氨酸血症);维生素 B_{12}(巨幼红细胞贫血,高同型半胱氨酸血症,神经脱髓鞘);维生素 C(坏血病)。

(吕士杰)

第五章

糖 代 谢

一、内容要点

(一) 糖的分解代谢

1. 糖酵解的主要过程、关键酶和生理意义。

2. 糖有氧氧化的基本过程、关键酶和生理意义。

3. 磷酸戊糖途径的生理意义。

(二) 糖原的合成和分解

1. 糖原合成和分解的概念。

2. 糖原合成和分解的生理意义。

(三) 糖异生

1. 糖异生的概念。

2. 糖异生的关键酶。

3. 糖异生的生理意义。

(四) 血糖

1. 血糖的概念。

2. 血糖的来源和去路。

3. 血糖浓度的调节。

4. 高血糖。

5. 低血糖。

二、重点和难点解析

(一) 糖的分解代谢

1. **糖酵解**　机体中的葡萄糖或糖原在无氧的情况下分解产生乳酸和少量能量的过程称为糖酵解,此过程在细胞质中进行。反应过程包括糖酵解和乳酸生成两个阶段,关键酶有己糖激酶、磷酸果糖激酶-1(还是限速酶)、丙酮酸激酶3种。糖酵解只产生少量的能量,1分子葡萄糖经糖酵解净生成2分子ATP。

正常生理状况下,糖酵解是个别组织(例如成熟的红细胞)供能方式;特殊生理状况下(例如剧烈运动),糖酵解旺盛,补充供应能量的急需;病理状况下(例如血管栓塞)局部缺氧,只能靠糖酵解供能,易使乳酸积累而致酸中毒。

2. **糖的有氧氧化**　机体中的葡萄糖或糖原在有氧的情况下彻底氧化分解,生成二氧化碳、水和大量能量的过程称为有氧氧化,此过程先在细胞质,然后进入线粒体中进行。反应过程包括糖酵解、丙酮酸氧化脱羧和三羧酸循环(TAC)3 个阶段,关键酶除了上述酵解过程的 3 个酶以外,还包括丙酮酸脱氢酶复合体、柠檬酸合酶、异柠檬酸脱氢酶(还是限速酶)、α-酮戊二酸脱氢酶复合体。1 分子葡萄糖经有氧氧化净生成 30 或 32 分子 ATP。

有氧氧化是糖在体内主要的供能途径;有氧氧化中的 TAC 阶段既是糖、脂肪和蛋白质三大营养物质彻底氧化分解的共同途径,又是它们相互转化的枢纽;有氧氧化过程中的中间产物还可以为机体提供合成代谢的原料。

3. 磷酸戊糖途径　磷酸戊糖途径是酵解过程的一个支路,其重要的生理意义是生成了5-磷酸核糖和 NADPH + H[+],前者是核酸合成的原料,后者既可以做多种反应的供氢体,又可以保证谷胱甘肽的还原性,从而保护红细胞膜,防止溶血。

(二)糖原的合成和分解

糖原是 n 个葡萄糖分子由 α-1,4 糖苷键连接成的长链,糖原有许多分支,分支处以 α-1,6 糖苷键连接。葡萄糖生成糖原的过程称为糖原的合成,肝糖原生成葡萄糖的过程称为糖原的分解。合成场所包括肝(生成的糖原称肝糖原)和肌肉(肌糖原),但是由于肌肉中缺乏葡萄糖-6-磷酸酶,所以只有肝糖原能够直接分解成葡萄糖。

糖原是动物细胞中葡萄糖的储存形式,在急需能量时能快速分解供能,肝糖原的分解对保持饥饿状态下血糖浓度的平衡具有重要意义。

(三)糖异生

机体内非糖物质转化为葡糖糖和糖原的过程称为糖异生,主要在肝细胞中进行,肾中也可进行。其反应过程基本上是糖酵解的逆过程,但要克服糖酵解过程中 3 个关键酶催化步骤的能障,即:葡萄糖-6-磷酸酶对抗己糖激酶;果糖二磷酸酶对抗磷酸果糖激酶-1;丙酮酸羧化酶催化丙酮酸生成草酰乙酸,后者由磷酸烯醇式丙酮酸羧激酶催化生成磷酸烯醇式丙酮酸,绕过丙酮酸激酶催化的反应能障。

糖异生的生理意义在于维持饥饿状态下血糖浓度的平衡;协助氨基酸代谢;促进乳酸的利用,防止乳酸中毒。

(四)血糖

血糖特指血浆中的葡萄糖,成人空腹血糖正常值为 3.89 ~ 6.11mmol/L。食物中的糖类物质、体内肝糖原的分解和糖异生作用是血糖的主要来源;氧化分解供能、合成糖原储存和转变成其他物质是糖的主要去路。当血糖浓度升高超过 8.89mmol/L(肾糖阈),超过肾小管对葡萄糖的重吸收能力时,会从尿中排出。

血糖浓度主要由肝和激素两方面调节来保持相对恒定,肝的调节主要靠对血糖来源去路各反应过程速度的快慢控制来完成;激素调节中,胰岛素是唯一降血糖激素,胰高血糖素、肾上腺素、糖皮质激素、生长激素等均能升高血糖。

空腹血糖高于 7.0mmol/L 称为高血糖,高于肾糖阈时会出现糖尿。由于胰岛功能障碍导致胰岛素分泌下降或胰岛素抵抗导致的持续性高血糖和糖尿称为糖尿病。严重糖尿病患者会出现三多一少、酮症酸中毒、非酮症性昏迷等情况,糖尿病还可能造成动脉粥样硬化、小动脉硬化、微血管内皮病变、视网膜病变、白内障、肢端坏疽、糖尿病肾病等一系列并发症,已成为世界上死亡率最高的病症之一。

空腹血糖浓度低于 2.8mmol/L 称为低血糖,如果血糖更低会产生低血糖反应、惊厥、昏迷。多数情况下进食或服用、静脉滴注、静脉推注葡萄糖可使症状消失。糖尿病患者的低血糖症状,多发生在注射胰岛素及服用磺脲类药物不当时。除此之外的低血糖原因以胰性低血糖比较多见,即胰岛 β 细胞功能亢进或 α 细胞功能低下所致;其次是肝性低血糖,即严重肝功能损伤引起的肝糖原减少和糖异生作用减弱;其他还有内分泌异常性低血糖,即脑垂体或肾上腺皮质功能低下导致的糖皮质激素、生长素等分泌不足;肿瘤性低血糖,如胃癌;长期饥饿、不能进食、空腹饮酒、青春期女性因胰岛素分泌旺盛,血糖分解的较快都可能导致低血糖。

三、习题测试

(一)选择题

【A 型题】

1. 1 分子葡萄糖彻底氧化为 CO_2 和 H_2O 的过程中产生的 ATP 分子数为
   A. 32   B. 12   C. 15   D. 2   E. 24

2. 关于乳酸循环描述不正确的是
   A. 有助于机体供氧   B. 有助于维持血糖浓度
   C. 有助于糖异生作用   D. 有助于防止乳酸中毒发生
   E. 有助于乳酸再利用

3. 肌糖原分解不能直接转变为血糖的原因是
   A. 肌肉组织中缺乏己糖激酶   B. 肌肉组织中缺乏葡萄糖-6-磷酸酶
   C. 肌肉组织中缺乏糖原合酶   D. 肌肉组织中缺乏葡萄糖激酶
   E. 肌肉组织中缺乏糖原磷酸化酶

4. 糖原分解过程的限速酶是
   A. 糖原合酶   B. 柠檬酸合酶   C. 糖原磷酸化酶
   D. 磷酸果糖激酶   E. 丙酮酸脱氢酶复合体

5. 糖原合成过程的限速酶是
   A. 丙酮酸脱氢酶复合体   B. 糖原磷酸化酶   C. 柠檬酸合酶
   D. 磷酸果糖激酶   E. 糖原合酶

6. 糖有氧氧化的部位在
   A. 胞质   B. 胞核   C. 线粒体
   D. 胞质和线粒体   E. 高尔基体

7. 调节人体血糖浓度最重要的器官是
   A. 心   B. 脾   C. 肝   D. 肺   E. 肾

8. 1 分子葡萄糖无氧氧化的过程中净产生的 ATP 分子数为
   A. 15   B. 10   C. 32   D. 2   E. 20

9. 合成糖原时葡萄糖基的直接供体是
   A. 1-磷酸葡萄糖   B. CDPG   C. 6-磷酸葡萄糖
   D. UDPG   E. GDPG

10. 甘油生糖过程是下列哪条途径
    A. 糖异生   B. 糖酵解   C. 糖原分解   D. 糖原合成   E. 糖有氧氧化

11. α-酮戊二酸脱氢酶复合体中不包括的辅酶是
    A. NAD^+ B. FAD   C. TPP
    D. 二氢硫辛酸   E. FMN

12. 用于合成核酸的核糖主要来源于哪条代谢途径
    A. 糖的有氧氧化　　　　　B. 糖异生　　　　　　　C. 糖酵解
    D. 磷酸戊糖途径　　　　　E. 糖原合成

13. 不是丙酮酸脱氢酶复合体中辅酶的是
    A. TPP　　　　　B. NAD^+　　　　C. FAD　　　　D. HSCoA　　　　E. $NADP^+$

14. 糖异生最主要的器官是
    A. 肝　　　　　B. 心　　　　　C. 肌肉　　　　D. 脑　　　　E. 肺

15. 三羧酸循环的限速酶是
    A. 己糖激酶　　　　　　　B. 丙酮酸激酶　　　　　　C. 磷酸果糖激酶
    D. 异柠檬酸脱氢酶　　　　E. 柠檬酸合酶

16. 体内葡萄糖较多时是以下列何种方式储存
    A. 糖原　　　B. 淀粉　　　C. 血糖　　　D. 蔗糖　　　E. 核苷

17. 氨基酸生成糖的过程是下列哪种途径
    A. 糖有氧氧化　　　　　　B. 糖异生　　　　　　　C. 糖酵解
    D. 糖原分解　　　　　　　E. 糖原合成

18. 体内合成脂肪酸时所需要的供氢体,可以来自于以下哪条途径
    A. 糖异生　　　　　　　　B. 糖酵解　　　　　　　C. 磷酸戊糖途径
    D. 糖有氧氧化　　　　　　E. 糖原合成

19. 果糖二磷酸酶催化的底物
    A. 6-磷酸葡萄糖　　　　　B. 6-磷酸果糖　　　　　C. 1,6-二磷酸果糖
    D. 葡萄糖　　　　　　　　E. 磷酸二羟丙酮+3-磷酸甘油醛

20. 三羧酸循环有
    A. 二次脱氢+四次脱羧　　B. 四次脱氢+二次脱羧　　C. 三次脱氢+四次脱羧
    D. 一次脱氢+四次脱羧　　E. 二次脱氢+二次脱羧

21. 丙酮酸脱氢酶复合体是哪条途径的限速酶
    A. 糖异生　　　　　　　　B. 糖原分解　　　　　　C. 三羧酸循环
    D. 糖有氧氧化　　　　　　E. 糖酵解

22. 下列可使血糖水平下降的激素是
    A. 胰岛素　　　　　　　　B. 肾上腺素　　　　　　C. 生长素
    D. 胰高血糖素　　　　　　E. 甲状腺素

23. 1分子丙酮酸彻底氧化为水和二氧化碳产生的ATP是
    A. 2分子　　　　　　　　B. 3分子　　　　　　　C. 12.5分子
    D. 11.5分子　　　　　　　E. 10分子

24. 1分子乙酰辅酶A彻底氧化可产生的ATP是
    A. 10分子　　　　　　　　B. 12分子　　　　　　　C. 12.5分子
    D. 11.5分子　　　　　　　E. 20分子

25. 磷酸戊糖途径可生成
    A. NAD^++5-磷酸核糖　　　　　　　B. $NADP^+$+5-磷酸核糖
    C. $NADH+H^+$+5-磷酸核糖　　　　　D. $NADPH+H^+$+5-磷酸核糖
    E. UDPG+5-磷酸核糖

26. 糖酵解的主要生理意义
    A. 缺氧时主要的供能方式
    B. 有氧时主要的供能方式
    C. 大脑的主要供能方式
    D. 有氧、缺氧情况下的主要供能方式
    E. 小肠的主要供能方式

27. 下列哪个不是糖酵解的关键酶
    A. 己糖激酶
    B. 葡萄糖激酶
    C. 磷酸果糖激酶-1
    D. 丙酮酸激酶
    E. 甘油激酶

28. 下列哪个是糖异生的关键酶
    A. 己糖激酶
    B. 葡萄糖激酶
    C. 磷酸果糖激酶
    D. 丙酮酸激酶
    E. 丙酮酸羧化酶

29. 参与糖原合成的核苷酸是
    A. ADP
    B. GTP
    C. CTP
    D. UTP
    E. dTTP

30. 在成熟的红细胞内生成 $NADPH + H^+$ 的主要作用是
    A. 合成脂肪酸
    B. 合成胆固醇
    C. 维持谷胱甘肽的还原性
    D. 氨基酸合成
    E. 糖原合成

31. 糖原中每裂解下来一个葡萄糖单位经酵解可生成的 ATP 数是
    A. 1
    B. 2
    C. 3
    D. 2.5
    E. 1.5

32. 成熟红细胞最主要的能量来自于
    A. 糖酵解
    B. 有氧氧化
    C. 磷酸戊糖途径
    D. 糖异生
    E. β-氧化

33. 无氧氧化的终产物是
    A. 丙酮酸
    B. 乳酸
    C. 草酰乙酸
    D. 苹果酸
    E. 延胡索酸

34. 下列物质中不能经过糖异生作用生成葡萄糖或糖原的是
    A. 甘油
    B. 丙酮酸
    C. 乳酸
    D. 谷氨酸
    E. 丙酮

35. 糖代谢途径中共同的中间产物是
    A. 丙酮酸
    B. 乙酰 CoA
    C. 3-磷酸甘油醛
    D. 6-磷酸葡萄糖
    E. 6-磷酸果糖

36. 不参与糖原合成的酶是
    A. 糖原合酶
    B. 磷酸化酶
    C. 己糖激酶
    D. 分支酶
    E. 磷酸变位酶

37. 下列是人体中葡萄糖的储存形式的是
    A. 果糖
    B. 乳糖
    C. 蔗糖
    D. 糖原
    E. 淀粉

38. 下列对血糖浓度降低最敏感的器官是
    A. 心
    B. 肝
    C. 肾
    D. 大脑
    E. 肺

39. 长期饥饿时,体内能量的来源主要是
    A. 糖酵解
    B. 有氧氧化
    C. 磷酸戊糖途径
    D. 糖异生
    E. 糖原分解

40. 丙酮酸氧化脱羧过程的细胞定位是
    A. 细胞质
    B. 线粒体
    C. 微粒体
    D. 溶酶体
    E. 内质网

41. 下列哪条途径不能直接补充血糖
    A. 肝糖原分解   B. 肌糖原分解   C. 食入的糖消化吸收
    D. 糖异生作用   E. 肾小管上皮细胞的重吸收作用

42. 糖代谢过程中能够在中间产物分子上形成高能磷酸键的是
    A. 6-磷酸葡萄糖   B. 6-磷酸果糖   C. 1,6-二磷酸果糖
    D. 3-磷酸甘油酸   E. 1,3-二磷酸甘油酸

43. 下列哪个化合物与 ATP 的生成直接相关
    A. 2-磷酸甘油酸   B. 3-磷酸甘油酸   C. 3-磷酸甘油醛
    D. 磷酸烯醇式丙酮酸   E. 烯醇式丙酮酸

44. 丙酮酸脱氢酶复合体的辅酶中不含的维生素是
    A. B_1 B. B_2 C. B_6 D. PP   E. 泛酸

45. 下列与丙酮酸生成无关的酶是
    A. 丙酮酸羧化酶   B. 果糖二磷酸酶   C. 丙酮酸激酶
    D. 醛缩酶   E. 磷酸烯醇式丙酮酸羧激酶

46. 甘油与葡萄糖代谢的联系产物是
    A. 丙酮酸   B. 乳酸   C. 3-磷酸甘油醛
    D. 2-磷酸甘油酸   E. 磷酸丙酮

47. 下列哪个酶在无氧氧化中催化的反应不可逆
    A. 己糖激酶   B. 醛缩酶   C. 磷酸变位酶
    D. 乳酸脱氢酶   E. 磷酸己糖异构酶

48. 三羧酸循环的限速酶是
    A. 丙酮酸羧化酶   B. 果糖二磷酸酶   C. 丙酮酸激酶
    D. 醛缩酶   E. 异柠檬酸脱氢酶

49. 三羧酸循环中不能够脱氢的反应步骤是
    A. 柠檬酸生成异柠檬酸的过程   B. 异柠檬酸生成 α-酮戊二酸的过程
    C. α-酮戊二酸生成琥珀酸的过程   D. 琥珀酸生成延胡索酸的过程
    E. 苹果酸生成草酰乙酸的过程

50. 三羧酸循环中发生底物水平磷酸化的反应步骤是
    A. 柠檬酸生成异柠檬酸的过程   B. 异柠檬酸生成 α-酮戊二酸的过程
    C. α-酮戊二酸生成琥珀酸的过程   D. 琥珀酸生成延胡索酸的过程
    E. 苹果酸生成草酰乙酸的过程

51. 下列酶促反应中可逆的是
    A. 糖原磷酸化酶催化的反应   B. 己糖激酶催化的反应
    C. 丙酮酸激酶催化的反应   D. 醛缩酶催化的反应
    E. 磷酸果糖激酶-1 催化的反应

52. 因红细胞还原性谷胱甘肽缺乏导致溶血,可能是由于缺乏
    A. 葡萄糖激酶   B. 葡萄糖-6-磷酸酶   C. 果糖二磷酸酶
    D. 6-磷酸葡萄糖脱氢酶   E. 磷酸果糖激酶-1

53. 下列关于尿糖说法正确的是
    A. 尿糖阳性时,血糖一定高于正常值

B. 尿糖阳性时,肾小管一定不能完全重吸收葡萄糖

C. 尿糖阳性时,糖代谢一定紊乱

D. 尿糖阳性时,一定是患糖尿病

E. 尿糖阳性时,胰岛素一定分泌不足

54. 糖原分解过程中的第一个中间产物是

    A. 6-磷酸葡萄糖   B. 6-磷酸果糖   C. 1-磷酸葡萄糖

    D. 1-磷酸果糖   E. 1,6-二磷酸果糖

55. 醛缩酶的底物是

    A. 6-磷酸葡萄糖   B. 6-磷酸果糖   C. 1-磷酸葡萄糖

    D. 1-磷酸果糖   E. 1,6-二磷酸果糖

56. 下列与能量生成有关,却不在线粒体中进行的反应是

    A. TAC 循环   B. 氧化磷酸化   C. 生物氧化   D. 无氧氧化   E. β-氧化

57. 在 TAC 中底物水平磷酸化发生在

    A. 柠檬酸生成 α-酮戊二酸过程   B. 琥珀酰辅酶 A 生成琥珀酸过程

    C. α-酮戊二酸生成琥珀酰辅酶 A 过程   D. 琥珀酸生成延胡索酸过程

    E. 苹果酸生成草酰乙酸过程

58. 磷酸果糖激酶-1 催化生成的产物是

    A. 1-磷酸果糖   B. 6-磷酸果糖   C. 1-磷酸葡萄糖

    D. 6-磷酸葡萄糖   E. 1,6-二磷酸果糖

59. 下列关于糖原的描述正确的是

    A. 糖原是细胞的结构成分

    B. 糖原是有分支的葡萄糖多聚体

    C. 糖原是有分支的葡萄糖、果糖多聚体

    D. 糖原是动植物细胞中葡萄糖的储存形式

    E. 糖原是无分支的葡萄糖、果糖多聚体

60. 下列哪种酶参与了磷酸戊糖途径

    A. 己糖激酶   B. 葡萄糖激酶   C. 葡萄糖-6-磷酸酶

    D. 6-磷酸葡萄糖脱氢酶   E. 丙酮酸激酶

61. α-酮戊二酸氧化脱羧作用需要下列哪种辅助因子

    A. NAD^+ B. $NADP^+$ C. FMN   D. 生物素   E. 叶酸

62. 丙酮酸氧化脱羧作用需要下列哪种辅助因子

    A. NAD^+ B. $NADP^+$ C. FMN   D. 生物素   E. 叶酸

63. 下列是磷酸果糖激酶-1 的抑制剂的是

    A. ATP   B. ADP   C. cAMP   D. AMP   E. NH_4^+

64. 食入的糖类物质是以下列哪种形式吸收入血的

    A. 肝糖原   B. 肌糖原   C. 葡萄糖   D. 乳糖   E. 蔗糖

65. 三羧酸循环的细胞定位是

    A. 细胞质   B. 线粒体   C. 微粒体   D. 内质网   E. 高尔基体

66. 三羧酸循环的终产物是

    A. CO_2 B. H_2O C. $CO_2 + H_2O$

D. 丙酮酸　　　　　　　　E. 乙酰辅酶 A

67. 下列是磷酸果糖激酶-1 的激活剂的是

A. ATP　　　B. ADP　　　C. cAMP　　　D. GTP　　　E. NH_4^+

68. 下列物质中不参加糖酵解过程的是

A. ATP　　　B. ADP　　　C. NAD^+　　　D. H_3PO_4　　　E. O_2

69. 6-磷酸葡萄糖脱氢酶的辅酶是

A. FAD　　　B. FMN　　　C. NAD^+　　　D. $NADP^+$　　　E. CoA

70. 下列哪种酶催化的反应生成 ATP

A. 己糖激酶　　　　　　　　B. 磷酸果糖激酶-1
C. 丙酮酸激酶　　　　　　　D. 磷酸烯醇式丙酮酸羧激酶
E. 葡萄糖激酶

71. 下列哪种酶催化的反应不能生成 ATP

A. 己糖激酶　　　B. 磷酸甘油酸激酶　　　C. 丙酮酸脱氢酶复合体
D. 丙酮酸激酶　　　E. α-酮戊二酸脱氢酶系

72. 下列能参与 TAC 的酶有

A. 己糖激酶　　　　B. 磷酸甘油酸激酶　　　C. 丙酮酸激酶
D. 异柠檬酸脱氢酶　　　E. 磷酸烯醇式丙酮酸羧激酶

73. 下列关于糖原结构描述错误的是

A. 糖原分子中含有葡萄糖单位　　　B. 糖原分子中含有 α-1,4 糖苷键
C. 糖原分子中含有 α-1,6 糖苷键　　　D. 糖原分子中含有 β-1,4 糖苷键
E. 糖原分子是有分支的多聚体

74. 下列关于3-磷酸甘油酸脱氢酶催化的反应描述错误的是

A. 是无氧氧化过程中的氧化反应　　　B. 脱下的氢交给 NAD^+
C. 需要的磷酸基团来自于 H_3PO_4　　　D. 此反应不可逆
E. 反应产物中含有高能磷酸键

75. 下列哪种物质含有高能磷酸键

A. 3-磷酸甘油酸　　　B. 6-磷酸葡萄糖　　　C. 1,3-二磷酸甘油酸
D. 1,6-二磷酸果糖　　　E. 2-磷酸甘油酸

76. 糖原合成时,分支点的合成

A. 以 UDPG 加至糖原分子上
B. 1-磷酸葡萄糖的 C_6 接至糖原中特殊糖分子上
C. 转移寡糖链至糖原分子某一糖基的 C_6 位上
D. 从非还原末端转移一个糖基至糖原中糖基 C_6 位上
E. 形成分支点的反应由 α-1,6→α-1,4-葡聚糖转移酶催化

77. 乙酰辅酶 A 是哪个酶的变构激活剂

A. 糖原磷酸化酶　　　B. 丙酮酸羧化酶　　　C. 磷酸果糖激酶
D. 柠檬酸合酶　　　E. 异柠檬酸脱氢酶

78. 下列哪种激素能同时促进糖原、脂肪、蛋白质合成

A. 肾上腺素　　　B. 胰岛素　　　C. 糖皮质激素
D. 胰高血糖素　　　E. 肾上腺皮质激素

79. 指出下列化学结构式的生化名称 HOOC·CH$_2$·CH$_2$·CO·COOH

    A. 草酰乙酸   B. 柠檬酸   C. 谷氨酸

    D. α-酮戊二酸   E. 苹果酸

80. 糖与脂肪酸及氨基酸三者代谢的交叉点是

    A. 磷酸烯醇式丙酮酸   B. 丙酮酸   C. 延胡索酸

    D. 琥珀酸   E. 乙酰 CoA

【B 型题】

    A. 己糖激酶   B. 果糖二磷酸酶   C. 糖原合酶

    D. 磷酸化酶   E. 乳酸脱氢酶

1. 上述属于糖无氧氧化的关键酶是

2. 上述属于糖异生的关键酶是

3. 上述属于糖原合成的关键酶是

4. 上述属于糖原分解的关键酶是

    A. 1 分子   B. 2 分子   C. 10 分子

    D. 12.5 分子   E. 32 分子

5. 1 分子葡萄糖无氧氧化(净)生成的 ATP 数是

6. 1 分子葡萄糖有氧氧化生成的 ATP 数是

7. 1 分子丙酮酸彻底氧化分解生成的 ATP 数是

8. 1 分子乙酰辅酶 A 彻底氧化分解生成的 ATP 数是

    A. 6-磷酸葡萄糖生成 6-磷酸葡萄糖酸   B. 6-磷酸葡萄糖生成葡萄糖

    C. 磷酸烯醇式丙酮酸生成丙酮酸   D. 草酰乙酸生成丙酮酸

    E. 丙酮酸生成丙氨酸

9. 属于无氧氧化的反应是

10. 属于有氧氧化的反应是

11. 属于糖异生的反应是

12. 属于磷酸戊糖途径的反应是

    A. 协助氨基酸代谢   B. 为成熟红细胞提供能量

    C. 有利于保持谷胱甘肽的还原性   D. 提供机体生命活动的主要能量

    E. 有利于糖的储存

13. 以上是磷酸戊糖途径生理意义的是

14. 以上是糖异生途径生理意义的是

15. 以上是无氧氧化途径生理意义的是

16. 以上是有氧氧化途径生理意义的是

    A. 葡萄糖-6-磷酸脱氢酶   B. 乙酰辅酶 A 脱氢酶   C. 异柠檬酸脱氢酶

    D. L-谷氨酸脱氢酶   E. 乳酸脱氢酶

17. 催化脱羧基反应的酶是

18. 催化氧化、还原反应的酶是

19. 催化脱氨基作用的酶是

20. 催化氧化反应的酶是

    A. 乳酸   B. 葡萄糖   C. 异柠檬酸

D. $CO_2 + H_2O$ E. 柠檬酸

21. 有氧氧化的终产物
22. 无氧氧化的终产物
23. 三羧酸循环的终产物
24. 肌糖原分解的产物

A. 7.8~11.1mmol/L   B. 2.8mmol/L   C. 7.0mmol/L

D. 3.89~6.11mmol/L   E. 8.89~10.0mmol/L

25. 低血糖一般是指多少以下
26. 高血糖一般是指多少以上
27. 血糖浓度的正常值是
28. 肾糖阈一般是指

A. 6-磷酸果糖   B. 6-磷酸葡萄糖   C. 1-磷酸葡萄糖

D. 柠檬酸   E. 丙酮酸

29. 糖原分解第一步的产物是
30. 糖原合成第一步的产物是
31. 乳酸异生成糖第一步的产物是
32. 三羧酸循环第一步的产物是

A. 糖原的合成   B. 糖异生途径   C. 糖的有氧氧化

D. 糖酵解   E. 磷酸戊糖途径

33. 成熟红细胞中的 $NADH + H^+$ 来自于
34. 核酸合成时所需的 5-磷酸核糖来自于
35. 脂肪酸合成中的供氢体来自于
36. 动物细胞中糖的储存主要来自于

A. 草酰乙酸   B. 1,6-二磷酸果糖   C. 6-磷酸葡萄糖

D. 6-磷酸果糖   E. 磷酸烯醇式丙酮酸

37. 己糖激酶催化生成的产物是
38. 果糖二磷酸酶催化生成的产物是
39. 磷酸果糖激酶-1 催化生成的产物是
40. 丙酮酸羧化酶催化生成的产物是

【C 型题】

A. GTP   B. ATP   C. 二者都需要   D. 二者都不需要

1. 糖原合成时需要的是
2. 糖原分解时需要的是

A. 进入呼吸链生成 2.5 分子 ATP   B. 进入呼吸链生成 1.5 分子 ATP

C. 二者均对   D. 二者均不对

3. 3-磷酸甘油醛在 3-磷酸甘油醛脱氢酶作用下脱下的氢
4. 谷氨酸在谷氨酸脱氢酶作用下脱下的氢

A. 糖原合酶   B. 糖原磷酸化酶   C. 两者都是   D. 两者都不是

5. 磷酸化时活性升高
6. 磷酸化时活性降低

A. 无氧氧化　　　B. 有氧氧化　　　C. 两者都是　　　D. 两者都不是

7. 正常情况下,肝细胞获得能量的主要方式是

8. 正常情况下,正常红细胞获得能量的主要方式是

A. H_2O　　　　B. CO_2　　　　C. 两者都是　　　D. 两者都不是

9. 糖的有氧氧化的终产物是

10. 糖的无氧氧化的终产物是

A. 糖原合酶　　　　　　　　　　B. 磷酸葡萄糖异构酶

C. 两者都是　　　　　　　　　　D. 两者都不是

11. 糖原合成中所需要的酶是

12. 糖原分解中所需要的酶是

A. 生成 $NADH + H^+$　　　　　　B. 生成 $NADPH + H^+$

C. 两者都是　　　　　　　　　　D. 两者都不是

13. 磷酸戊糖途径的意义是

14. 糖异生的意义是

A. 是糖酵解中的重要中间产物

B. 是糖有氧氧化途径中的重要中间产物

C. 两者都是

D. 两者都不是

15. 6-磷酸葡萄糖

16. 6-磷酸果糖

A. 肝糖原分解加强　　　　　　　B. 肌糖原分解加强

C. 两者可能　　　　　　　　　　D. 两者都不可能

17. 饥饿情况下

18. 饱食及安静状态下

A. 肾上腺素　　　B. 生长素　　　C. 两者都是　　　D. 两者都不是

19. 能够升高血糖的激素是

20. 能够降低血糖的激素是

【X 型题】

1. 三羧酸循环中包含的物质有

A. 乙酰辅酶 A　　　　　B. α-酮戊二酸　　　　　　　C. 柠檬酸

D. 琥珀酰辅酶 A　　　　E. 草酰乙酸

2. 丙酮酸脱氢酶复合体中包括的辅酶有

A. NAD^+　　　B. FAD　　　C. TPP　　　D. FH_4　　　E. FMN

3. 下列可经糖异生途径生成葡萄糖的物质是

A. 甘油　　　B. 乳酸　　　C. 丙酮酸　　　D. 丙氨酸　　　E. 丙酮

4. 下列能在肝中进行的反应途径是

A. 糖原合成　　　B. 糖原分解　　　C. 糖异生　　　D. 糖酵解　　　E. 有氧氧化

5. 能够在细胞质中进行的代谢途径有

A. 糖酵解　　　　　　　B. 磷酸戊糖途径　　　　　　C. 糖原合成

D. 糖原分解　　　　　　E. 糖异生

117

6. 属于糖酵解关键酶的有
   A. 己糖激酶   B. 葡萄糖激酶   C. 磷酸果糖激酶-1
   D. 乳酸激酶   E. 丙酮酸激酶

7. 下列激素中能够升高血糖的激素是
   A. 胰高血糖素   B. 肾上腺素   C. 生长素
   D. 糖皮质激素   E. 甲状腺素

8. 下列哪些途径中能够生成6-磷酸葡萄糖
   A. 糖原合成   B. 糖原分解   C. 糖异生
   D. 糖酵解   E. 有氧氧化

9. 丙酮酸脱氢酶复合体中包含的辅酶有
   A. TPP   B. FAD   C. NAD^+
   D. $NADPH + H^+$ E. 硫辛酸

10. 催化甘油异生成糖的关键酶包括
    A. 葡萄糖-6-磷酸酶   B. 磷酸果糖激酶-1   C. 果糖二磷酸酶
    D. 丙酮酸羧化酶   E. 磷酸烯醇式丙酮酸羧激酶

11. 丙酮酸脱氢酶复合体的辅酶含有的维生素是
    A. B_1 B. B_2 C. B_6 D. PP   E. 泛酸

12. 下列哪种酶催化的反应不能生成 ATP
    A. 己糖激酶   B. 磷酸甘油酸激酶
    C. 磷酸果糖激酶-1   D. 磷酸烯醇式丙酮酸羧激酶
    E. 葡萄糖激酶

13. 下列哪几步反应有 ATP 生成
    A. 3-磷酸甘油醛生成 1,3-二磷酸甘油酸
    B. 1,3-二磷酸甘油酸生成 3-磷酸甘油酸
    C. 3-磷酸甘油酸生成 2-磷酸甘油酸
    D. 2-磷酸甘油酸生成磷酸烯醇式丙酮酸
    E. 磷酸烯醇式丙酮酸生成丙酮酸

14. 从葡萄糖合成糖原过程中需要的核苷酸包括
    A. ATP   B. GTP   C. UTP   D. CTP   E. dTTP

15. 磷酸戊糖途径的主要生理功能是生成
    A. 6-磷酸果糖   B. $NADH + H^+$ C. $NADPH + H^+$
    D. $FADH_2$ E. 5-磷酸核糖

16. 糖异生与糖酵解途径中共用的酶是
    A. 果糖二磷酸酶   B. 磷酸果糖激酶-1   C. 丙酮酸羧化酶
    D. 醛缩酶   E. 3-磷酸甘油醛脱氢酶

17. 1 分子丙酮酸经有氧氧化反应时
    A. 生成 3 分子 CO_2 B. 有 5 次脱氢
    C. 生成 12.5 分子 ATP   D. 脱下的氢经 NAD^+ 传递
    E. 反应过程在线粒体中进行

18. 下列属于 TAC 中的不可逆反应有

A. 乙酰辅酶 A + 草酰乙酸生成柠檬酸　　　B. 异柠檬酸生成 α-酮戊二酸

C. α-酮戊二酸生成琥珀酰辅酶 A　　　　　D. 琥珀酰辅酶 A 生成琥珀酸

E. 延胡索酸生成苹果酸

19. 1mol 葡萄糖无氧氧化与有氧氧化生成的 ATP 之比为

　　A. 1：10　　　　B. 1：12　　　　C. 1：15　　　　D. 1：16　　　　E. 1：18

20. 能够在哺乳动物肝中异生成葡萄糖的物质

　　A. 油酸　　　　B. 丝氨酸　　　　C. 亮氨酸　　　　D. 甘油　　　　E. 天冬氨酸

21. 下列催化 TAC 中不可逆反应的酶是

　　A. 异柠檬酸脱氢酶　　　　B. 琥珀酸脱氢酶　　　　C. 苹果酸脱氢酶

　　D. 柠檬酸合酶　　　　　　E. 延胡索酸脱氢酶

22. 下列属于糖异生过程的关键酶是

　　A. 丙酮酸羧化酶　　　　B. 己糖激酶　　　　C. 葡萄糖-6-磷酸酶

　　D. 果糖二磷酸酶　　　　E. 草酰乙酸羧化酶

23. 在下列哪种情况下磷酸戊糖途径活跃

　　A. 糖原合成增强　　　　B. 脂肪合成增强　　　　C. 氨基酸合成增强

　　D. 核酸合成增强　　　　E. 胆固醇合成增强

24. 醛缩酶催化的底物包括

　　A. 磷酸二羟丙酮　　　　B. 3-磷酸甘油醛　　　　C. 1,6-二磷酸果糖

　　D. 3-磷酸甘油酸　　　　E. 6-磷酸果糖

25. 只在细胞质中进行的反应有

　　A. 糖酵解　　　　B. 有氧氧化　　　　C. 磷酸戊糖途径

　　D. 三羧酸循环　　　　E. 糖原合成

26. 下述对丙酮酸羧化支路的过程描述正确的是

　　A. 丙酮酸异生成糖的必经之路　　　　B. 乳酸异生成糖的必经之路

　　C. 草酰乙酸异生成糖的必经之路　　　D. 苹果酸异生成糖的必经之路

　　E. 甘油异生成糖的必经之路

27. 糖异生的主要生理意义在于

　　A. 促进脂肪酸分解　　　　B. 为氨基酸合成提供原料　　　C. 维持血糖浓度平衡

　　D. 有利于利用乳酸　　　　E. 协助氨基酸代谢

28. 2 型糖尿病患者血液检查通常会伴有

　　A. 尿酸升高　　　　B. 酮体升高　　　　C. 游离脂肪酸升高

　　D. 血糖升高　　　　E. 尿素氮升高

29. 正常人摄入过多的糖可能会导致

　　A. 糖异生成甘油　　　　B. 糖异生成脂肪酸　　　　C. 糖异生成蛋白质

　　D. 糖合成糖原储存　　　E. 糖生成水、二氧化碳和能量

30. 下列能催化脱羧基反应的酶有

　　A. 苹果酸脱氢酶　　　　B. L-谷氨酸脱氢酶　　　　C. 异柠檬酸脱氢酶

　　D. 丙酮酸脱氢酶系　　　E. α-酮戊二酸脱氢酶系

31. 出现糖尿的原因可能是

　　A. 肾上腺素分泌过多　　　　　　　　B. 交感神经兴奋

C. 胰岛素相对不足　　　　　　　　　　　D. 血糖浓度高过肾糖阈值

E. 一次进食大量葡萄糖

32. 下列关于无氧酵解的描述正确的是

　　A. 反应过程没有氧参加

　　B. 催化反应过程的酶均存在于细胞质中

　　C. 反应过程中 ATP 的生成属于氧化磷酸化

　　D. 反应过程是可逆的

　　E. 终产物是乳酸

33. 下列哪些酶催化的反应是不可逆反应

　　A. 醛缩酶　　　　　　　　　B. 丙酮酸激酶　　　　　　　　C. 己糖激酶

　　D. 葡萄糖激酶　　　　　　　E. 乳酸脱氢酶

34. 下列哪些酶催化的反应是可逆反应

　　A. 异柠檬酸脱氢酶　　　　　B. 苹果酸脱氢酶　　　　　　　C. 己糖异构酶

　　D. 磷酸甘油酸激酶　　　　　E. 磷酸果糖激酶-1

35. 肝对血糖浓度的调节主要通过下列哪种途径

　　A. 糖的无氧氧化　　　　　　B. 糖的有氧氧化　　　　　　　C. 糖异生

　　D. 糖原的合成　　　　　　　E. 糖原的分解

36. 在肌细胞中能够进行的代谢途径有

　　A. 糖原合成　　　　　　　　B. 糖原分解　　　　　　　　　C. 糖异生

　　D. 糖的无氧氧化　　　　　　E. 糖的有氧氧化

37. 糖的无氧氧化和有氧氧化都需要的酶包括

　　A. 醛缩酶　　　　　　　　　B. 磷酸果糖激酶-1　　　　　　C. 丙酮酸脱氢酶系

　　D. 乳酸脱氢酶　　　　　　　E. 丙酮酸激酶

38. 在糖原的合成过程中需要

　　A. 分支酶　　　B. 脱支酶　　　C. 磷酸化酶　　　D. 糖原合酶　　　E. 糖原激酶

39. 在糖原的分解过程中需要

　　A. 分支酶　　　B. 脱支酶　　　C. 磷酸化酶　　　D. 糖原合酶　　　E. 糖原激酶

40. 下列属于糖尿病患者糖代谢紊乱的是

　　A. 糖原合成减少　　　　　　B. 糖原分解加速　　　　　　　C. 糖异生作用加强

　　D. 糖的分解减慢　　　　　　E. 糖的吸收加强

41. 胰岛素对糖代谢的影响表现在

　　A. 促进糖原合成　　　　　　B. 抑制糖原分解　　　　　　　C. 促进糖转变为脂肪

　　D. 增加葡萄糖激酶的活性　　E. 促进糖异生

42. 对三羧酸循环描述正确的是

　　A. 反应脱下的氢有的交给 NAD^+　　　　B. 反应脱下的氢有的交给 $NADP^+$

　　C. 反应脱下的氢有的交给 FAD　　　　　D. 反应脱下的氢有的交给 FMN

　　E. 反应脱下的氢有的交给 CoQ

（二）名词解释

1. 糖

2. 糖酵解

3. 糖的有氧氧化

4. 磷酸戊糖途径

5. 糖原的合成

6. 糖原的分解

7. 糖异生

8. 丙酮酸羧化支路

9. 三羧酸循环(TAC)

10. 血糖

11. 乳酸循环(cori 循环)

12. 糖原引物

13. 葡萄糖耐量

14. 高血糖

15. 糖尿病

16. 低血糖

17. 2,3-BPG 支路

18. TAC 回补反应

(三)填空题

1. 糖酵解的关键酶是_____、_____、_____。

2. 糖酵解中催化底物水平磷酸化的酶是_____、_____。

3. 1 分子葡萄糖经无氧氧化生成_____分子 ATP,糖原上的 1 个葡萄糖单位经过无氧氧化生成_____个 ATP。

4. TAC 过程中共有_____次脱氢、_____次脱羧,循环一周生成_____ATP。

5. 磷酸戊糖途径生成的重要物质是_____和_____。

6. 糖原合成的关键酶是_____,过程中葡萄糖的供体是_____。

7. 糖原分解的关键酶是_____,肝糖原能够直接分解是因为肝中含有_____。

8. 能够合成糖原的组织器官是_____和_____。

9. 糖异生作用过程中的关键酶是_____、_____、_____和_____。

10. 为糖异生过程提供能量的高能化合物是_____和_____。

11. 血糖是指血浆中的_____,其正常值为_____mmol/L。

12. 体内降血糖激素为_____,升高血糖的激素之一为_____。

13. 参与丙酮酸羧化支路的酶有_____、_____。

14. 由于肌肉中缺乏_____,所以肌糖原只能通过_____循环分解。

15. ATP 既是磷酸果糖激酶-1 的_____,又是它的_____。

16. 糖异生的重要意义在于_____、_____和_____。

17. 血糖的主要来源是_____、_____和_____。

18. 血糖的主要去路是_____、_____和_____。

19. 糖异生的主要原料有_____、_____和_____。

20. 1 分子葡萄糖彻底氧化分解生成_____分子 ATP。

(四)问答题

1. 糖酵解的生理意义。

2. 有氧氧化的生理意义。

3. TAC 的生理意义。

4. 磷酸戊糖途径的生理意义。

5. 糖异生的生理意义。

6. 血糖的来源和去路。

7. 乳酸循环过程。

8. 糖原分支有何意义？

9. 糖异生过程是如何通过糖分解过程的 3 个能障的？

10. 请绘出并比较正常人和糖尿病患者的糖耐量曲线。

11. 写出乳酸异生成葡萄糖的过程。

12. 写出丙酮酸羧化支路的过程。

13. 简述 6-磷酸葡萄糖在体内的代谢途径。

14. 简述糖尿病的主要类型及主要特征。

15. 低血糖的主要症状是什么？

16. 比较肝糖原和肌糖原的异同点。

17. 说明维生素 B_1 在糖代谢中的重要作用。

四、参考答案

（一）选择题

【A 型题】

1. A	2. A	3. B	4. C	5. E	6. D	7. C	8. D	9. D	10. A
11. E	12. D	13. E	14. A	15. D	16. A	17. B	18. C	19. C	20. B
21. D	22. A	23. C	24. A	25. D	26. A	27. E	28. E	29. D	30. C
31. C	32. A	33. B	34. E	35. D	36. B	37. D	38. E	39. D	40. B
41. B	42. E	43. D	44. C	45. B	46. C	47. A	48. E	49. A	50. C
51. D	52. D	53. C	54. C	55. B	56. C	57. C	58. C	59. B	60. C
61. A	62. A	63. A	64. C	65. B	66. C	67. B	68. E	69. D	70. C
71. A	72. D	73. D	74. D	75. C	76. E	77. B	78. B	79. A	80. E

【B 型题】

1. A	2. B	3. C	4. D	5. E	6. E	7. D	8. E	9. C	10. C
11. B	12. A	13. C	14. A	15. B	16. D	17. C	18. E	19. D	20. A
21. D	22. A	23. D	24. C	25. E	26. C	27. E	28. E	29. C	30. B
31. E	32. D	33. D	34. E	35. E	36. A	37. C	38. D	39. B	40. A

【C 型题】

1. C	2. D	3. C	4. A	5. B	6. A	7. B	8. A	9. C	10. D
11. C	12. D	13. B	14. D	15. C	16. C	17. A	18. D	19. C	20. D

【X 型题】

1. BCDE	2. ABC	3. ABCD	4. ABCDE	5. ABCD	6. ABCE
7. ABCD	8. ABCDE	9. ABCE	10. AC	11. ABDE	12. ACDE
13. BE	14. AC	15. CE	16. DE	17. ABCE	18. ABC

19. CD	20. BDE	21. AD	22. ACD	23. BDE	24. ABC
25. ACE	26. AB	27. CDE	28. BCD	29. ABDE	30. CDE
31. ABCDE	32. ABE	33. BCD	34. BCD	35. CDE	36. ADE
37. ABE	38. AD	39. BC	40. ABCD	41. ABCD	42. AC

（二）名词解释

1. 是一大类有机化合物,其化学本质为多羟醛或多羟酮类及其衍生物或多聚物。

2. 葡萄糖或糖原在无氧条件下,分解生成乳酸的过程。

3. 葡萄糖或糖原在有氧条件下,彻底氧化分解生成 CO_2 和 H_2O 并释放大量能量的过程。

4. 是糖分解代谢的一条重要途径,由 6-磷酸葡萄糖开始,生成两个具有重要功能的中间产物:5-磷酸核糖和 NADPH。

5. 由单糖(主要是葡萄糖)合成糖原的过程。

6. 肝糖原分解为葡萄糖的过程。

7. 由非糖化合物转变为葡萄糖或糖原的过程。

8. 丙酮酸羧化为草酰乙酸,再脱羧生成磷酸烯醇式丙酮酸(PEP)的过程。

9. 乙酰辅酶 A 与草酰乙酸缩合生成柠檬酸,经历 4 次脱氢、2 次脱羧反应,又生成草酰乙酸。反应中生成的氢经呼吸链作用,与氧结合生成水。由于此过程是由含有三个羧基的柠檬酸作为起始物的循环反应,因而称之为三羧酸循环或柠檬酸循环。

10. 是血液中单糖的总称,临床称血液中的葡萄糖为血糖。

11. 肌肉中乳酸经血液循环进入肝异生为葡萄糖,再经血液循环到达肌肉中氧化的过程。

12. 糖原合成是以体内原有的小分子糖原为引物,逐加的葡萄糖残基以 α-1,4 糖苷键连于糖原引物的非还原端,该小分子糖原即为糖原引物。

13. 是指机体对血糖浓度的调节能力。

14. 空腹血糖浓度高于 6.9mmol/L 称为高血糖。

15. 由于胰岛素分泌障碍所引起的高血糖和糖尿,称为糖尿病。

16. 空腹血糖浓度低于 3.0mmol/L 时称为低血糖。

17. 红细胞糖酵解的中间产物 1,3-二磷酸甘油酸有 15 ~ 50% 转变为 2,3-二磷酸甘油酸,后者再经 3-磷酸甘油酸进一步生成乳酸。此代谢通路称为 2,3-BPG 支路。

18. 酶催化的、补充 TAC 循环中间代谢物供给的反应。例如:由丙酮酸羧化酶催化丙酮酸生成草酰乙酸的反应。

（三）填空题

1. 己糖激酶;6-磷酸果糖激酶-1;丙酮酸激酶

2. 磷酸甘油酸激酶;丙酮酸激酶

3. 2;3

4. 4;2;10

5. 5-磷酸核糖;NADPH

6. 糖原合酶;UDPG

7. 糖原磷酸化酶;葡萄糖-6-磷酸酶

8. 肝;肌肉组织

9. 丙酮酸羧化酶,磷酸烯醇式丙酮酸羧激酶;果糖二磷酸酶-1;葡萄糖-6-磷酸酶

10. ATP;GTP

11. 葡萄糖;3.89~6.11

12. 胰岛素;胰高血糖素

13. 丙酮酸羧化酶;磷酸烯醇式丙酮酸羧激酶;丙酮酸激酶

14. 葡萄糖-6-磷酸酶;乳酸

15. 反应底物;别构抑制剂

16. 维持血糖浓度恒定;调节酸碱平衡;协助氨基酸代谢

17. 食物消化吸收,肝糖原分解;糖异生

18. 氧化分解;合成糖原;转变成其他物质

19. 甘油;乳酸;丙酮酸及生糖氨基酸

20. 30(32)

（四）问答题

1. 糖酵解的生理意义为:①糖酵解是机体在缺氧情况下供应能量的重要方式;②糖酵解是成熟红细胞供能的主要方式;③2,3-BPG 对于调节红细胞的带氧功能具有重要生理意义;④某些组织细胞如视网膜、睾丸等以糖酵解为其主要供能方式;⑤为体内其他物质的合成提供原料。

2. 有氧氧化的生理意义为:①有氧氧化是机体获得能量的主要方式;②TAC 是体内营养物质彻底氧化分解的共同通路;③TAC 是体内物质代谢相互联系的枢纽。

3. TAC 的生理意义为:①TAC 是体内营养物质彻底氧化分解的共同通路;②TAC 是体内物质代谢相互联系的枢纽。

4. 磷酸戊糖途径的生理意义为:生成两个重要的中间产物:5-磷酸核糖和 NADPH。

5. 糖异生的生理意义为:①维持血糖浓度相对恒定;②有利于乳酸的再利用;③有利于维持酸碱平衡;④协助氨基酸代谢。

6. 血糖的来源和去路如图 5-1 所示。

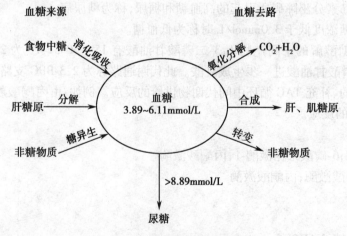

图 5-1 血糖的来源和去路

7. 乳酸循环过程为:剧烈运动时,肌糖原经糖酵解产生大量的乳酸。多数乳酸随血液循环运至肝,通过糖异生作用转化成肝糖原或葡萄糖以补充血糖,使不能直接分解为葡萄糖

的肌糖原间接变成血糖,血糖可被肌肉利用,这一过程称为乳酸循环。

8. 糖原分支的意义为:糖原的结构由 α-1,4-糖苷键和支链连接处的 α-1,6-糖苷键连接而成。糖原的支链多,大约 8～12 个葡萄糖就有一个分支且分支有 12～18 个葡萄糖分子。这样的结构大大增加了糖原的水溶性。使得糖原分解的速度加快,有利于肝糖原快速分解补充血糖。

9. 糖异生作用要通过糖酵解过程的 3 个能障,需要进行的反应如下:

(1)丙酮酸羧化支路:

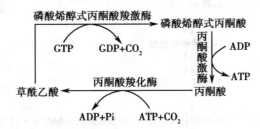

(2)1,6-二磷酸果糖转变为 6-磷酸果糖:

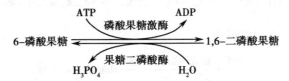

(3)6-磷酸葡萄糖转变为葡萄糖:

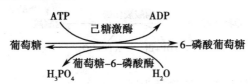

10. 正常人和糖尿病患者的糖耐量曲线如图 5-2 所示。

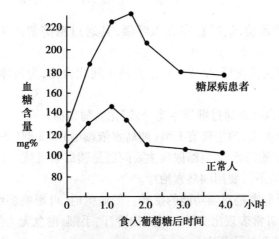

图 5-2 正常人和糖尿病患者的糖耐量曲线

正常人:服糖后 1/2～1 小时达到高峰,然后逐渐降低,一般 2 小时左右恢复正常值。

糖尿病患者:空腹血糖高于正常值,服糖后血糖浓度急剧升高,2 小时后仍可高于正常。

11. 乳酸异生成葡萄糖的过程如图 5-3 所示。

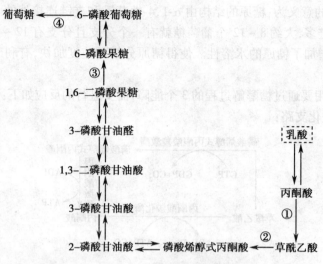

图 5-3　乳酸的糖异生

①丙酮酸羧化酶;②磷酸烯醇式丙酮酸羧激酶;③果糖二磷酸酶;④葡萄糖-6-磷酸酶

12. 丙酮酸羧化支路的过程为:

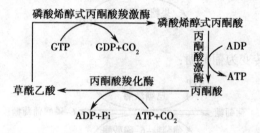

13. 6-磷酸葡萄糖在体内的代谢途径为:

(1)在有氧呼吸中,可通过糖酵解和三羧酸循环彻底氧化分解,生成二氧化碳和水,放出大量能量。

(2)在短时间剧烈运动,这时存在无氧呼吸,其通过糖酵解产生丙酮酸,后者分解为乳酸。

(3)亦可通过磷酸戊糖途径,生成一些重要的中间化合物,为机体的合成反应提供还原氢和原料。

(4)6-磷酸葡萄糖也可能通过糖异生途径,转化为葡萄糖。

14. 糖尿病有多种类型,但主要有 1 型(胰岛素依赖型)和 2 型(非胰岛素依赖型)。1 型糖尿病主要问题是缺少胰岛素,2 型糖尿病主要问题是胰岛素抵抗。1 型糖尿病需要用胰岛素治疗,2 型糖尿病一般不需要用胰岛素治疗。

15. 低血糖的主要危害是对脑功能的影响。低血糖时,可影响脑细胞的能量供应,进而影响脑的正常功能,患者常表现出头晕、心悸、出冷汗、手颤、倦怠无力等症状,严重时出现昏迷,发生低血糖休克,甚至导致死亡。

16. 肝糖原和肌糖原的异同点为:

(1)相同点:肝糖原和肌糖原都是糖在体内的贮存形式。贮存在肝的糖原称为肝糖原,贮存在肌肉的糖原称为肌糖原。

（2）不同点：肝糖原和肌糖原生理作用有很大不同，肌糖原主要作用是提供肌肉收缩时的能量；肝糖原则是血糖的重要来源，这对依靠葡萄糖提供能量的组织细胞尤为重要，例如脑组织和红细胞等。一般正常成人肝贮存肝糖原的量约为 70～100g；而肌肉中储存的肌糖原可以因个体之间肌肉发达程度不同在 250～400g 之间，变化的区间较大。

17. ①维生素 B_1 又称硫胺素，在体内的活性形式为焦磷酸硫胺素（TPP）。②TPP 是 α-酮酸脱氢酶复合体的辅酶，参与体内糖代谢。B_1 缺乏时，糖分解代谢障碍，造成丙酮酸堆积和能量供应不足，影响神经系统功能，引起脚气病。严重者会发生全身水肿、心力衰竭等。③TPP是转酮醇酶的辅酶，参与磷酸戊糖途径。

（赵　红）

第六章

脂 类 代 谢

一、内容要点

脂类包括脂肪和类脂。脂肪即甘油三酯(TG)或称三脂酰甘油,类脂包括胆固醇及其酯、磷脂及糖脂等。脂肪是体内重要的储能和供能物质;类脂是细胞的膜结构的重要成分;再者,脂类还可以转化为体内某些生理活性物质,参与细胞识别及信息传递等。

激素敏感性甘油三酯脂肪酶(HSL)是脂肪动员的限速酶,受多种激素的调节,胰高血糖素、肾上腺素、促肾上腺皮质激素(ACTH)及促甲状腺激素(TSH)等可以增加 HSL 的活性以促进脂肪分解,故又称脂解激素;胰岛素则抑制 HSL 活性,减少脂肪分解,故称抗脂解激素。

脂肪酸氧化过程可大致分为 4 个阶段:脂肪酸的活化、脂酰 CoA 进入线粒体、β-氧化及乙酰 CoA 的彻底氧化。储存在脂肪细胞中的脂肪,被脂肪酶逐步水解为游离脂肪酸(FFA)和甘油并释放入血,以供组织利用的过程称为脂肪动员。

肝中的脂肪酸氧化分解时可产生特有的中间产物——酮体。酮体包括乙酰乙酸、β-羟丁酸及丙酮。HMG-CoA 合酶是酮体生成的限速酶。肝只生成酮体,而没用利用酮体的酶,肝外许多组织具有活性很强的利用酮体的酶。

肝是合成甘油三酯能力最强的器官,主要在细胞的内质网中进行。甘油三酯的合成原料是脂肪酸和甘油,二者主要由糖代谢提供;合成基本途径以甘油二酯途径为主。

脂肪酸的合成部位是胞质,肝是合成脂肪酸的主要场所。乙酰 CoA 是合成脂肪酸的主要原料,主要来源于糖,另外还需要 ATP、NADPH、HCO_3^- 等。

乙酰 CoA 经乙酰 CoA 羧化酶催化生成丙二酸单酰 CoA,作为脂肪酸碳链延长的碳源,此过程是脂肪酸合成的限速步骤,乙酰 CoA 羧化酶是脂肪酸合成的限速酶。长链脂酰 CoA 及一些激素可影响其活性。

必需脂肪酸是指维持机体正常生命活动所必需,但体内不能合成,必须由食物提供的脂肪酸,包括亚油酸、亚麻酸、花生四烯酸等。花生四烯酸是前列腺素、血栓素及白三烯重要生理活性物质的前体。

全身各组织细胞内质网均有合成甘油磷脂的酶系,以肝、肾及肠等组织最活跃。甘油三酯合成原料包括脂肪酸、甘油、磷酸盐、胆碱、丝氨酸、肌醇等,ATP、CTP 除供能,还参与原料的活化,CDP-胆碱、CDP-乙醇胺分别是胆碱及乙醇胺的活性形式。

催化甘油磷脂分解的酶是磷脂酶,包括磷脂酶 A_1、A_2、C、D、B,分别作用于甘油磷脂分子中不同的酯键,生成多种产物。

肝是合成胆固醇的主要场所,合成部位是胞质和内质网,合成原料主要有乙酰 CoA、NADPH、ATP 等,主要来源于糖。胆固醇合成的基本过程:乙酰 CoA 缩合为 HMG-CoA 后,经

HMG-CoA 还原酶作用生成甲羟戊酸(MVA),然后经多步反应生成鲨烯后转化为胆固醇。HMG-CoA 还原酶是胆固醇合成的限速酶。胆固醇、激素、食物等都可通过影响该酶来调节胆固醇的合成。血浆中由卵磷脂胆固醇脂酰转移酶(LCAT)作用,组织细胞中由脂酰 CoA 胆固醇脂酰转移酶(ACAT)作用,将胆固醇酯化为胆固醇酯。胆固醇的代谢去路是转化为胆汁酸(主要去路)、类固醇激素、1,25-$(OH)_2$-D_3。

血浆中的脂类物质统称血脂,包括甘油三酯、磷脂、胆固醇及其酯、游离脂肪酸。血浆脂蛋白由脂类物质和载脂蛋白(Apo)组成,包括甘油三酯、磷脂、胆固醇及其酯、蛋白质。载脂蛋白分为 ApoA、B、C、D、E 五大类,载脂蛋白的主要作用是转运脂类,稳定脂蛋白结构,并具有激活脂蛋白代谢关键酶、识别脂蛋白受体的作用。

血浆脂蛋白依据电泳法可分为乳糜微粒、β-脂蛋白、前 β-脂蛋白及 α-脂蛋白;依据超速离心法分为乳糜微粒(CM)、极低密度脂蛋白(VLDL)、低密度脂蛋白(LDL)及高密度脂蛋白(HDL)。各种脂蛋白的主要功能:

(1)CM 在小肠黏膜细胞中,由摄取食物中的脂肪及胆固醇合成,故 CM 运输外源性甘油三酯及胆固醇进入机体而被利用。

(2)VLDL 主要由肝合成,故可以将肝内合成的甘油三酯运至肝外组织。

(3)LDL 在血浆中由 VLDL 转变而来,主要经 LDL-受体途径代谢,即将肝内的胆固醇转向肝外组织。

(4)HDL 主要由肝合成,小肠也合成少量,经代谢转变将胆固醇逆转至肝。

游离脂肪酸在血浆中形成白蛋白复合物而存在和运输。

二、重点和难点解析

(一)脂肪酸的氧化

脂肪酸氧化过程可分为 4 个阶段:脂肪酸的活化、脂酰 CoA 进入线粒体、β-氧化及乙酰 CoA 的彻底氧化。

1. 脂肪酸的活化　脂肪酸在脂酰 CoA 合成酶的催化下转变为脂酰 CoA 称脂肪酸的活化,在胞质中进行,反应由 ATP 供能。

2. 脂酰 CoA 进入线粒体　胞质中活化的脂酰 CoA 在线粒体内膜上的肉碱脂酰转移酶Ⅰ、Ⅱ及肉碱-脂酰肉碱转位酶的作用下,由肉碱携带进入线粒体。脂酰 CoA 进入线粒体是脂肪酸氧化的主要限速步骤,肉碱脂酰转移酶Ⅰ是脂肪酸 β-氧化的限速酶。

3. 脂肪酸的 β-氧化　脂肪酸的 β-氧化是从脂酰基的 β-碳原子开始,进行脱氢、加水、再脱氢及硫解 4 个连续的反应,将脂酰基断裂生成 1 分子乙酰 CoA 和比原来少 2 个碳原子的脂酰 CoA,同时生成 $FADH_2$ 和 $NADH + H^+$。脂酰基可继续进行 β-氧化,最终可将偶数碳的脂酰基生成乙酰 CoA 及 $FADH_2$ 和 $NADH + H^+$。

4. 乙酰 CoA 经三羧酸循环彻底氧化,$FADH_2$ 和 $NADH + H^+$ 可经氧化磷酸化产生能量。脂肪酸的 β-氧化是机体获得能量的方式之一。

(二)酮体的生成和利用

酮体包括乙酰乙酸、β-羟丁酸和丙酮。肝细胞以乙酰 CoA 为原料,先缩合生成 HMG-CoA,然后 HMG-CoA 裂解生成乙酰乙酸,乙酰乙酸还原生成 β-羟丁酸或脱羧生成丙酮。在肝外组织,特别是心肌、骨骼肌、脑和肾组织,乙酰乙酸和 β-羟丁酸经活化转变成乙酰乙酰 CoA,然后乙酰乙酰 CoA 分解成乙酰 CoA 进入三羧酸循环被彻底氧化。

机体肝外组织氧化利用酮体的能力大大超过肝内生成酮体的能力,血中仅含少量酮体。在糖尿病等糖代谢障碍时,脂肪动员加强,当酮体的生成超过肝外氧化利用能力时,可使血中酮体升高,称酮血症,如果尿中出现酮体称酮尿症。由于β-羟丁酸、乙酰乙酸都是较强的有机酸,当血中浓度过高,可导致酮症酸中毒。

(三)血浆脂蛋白的主要组成及功能

血浆脂蛋白的主要组成及功能见表 6-1。

表 6-1　血浆脂蛋白的主要组成及功能

名称	CM	VLDL	LDL	HDL
	CM	前 β-脂蛋白	β-脂蛋白	α-脂蛋白
所含主要脂类	甘油三酯	甘油三酯	胆固醇	磷脂和胆固醇
蛋白质所占比例	1%	8%	25%	50%
主要合成场所	小肠黏膜	肝	血浆	肝
主要功能	转运外源性 TG	转运内源性 TG 到肝外	转运肝内胆固醇到肝外	逆向转运肝外胆固醇到肝内

三、习题测试

(一)选择题

【A 型题】

1. 正常情况下机体储存的脂肪主要来自
   A. 脂肪酸　　　B. 酮体　　　C. 类脂　　　D. 葡萄糖　　　E. 生糖氨基酸

2. 甘油三酯的合成不需要下列哪种物质
   A. 脂酰 CoA　　　　B. α-磷酸甘油　　　　C. 二脂酰甘油
   D. CDP-甘油二酯　　　E. 磷脂酸

3. 甘油三酯合成过程中所需的甘油主要来自
   A. 葡萄糖分解代谢　　　　　　　　B. 糖异生提供
   C. 脂肪分解产生的甘油再利用　　　D. 由氨基酸转变生成
   E. 甘油经甘油激酶活化生成的磷酸甘油

4. 脂肪动员的限速酶是
   A. 激素敏感性脂肪酶(HSL)　　　　B. 胰脂酶
   C. 脂蛋白脂肪酶　　　　　　　　　D. 组织脂肪酶
   E. 辅脂酶

5. 下列激素哪种是抗脂解激素
   A. 胰高血糖素　　　　B. 肾上腺素　　　　C. ACTH
   D. 胰岛素　　　　　　E. 促甲状腺素

6. 下列物质在体内彻底氧化后,每克释放能量最多的是
   A. 葡萄糖　　　B. 糖原　　　C. 脂肪　　　D. 胆固醇　　　E. 蛋白质

7. 下列生化反应过程,只在线粒体中进行的是
   A. 葡萄糖的有氧氧化　　　B. 甘油的氧化分解　　　C. 软脂酰的 β-氧化过程

D. 糖原的分解　　　　　　　　E. 糖酵解

8. 下列与脂肪酸 β-氧化无关的酶是
   A. 脂酰 CoA 脱氢酶　　　　B. β-羟脂酰 CoA 脱氢酶　　　C. β-酮脂酰 CoA 转移酶
   D. 烯酰 CoA 水化酶　　　　E. β-酮脂酰 CoA 硫解酶

9. 乙酰 CoA 不能合成下列哪种物质
   A. 葡萄糖　　　B. 脂肪酸　　　C. 酮体　　　D. 磷脂　　　E. 胆固醇

10. 脂肪动员大大加强时,肝内生成的乙酰 CoA 主要转变为
    A. 葡萄糖　　　　　　　　B. 酮体　　　　　　　　C. 胆固醇
    D. 丙二酰 CoA　　　　　　E. 脂肪酸

11. 下列与脂肪酸氧化无关的物质是
    A. 肉碱　　　B. CoASH　　　C. NAD$^+$　　　D. FAD　　　E. NADP$^+$

12. 关于脂肪酸 β-氧化过程的叙述,不正确的是
    A. 反应在线粒体进行　　　　　　　B. 反应在胞质中进行
    C. 代谢产物 NADH + H$^+$ + FADH$_2$　　　D. 代谢产物乙酰 CoA
    E. 反应是在酶的催化下完成

13. 脂肪酸氧化分解的限速酶是
    A. 脂酰 CoA 合成酶　　　B. 肉碱脂酰转移酶 I　　　C. 肉碱脂酰转移酶 II
    D. 脂酰 CoA 脱氢酶　　　E. β-羟脂酰 CoA 脱氢酶

14. 脂酰 CoA 进行 β-氧化的酶促反应顺序为
    A. 脱氢、脱水、再脱氢、硫解　　　　　B. 脱氢、加水、再脱氢、硫解
    C. 脱氢、再脱氢、加水、硫解　　　　　D. 硫解、脱氢、加水、再脱氢
    E. 缩合、还原、脱水、再还原

15. 1 分子甘油彻底氧化可以净生成多少分子 ATP
    A. 12　　　　　　　　B. 15.5 ~ 17.5　　　　　　　C. 16.5 ~ 18.5
    D. 21 ~ 23　　　　　　E. 18 ~ 20

16. 肝中生成乙酰乙酸的直接前体是
    A. 乙酰乙酰 CoA　　　　　　B. β-羟丁酸　　　　　　C. β-羟丁酰 CoA
    D. β-羟-β-甲基戊二酰 CoA　　E. 甲羟戊酸

17. 缺乏 VitB$_2$ 时,脂酰 CoA β-氧化过程中哪种中间产物的生成受阻
    A. 脂酰 CoA　　　　　　B. α、β-烯脂酰 CoA　　　　　C. L-羟脂酰 CoA
    D. β-酮脂酰 CoA　　　　E. 都不受影响

18. 1mol 软脂酸经 1 次 β-氧化后,其产物彻底氧化生成 CO$_2$ 和 H$_2$O,可净生成 ATP 的摩尔数是
    A. 5　　　　B. 9　　　　C. 14　　　　D. 15　　　　E. 17

19. 肝中脂肪酸进行 β-氧化不直接生成的是
    A. 乙酰 CoA　　B. H$_2$O　　C. 脂酰 CoA　　D. NADH　　E. FADH$_2$

20. 下列有关硬脂酸氧化的叙述,错误的是
    A. 包括活化、转移、β-氧化及最后经三羧酸循环彻底氧化 4 个阶段
    B. 1 分子硬脂酸彻底氧化可产生 146 分子 ATP
    C. 产物为 CO$_2$ 和 H$_2$O

D. 氧化过程的限速酶是肉碱脂酰转移酶 I

E. 硬脂酸氧化在胞质及线粒体中进行

21. 下列哪项关于酮体的叙述不正确

    A. 酮体包括乙酰乙酸、β-羟丁酸和丙酮

    B. 酮体是脂肪酸在肝中氧化的正常中间产物

    C. 糖尿病可引起血酮体升高

    D. 饥饿时酮体生成减少

    E. 酮体可以从尿中排出

22. 严重饥饿时,脑组织的能量主要来源于

    A. 糖的氧化   B. 脂肪酸氧化   C. 氨基酸氧化

    D. 乳酸氧化   E. 酮体氧化

23. 饥饿时,肝酮体生成增加,为防止酮症酸中毒的发生应主要补充哪种物质

    A. 葡萄糖   B. 亮氨酸   C. 苯丙氨酸

    D. ATP   E. 必需脂肪酸

24. 肉碱的作用是

    A. 脂肪酸合成时所需的一种辅酶   B. 转运脂肪酸进入肠上皮细胞

    C. 转运脂肪酸通过线粒体内膜   D. 参与脂酰基转移的酶促反应

    E. 参与视网膜的暗适应

25. 脂肪酸分解产生的乙酰 CoA 的去路有

    A. 氧化供能   B. 合成酮体   C. 合成脂肪

    D. 合成胆固醇   E. 以上都可以

26. 花生四烯酸可以生成下列哪种生物活性物质

    A. 甘油三酯   B. 胆固醇   C. 磷脂

    D. 前列腺素   E. 鞘磷脂

27. 下列在线粒体中进行的生化反应是

    A. 脂肪酸的 β-氧化   B. 脂肪酸的合成   C. 胆固醇合成

    D. 甘油三酯分解   E. 甘油磷脂的合成

28. 脂肪酸 β-氧化酶系存在于

    A. 胞液   B. 内质网   C. 线粒体   D. 微粒体   E. 溶酶体

29. 有关脂肪酸氧化分解的叙述哪项错误

    A. 在胞质中进行

    B. 脂肪酸的活性形式是 $RCH_2CH_2COSCoA$

    C. 有中间产物 $RCHOHCH_2COSCoA$

    D. 生成 $CH_3COSCoA$

    E. $NAD^+ \rightarrow NADH$

30. 催化体内储存的甘油三酯水解的脂肪酶是

    A. 胰脂肪酶   B. 激素敏感性脂肪酶   C. 脂蛋白脂肪酶

    D. 组织脂肪酶   E. 肝脂肪酶

31. 脂肪酸合成过程中的供氢体是

    A. NADH   B. $FADH_2$ C. NADPH   D. $FMNH_2$ E. $CoQH_2$

32. 脂肪酸合成的限速酶是
    A. 脂酰 CoA 合成酶　　　　B. 肉碱脂酰转移酶 I　　　　C. 肉碱脂酰转移酶 II
    D. 乙酰 CoA 羧化酶　　　　E. β-酮脂酰还原酶

33. 脂肪酸合成能力最强的是
    A. 脂肪组织　　　B. 乳腺　　　C. 肝　　　D. 肾　　　E. 脑

34. 下列哪种维生素是乙酰 CoA 羧化酶的辅助因子
    A. 泛酸　　　B. 叶酸　　　C. 硫胺素　　　D. 生物素　　　E. 钴胺素

35. 乙酰 CoA 用于合成脂肪酸时,需要由线粒体转运至胞质的途径是
    A. 三羧酸循环　　　　B. α-磷酸甘油穿梭　　　　C. 苹果酸穿梭
    D. 柠檬酸-丙酮酸循环　　　E. 葡萄糖-丙氨酸循环

36. 不参与脂肪酸合成的物质是
    A. 乙酰 CoA　　　　B. 丙二酰 CoA　　　　C. NADPH
    D. ATP　　　　E. CTP

37. 在胞质中,通过脂肪酸合成酶系合成的脂肪酸的碳链长度为
    A. 12 碳　　　B. 14 碳　　　C. 16 碳　　　D. 18 碳　　　E. 20 碳

38. 下列哪种酶只能以 $NADP^+$ 为辅酶
    A. 柠檬酸合酶　　　　B. 柠檬酸裂解酶　　　　C. 丙酮酸羧化酶
    D. 苹果酸酶　　　　E. 苹果酸脱氢酶

39. 下列有关脂肪酸合成的叙述,不正确的是
    A. 脂肪酸合成酶系存在于胞质中
    B. 脂肪酸分子中全部碳原子均来源于丙二酰 CoA
    C. 生物素是辅助因子
    D. 消耗 ATP
    E. 需要 NADPH 参与

40. 葡萄糖-6-磷酸脱氢酶受到抑制,可以影响脂肪酸合成的原因是
    A. 糖的有氧氧化加速　　　　B. NADPH 减少　　　　C. 乙酰 CoA 减少
    D. ATP 含量降低　　　　E. 糖原合成增加

41. 胞质中由乙酰 CoA 合成一分子软脂肪酸需要多少分子 NADPH
    A. 7　　　B. 8　　　C. 14　　　D. 16　　　E. 18

42. 脂肪酸合成时,乙酰 CoA 的来源是
    A. 线粒体生成后直接转运到胞质
    B. 线粒体生成后由肉碱携带转运到胞质
    C. 线粒体生成后转化为柠檬酸而转运到胞质
    D. 胞质直接提供
    E. 胞质中乙酰肉碱提供

43. 促进脂肪酸合成的激素是
    A. 胰高血糖素　　　　B. 肾上腺素　　　　C. 胰岛素
    D. 生长素　　　　E. 促甲状腺素

44. 脂酰基载体蛋白(ACP)是
    A. 载脂蛋白

B. 带脂酰基的载体蛋白

C. 含辅酶 A 的蛋白质

D. 一种低分子量的结合蛋白,其辅基含有巯基

E. 存在于质膜上负责转运脂肪酸进入细胞内的蛋白质

45. 乙酰 CoA 羧化酶的别构抑制剂是

    A. 乙酰 CoA   B. 长链脂酰 CoA   C. cAMP

    D. 柠檬酸   E. 异柠檬酸

46. 下列有关脂肪酸合成的叙述,正确的是

    A. 脂肪酸的碳链全部由丙二酰 CoA 提供   B. 不消耗 ATP

    C. 需要大量的 NADH 参与   D. 生物素是参与合成的辅助因子

    E. 脂肪酸合成酶存在于内质网

47. 属于必需脂肪酸的是

    A. 软脂酸   B. 硬脂酸   C. 油酸   D. 亚油酸   E. 甘碳酸

48. 将大鼠长期的去脂膳食后,会导致体内主要缺乏下列哪种物质

    A. 胆固醇   B. $1,25\text{-}(OH)_2D_3$ C. 前列腺素

    D. 磷脂酰胆碱   E. 磷脂酰乙醇胺

49. 属于人体内的多不饱和脂肪酸的是

    A. 软脂酸、亚油酸   B. 软脂酸、油酸

    C. 硬脂酸、花生四烯酸   D. 油酸、亚油酸

    E. 亚油酸、亚麻酸

50. 下列脂肪酸哪种含有 3 个双键

    A. 软脂酸   B. 油酸   C. 棕榈酸

    D. 亚麻酸   E. 花生四烯酸

51. 下列有关 HMG-CoA 的叙述,不正确的是

    A. HMG-CoA 即是 3-羟-3-甲基戊二单酰 CoA

    B. HMG-CoA 由乙酰 CoA 与乙酰乙酰 CoA 缩合而成

    C. HMG-CoA 都在线粒体生成

    D. HMG-CoA 是胆固醇合成过程的重要中间产物

    E. HMG-CoA 是生成酮体的前体

52. 下列有关类脂的叙述,不正确的是

    A. 磷脂、胆固醇及糖脂的总称

    B. 类脂是生物膜的基本成分

    C. 类脂的主要功能是维持正常生物膜的结构和功能

    D. 分布于体内各组织中,以神经组织中含量最少

    E. 因类脂含量变动很少,故又被称为固定脂

53. 通常生物膜中不存在的脂类是

    A. 脑磷脂   B. 卵磷脂   C. 胆固醇   D. 甘油三酯   E. 糖脂

54. 类脂在体内的主要功能是

    A. 氧化供能

    B. 保持体温,防止散热

C. 维持正常生物膜的结构和功能

D. 空腹或禁食时体内能量的主要来源

E. 保护内脏器官

55. 生物膜中含量最多的脂质是

A. 胆固醇　　　　　B. 胆固醇酯　　　C. 甘油磷脂　　　D. 糖脂　　　　　E. 鞘磷脂

56. 下列关于 HMG-CoA 还原酶的叙述,不正确的是

A. 此酶存在于细胞胞质中　　　　　　　　B. 是胆固醇合成过程中的限速酶

C. 胰岛素可以诱导此酶合成　　　　　　　D. 经磷酸化作用后活性可增强

E. 胆固醇可反馈抑制其活性

57. 肝生成酮体过多时,意味着体内的代谢

A. 脂肪摄取过多　　　　　　B. 肝功能增强　　　　　　C. 肝中脂代谢紊乱

D. 糖供应不足　　　　　　　E. 脂肪转运障碍

58. 下列磷脂中不含甘油的是

A. 脑磷脂　　　　　　　　　B. 卵磷脂　　　　　　　　C. 心磷脂

D. 肌醇磷脂　　　　　　　　E. 神经鞘磷脂

59. 在类脂合成过程中,以 CDP-甘油二酯为重要中间产物的是

A. 磷脂酸　　　　　　　　　B. 脑磷脂　　　　　　　　C. 卵磷脂

D. 磷脂酰肌醇　　　　　　　E. 神经鞘磷脂

60. 卵磷脂由以下哪组成分组成

A. 脂肪酸、甘油、磷酸　　　　　　　　　B. 脂肪酸、甘油、磷酸、乙醇胺

C. 脂肪酸、甘油、磷酸、胆碱　　　　　　D. 脂肪酸、甘油、磷酸、丝氨酸

E. 脂肪酸、磷酸、胆碱

61. 甘油磷脂合成过程中需要的核苷酸是

A. ATP、CTP　　　　　　　B. CTP、TTP　　　　　　C. TTP、UTP

D. UTP、GTP　　　　　　　E. ATP、GTP

62. 胆固醇合成过程中的限速酶是

A. HMG-CoA 合酶　　　　　B. HMG-CoA 裂解酶　　　C. HMG-CoA 还原酶

D. 鲨烯合酶　　　　　　　　E. 鲨烯环化酶

63. 磷脂酶 A_2 作用于卵磷脂的产物是

A. 甘油、脂肪酸和磷酸胆碱　　　　　　　B. 磷脂酸和胆碱

C. 溶血磷脂酰胆碱和脂肪酸　　　　　　　D. 溶血磷脂肪酸、脂肪酸和胆碱

E. 甘油二酯和磷酸胆碱

64. 胆固醇合成过程中,哪种物质不参与

A. CoASH　　　B. 乙酰 CoA　　　C. NADPH　　　D. ATP　　　E. H_2O

65. 体内合成胆固醇的原料是

A. 丙酮酸　　　　　　　　　B. 苹果酸　　　　　　　　C. 乙酰 CoA

D. α-酮戊二酸　　　　　　　E. 草酸

66. 血浆中催化胆固醇酯化的酶是

A. LCAT　　　　　　　　　B. ACAT　　　　　　　　C. LPL

D. 肉碱脂酰转移酶　　　　　E. 脂酰转移酶

67. 细胞内催化胆固醇酯化的酶是
    A. LCAT   B. ACAT   C. LPL
    D. 肉碱脂酰转移酶   E. 脂酰转移酶

68. 胆固醇不能转化为下列哪种物质
    A. 胆红素   B. 胆汁酸   C. $1,25\text{-}(OH)_2D_3$
    D. 皮质醇   E. 雌二醇

69. 胆固醇在体内的主要代谢去路是
    A. 转变成胆固醇酯   B. 转变为维生素 D_3 C. 合成胆汁酸
    D. 合成类固醇激素   E. 转变为二氢胆固醇

70. 脂蛋白脂肪酶的作用是
    A. 催化肝细胞内甘油三酯水解
    B. 催化脂肪细胞内甘油三酯水解
    C. 催化 CM 和 VLDL 中甘油三酯水解
    D. 催化 LDL 和 HDL 中甘油三酯水解
    E. 催化 HDL_2 和 HDL_3 中甘油三酯水解

71. 肝细胞内脂肪合成后的主要去向是
    A. 被肝细胞氧化分解而使肝细胞获得能量
    B. 在肝细胞内水解
    C. 在肝细胞内合成 VLDL 并分泌入血
    D. 在肝内储存
    E. 转变为其他物质

72. 游离脂肪酸在血浆中主要的运输形式是
    A. CM   B. VLDL   C. LDL
    D. HDL   E. 与白蛋白结合

73. 乳糜微粒中含量最多的组分是
    A. 脂肪酸   B. 甘油三酯   C. 磷脂酰胆碱   D. 蛋白质   E. 胆固醇

74. 载脂蛋白不具备下列哪种功能
    A. 稳定脂蛋白结构   B. 激活肝外脂蛋白脂肪酶
    C. 激活激素敏感性脂肪酶   D. 激活卵磷脂胆固醇脂酰转移酶
    E. 激活肝脂肪酶

75. 有关血脂的叙述正确的是
    A. 均溶于水   B. 主要以脂蛋白形成存在
    C. 都来自肝   D. 脂肪与白蛋白结合被转运
    E. 与血细胞结合被运输

76. 血浆脂蛋白中转运外源性脂肪的是
    A. CM   B. VLDL   C. LDL   D. HDL   E. IDL

77. 血浆脂蛋中转运内源性脂肪的是
    A. CM   B. VLDL   C. LDL   D. HDL   E. IDL

78. 血浆脂蛋白中将肝外胆固醇转运到肝进行代谢的是
    A. CM   B. VLDL   C. LDL   D. HDL   E. IDL

79. 下列有关 LDL 的叙述,不正确的是
    A. LDL 在血浆中由 VLDL 转变而来　　　B. LDL 即是 β-脂蛋白
    C. 富含 ApoB48　　　　　　　　　　　　D. 富含 ApoB100
    E. 是胆固醇含量最高的脂蛋白

80. 高密度脂蛋白的主要功能是
    A. 转运外源性脂肪　　　　B. 转运内源性脂肪　　　　C. 转运胆固醇
    D. 逆转胆固醇　　　　　　E. 转运游离脂肪酸

81. 有关 HDL 的叙述,不正确的是
    A. 主要由肝合成,小肠合成少部分
    B. 肝新合成的 HDL 呈圆盘状,主要由磷脂、胆固醇和载脂蛋白组成
    C. HDL 成熟后呈球形,胆固醇酯含量增加
    D. HDL 主要在肝降解
    E. HDL 的主要功能是血浆中胆固醇和磷脂的运输形式

82. 下列含有胆碱的磷脂是
    A. 脑磷脂　　　B. 卵磷脂　　　C. 心磷脂　　　D. 磷脂酸　　　E. 脑苷脂

83. 含有磷酸、胆碱,但不含甘油的类脂是
    A. 脑磷脂　　　B. 卵磷脂　　　C. 心磷脂　　　D. 神经磷脂　　　E. 脑苷脂

84. 某一高胆固醇血症的患者,经口服消胆胺后,血清胆固醇含量降低,其可能机制为
    A. 减少胆汁酸的重吸收,解除其对 3α-羟化酶抑制
    B. 减少胆汁酸的重吸收,解除其对 7α-羟化酶抑制
    C. 增加胆汁酸的重吸收,解除其对 12α-羟化酶抑制
    D. 增加胆汁酸的重吸收,解除其对 7α-羟化酶抑制
    E. 减少胆汁酸的生成,解除对 HMGCoA 还原酶的抑制

85. 细胞内乙酰 CoA 全部在线粒体产生,而脂肪酸及胆固醇是以乙酰 CoA 为原料在胞质中合成,乙酰 CoA 通过下列哪种机制穿过线粒体膜进入胞质
    A. 丙氨酸-葡萄糖循环　　　B. Cori 循环　　　　　　C. 柠檬酸-丙酮酸循环
    D. 三羧酸循环　　　　　　E. 苹果酸-天冬氨酸循环

【B 型题】
    A. 胰脂酶　　　　　　B. 激素敏感性脂肪酶　　　　C. 脂蛋白脂肪酶
    D. 组织脂肪酶　　　　E. 肝脂肪酶

1. 催化脂肪细胞中甘油三酯水解的酶是

2. 催化 VLDL 中甘油三酯水解的酶是

3. 催化小肠中甘油三酯水解成 2-甘油一酯的酶是
    A. 磷脂酶 A₁　　　　　　　B. 磷脂酶 A₂　　　　　　C. 磷脂酶 B
    D. 磷脂酶 C　　　　　　　E. 磷脂酶 D

4. 水解甘油磷脂的第 1 位酯键的酶是

5. 水解甘油磷脂的第 2 位酯键的酶是

6. 水解甘油磷脂的第 3 位酯键的酶是

7. 水解甘油磷脂生成磷脂酸的酶是
    A. 胞质　　　　　　　　　B. 线粒体　　　　　　　　C. 胞质和线粒体

D. 胞质和内质网　　　　　　　E. 内质网和线粒体

8. 脂肪酸 β-氧化的酶存在于

9. 脂肪酸合成酶体系主要存在于

10. 软脂肪酸碳链延长的酶存在于

11. 胆固醇合成酶存在于

12. 肝内合成酮体的酶存在于

　　A. 乙酰 CoA　　　B. 肉碱　　　　　　C. NAD^+　　　　　D. CTP　　　　　E. $NADP^+$

13. 脂肪酸 β-氧化需要

14. 脂肪酸 β-氧化可生成

15. 脂肪酸合成需要

16. 胆固醇合成需要

17. 卵磷脂合成需要

18. 活化的脂肪酸转移进入线粒体需要

　　A. HMG-CoA 合酶　　　　B. HMG-CoA 裂解酶　　　　C. HMG-CoA 还原酶

　　D. 乙酰乙酸硫激酶　　　　E. 乙酰 CoA 羧化酶

19. 脂肪酸合成的限速酶是

20. 胆固醇合成的限速酶是

21. 只与酮体生成有关的酶是

22. 催化酮体氧化利用的酶是

23. 与胆固醇及酮体的合成都相关的酶是

　　A. 脂酰 CoA　　　　　　B. β-羟脂酰 CoA　　　　　C. 丙酰 CoA

　　D. 丙二酰 CoA　　　　　E. HMG-CoA

24. 脂肪酸合成需要

25. 脂肪酸 β 氧化的中间产物是

26. 奇数碳脂肪酸 β-氧化终产物中包括

27. 在胞质和线粒体都能合成的物质是

28. 在胞质生成进入线粒体氧化分解的物质是

　　A. 长链脂酰 CoA　　　　　B. 胆固醇　　　　　　C. 柠檬酸

　　D. ATP　　　　　　　　　E. 丙二酰 CoA

29. 乙酰 CoA 羧化酶的别构激活剂是

30. 乙酰 CoA 羧化酶的别构抑制剂是

31. HMG-CoA 还原酶的抑制剂是

32. 肉碱脂酰转移酶 I 的抑制剂是

　　A. NAD^+　　　B. FAD　　　C. NADPH　　　D. 生物素　　　E. 泛酸

33. 脂酰 CoA 脱氢酶的辅酶是

34. β-羟丁酸脱氢酶的辅酶是

35. 乙酰 CoA 羧化酶的辅酶是

36. HMG-CoA 还原酶的辅酶是

37. 酰基载体蛋白的辅基是

　　A. 乳糜微粒　　　　　　B. 前 β-脂蛋白　　　　　C. β-脂蛋白

D. α-脂蛋白　　　　　　　　E. 白蛋白

38. CM 是

39. VLDL 是

40. LDL 是

41. HDL 是

42. ApoB48 主要存在于

43. ApoB100 主要存在于

44. 电泳速度最快的是

45. 在血浆中转变生成的是

46. 逆转胆固醇的是

47. 含甘油三酯最多的是

48. 携带转运游离脂肪酸的是

49. 转运外源性甘油三酯的是

50. 转运内源性甘油三酯的是

51. 含胆固醇及酯最多的是

52. 由小肠黏膜细胞合成的是

53. 由肝细胞合成的是

54. 由肝细胞和小肠粘膜细胞共同合成的是

A. ApoA Ⅰ　　　　　　　　B. ApoA Ⅱ　　　　　　　C. ApoB100

D. ApoC Ⅱ　　　　　　　　E. ApoC Ⅲ

55. 激活 LCAT 的是

56. 激活 LPL 的是

57. 抑制 LPL 的是

58. 识别 LDL 受体的是

59. 识别 HDL 受体的是

【C 型题】

A. 在内质网进行　　B. 在胞质进行　　C. 两者均是　　D. 两者均不是

1. 酮体的生成

2. 胆固醇的生物合成

3. 甘油磷脂的合成

A. NAD$^+$　　　　　B. NADPH + H$^+$　　C. 两者均是　　D. 两者均不是

4. 胆固醇生物合成需要

5. 脂肪酸的 β 氧化需要

6. 由糖转变为脂肪需要

A. HMG-CoA 合酶　　　　　　　　B. HMG-CoA 还原酶

C. 两者都是　　　　　　　　　　D. 两者都不是

7. 胆固醇生物合成的限速酶

8. 参与胆固醇生物合成的酶

9. 酮体生成的限速酶

A. 在内质网进行　　B. 在线粒体内进行　　C. 两者均是　　D. 两者均不是

10. 脂肪酸的 β-氧化过程

11. 脂肪酸的活化过程

12. 甘油磷脂的合成过程

    A. 心肌   B. 脑   C. 两者均是   D. 两者均不是

13. 合成酮体的组织是

14. 利用酮体的组织是

    A. LPL   B. LCAT   C. 两者均是   D. 两者均不是

15. 参与血浆脂蛋白的代谢

16. 参与 CM 的分解代谢

17. 参与 LDL 的分解代谢

18. 参与 HDL 的成熟过程

【X 型题】

1. 下列物质中与脂肪消化吸收有关的是

    A. 胰脂酶   B. 脂蛋白脂肪酶   C. 激素敏感性脂肪酶

    D. 辅脂酶   E. 胆酸

2. 脂解激素是

    A. 肾上腺素   B. 胰高血糖素   C. 胰岛素

    D. 促甲状腺素   E. 甲状腺素

3. 与脂肪水解有关的酶是

    A. LPL   B. HSL   C. LCAT

    D. 胰脂酶   E. 组织脂肪酶

4. 必需脂肪酸包括

    A. 油酸   B. 软油酸   C. 亚油酸

    D. 亚麻酸   E. 花生四烯酸

5. 花生四烯酸在体内可以生成

    A. 前列腺素   B. 血栓素   C. 白三烯

    D. 亚油酸   E. 亚麻酸

6. 脂肪酸氧化产生乙酰 CoA,不参与下列哪些代谢

    A. 合成葡萄糖   B. 再合成脂肪酸   C. 合成酮体

    D. 合成胆固醇   E. 参与鸟氨酸循环

7. 下列有关脂肪酸氧化的叙述,正确的是

    A. 脂肪酸在胞质中被活化并消耗 ATP

    B. β-氧化过程包括脱氢、加水、再脱氢、硫解 4 个连续的反应步骤

    C. 反应过程需要 FAD 和 $NADP^+$ 参与

    D. 生成的乙酰 CoA 可进入三羧酸循环被氧化

    E. 除脂酰 CoA 合成酶外,其余所有的酶都属于线粒体酶

8. 脂肪酸 β-氧化过程中需要的辅助因子有

    A. FAD   B. FMN   C. NAD^+ D. $NADP^+$ E. CoASH

9. 乙酰 CoA 可以来源于下列哪些物质的代谢

    A. 葡萄糖   B. 脂肪酸   C. 酮体   D. 胆固醇   E. 柠檬酸

10. 下列有关酮体的叙述正确的是
    A. 酮体是肝输出能源的重要方式
    B. 酮体包括乙酰乙酸、β-羟丁酸和丙酮
    C. 酮体在肝内生成,肝外氧化
    D. 饥饿可引起体内酮体增加
    E. 严重糖尿病患者,血酮体水平升高

11. 下列哪项因素可引起酮症
    A. 饥饿　　　　　　　　B. 高脂低糖膳食　　　　　　C. 糖尿病
    D. 过量饮酒　　　　　　E. 高糖低脂膳食

12. 参与脂肪酸氧化的维生素有
    A. 维生素 B_1　　　　　　B. 维生素 B_2　　　　　　C. 维生素 PP
    D. 泛酸　　　　　　　　E. 生物素

13. 下列代谢主要在线粒体中进行的是
    A. 脂肪酸 β-氧化　　　　B. 脂肪酸合成　　　　　　C. 酮体的生成
    D. 酮体的氧化　　　　　E. 胆固醇合成

14. 直接参与胆固醇合成的物质是
    A. 乙酰 CoA　　　　　　B. 丙二酰 CoA　　　　　　C. ATP
    D. NADH　　　　　　　E. NADPH

15. 胆固醇在体内可以转变为
    A. 维生素 D_2　　　B. 睾酮　　　C. 胆红素　　　D. 醛固酮　　　E. 鹅胆酸

16. 在肝外组织中,使酮体转化成乙酰乙酰 CoA 的酶有
    A. 硫解酶　　　　　　　B. 硫酯酶　　　　　　　　C. 乙酰乙酸硫激酶
    D. 琥珀酰 CoA 转硫酶　　E. 脂酰 CoA 合成酶

17. 乙酰 CoA 羧化酶的别构激活剂是
    A. 乙酰 CoA　　　　　　B. 柠檬酸　　　　　　　　C. 异柠檬酸
    D. 长链脂酰 CoA　　　　E. 胰岛素

18. 合成甘油磷脂共同需要的原料是
    A. 甘油　　　B. 脂肪酸　　　C. 胆碱　　　D. 乙醇胺　　　E. 磷酸盐

19. 参与血浆脂蛋白代谢的关键酶是
    A. 激素敏感性脂肪酶(HSL)　　　　　B. 脂蛋白脂肪酶(LPL)
    C. 肝脂肪酶(HL)　　　　　　　　　D. 卵磷脂胆固醇酰基转移酶(LCAT)
    E. 脂酰基胆固醇脂酰转移酶(ACAT)

20. 脂蛋白的结构是
    A. 脂蛋白呈球状颗粒　　　　　　　　B. 脂蛋白具有亲水表面和疏水核心
    C. 载脂蛋白位于表面　　　　　　　　D. CM、VLDL 主要以甘油三酯为核心
    E. LDL、HDL 主要以胆固醇酯为核心

(二)名词解释

1. 脂肪动员

2. 脂肪酸的 β-氧化

3. 酮体

4. 必需脂肪酸

5. 高脂蛋白血症

6. 载脂蛋白

7. 脂肪肝

8. 脂解激素

9. 抗脂解激素

10. 磷脂

11. 脂蛋白脂肪酶

12. RCT

13. 丙酮酸-柠檬酸循环

(三) 填空题

1. 血脂的运输形式是_____，电泳法可将其分为_____、_____、_____、_____ 4 种。

2. 空腹血浆中含量最多的脂蛋白是_____，其主要作用是_____。

3. 合成胆固醇的主要原料是_____，供氢体是_____，限速酶是_____，胆固醇在体内可转化为_____、_____、_____。

4. 乙酰 CoA 的代谢去路有_____、_____、_____、_____。

5. 脂肪动员的限速酶是_____。此酶受多种激素控制，促进脂肪动员的激素称_____，抑制脂肪动员的激素称_____。

6. 脂肪酰 CoA 的 β-氧化经过_____、_____、_____和_____ 4 个连续反应步骤，每次 β-氧化生成 1 分子_____和比原来少 2 个碳原子的脂酰 CoA，脱下的氢由_____和_____携带，进入呼吸链被氧化生成水。

7. 酮体包括_____、_____、_____。酮体主要在_____以_____为原料合成，并在_____被氧化利用。

8. 肝不能利用酮体，是因为缺乏_____和_____。

9. 脂肪酸合成的主要原料是_____，供氢体是_____，它们都主要来源于_____。

10. 脂肪酸合成酶系主要存在于_____，_____内的乙酰 CoA 需经_____循环转运至_____而用于合成脂肪酸。

11. 脂肪酸合成的限速酶是_____，其辅助因子是_____。

12. 在磷脂合成过程中，胆碱可由食物提供，亦可由_____及_____在体内合成，胆碱及乙醇胺由活化的_____及_____提供。

13. 脂蛋白 CM、VLDL、LDL 和 HDL 的主要功能分别是_____、_____、_____和_____。

14. 载脂蛋白的主要功能是_____、_____、_____。

15. 人体含量最多的甘油磷脂是_____和_____。

(四) 问答题

1. 何谓酮体？酮体是如何生成及氧化利用的？

2. 简述体内乙酰 CoA 的来源和去路。

3. 为什么吃糖多了人体会发胖（写出主要反应过程）？脂肪能转变成葡萄糖吗？为

什么?

4. 简述磷脂在体内的主要生理功用,写出合成卵磷脂需要的物质及基本途径。

5. 简述脂肪肝的成因。

6. 写出胆固醇合成的基本原料及关键酶,胆固醇在体内可转变成哪些物质?

7. 简述血脂的来源和去路。

8. 脂蛋白分为几类? 各种脂蛋白的主要功用。

9. 载脂蛋白的种类及主要作用。

10. 写出甘油的代谢途径。

11. 胰高血糖素、胰岛素怎样调节脂肪代谢的?

12. 写出软脂酸氧化分解的主要过程及 ATP 的生成。

13. 简述饥饿或糖尿病患者出现酮症的原因。

四、参考答案

(一)选择题

【A 型题】

1. D	2. D	3. A	4. A	5. D	6. C	7. C	8. C	9. A	10. B
11. E	12. B	13. B	14. B	15. C	16. D	17. B	18. C	19. B	20. B
21. D	22. E	23. A	24. C	25. E	26. D	27. A	28. C	29. A	30. B
31. C	32. D	33. C	34. D	35. D	36. E	37. C	38. D	39. B	40. B
41. C	42. C	43. C	44. C	45. B	46. D	47. D	48. C	49. E	50. D
51. C	52. D	53. D	54. C	55. C	56. D	57. D	58. E	59. D	60. C
61. A	62. C	63. C	64. E	65. C	66. A	67. B	68. A	69. C	70. C
71. C	72. E	73. B	74. C	75. B	76. A	77. B	78. D	79. C	80. D
81. E	82. B	83. D	84. B	85. C					

【B 型题】

1. B	2. C	3. A	4. A	5. B	6. D	7. E	8. B	9. A	10. E
11. D	12. B	13. C	14. A	15. A	16. A	17. D	18. B	19. E	20. C
21. B	22. D	23. A	24. D	25. B	26. C	27. E	28. A	29. C	30. A
31. B	32. E	33. B	34. A	35. D	36. C	37. E	38. A	39. B	40. C
41. D	42. A	43. C	44. D	45. C	46. A	47. C	48. E	49. A	50. B
51. C	52. D	53. B	54. C	55. A	56. D	57. E	58. C	59. A	

【C 型题】

1. D	2. C	3. A	4. B	5. A	6. C	7. B	8. C	9. A	10. B
11. D	12. A	13. D	14. C	15. A	16. A	17. D	18. B		

【X 型题】

1. ADE	2. ABDE	3. ABDE	4. CDE	5. ABC	6. AE
7. ABDE	8. AC	9. ABCE	10. ABCDE	11. ABC	12. BCD
13. ACD	14. ACE	15. BDE	16. CD	17. ABC	18. ABE
19. BCD	20. ABCDE				

（二）名词解释

1. 储存在脂肪组织细胞中的脂肪,经脂肪酶逐步水解为游离脂肪酸和甘油并释放入血被组织利用的过程称为脂肪动员。

2. 脂肪酸的 β-氧化是从脂酰基的 β-碳原子开始,进行脱氢、加水、再脱氢及硫解 4 个连续的反应,将脂酰断裂生成 1 分子乙酰 CoA 和比原来少 2 个碳原子的脂酰 CoA 的过程。

3. 酮体包括乙酰乙酸、β-羟丁酸和丙酮,是脂肪酸在肝氧化分解的特有产物。

4. 维持机体生命活动所必需,但体内不能合成,必须由食物提供的脂肪酸,称为必需脂肪酸。

5. 血脂高于正常人上限即为高脂血症,由于血脂是以脂蛋白的形式存在和运输的,故高脂血症即为高脂蛋白血症。

6. 血浆脂蛋白中的蛋白部分称为载脂蛋白。它们的主要功能是转运脂类,稳定脂蛋白结构,识别脂蛋白受体、调节脂蛋白代谢关键酶。

7. 在肝细胞合成的脂肪不能顺利移出而造成堆积,称为脂肪肝。

8. 脂解激素是使甘油三酯脂肪酶活性增强,而促进脂肪分解的激素。

9. 抗脂解激素是使甘油三酯脂肪酶活性降低,而抑制脂肪分解的激素。

10. 含有磷酸的脂类物质称为磷脂。

11. 脂蛋白脂肪酶是存在于毛细血管内皮细胞中,水解脂蛋白中脂肪的酶。

12. 在 HDL 的作用下,将胆固醇从肝外组织转向肝内的过程。

13. 在胞质与线粒体之间经丙酮酸与柠檬酸的转变,将乙酰 CoA 由线粒体转运至胞质用于合成代谢的过程称丙酮酸-柠檬酸循环。

（三）填空题

1. 脂蛋白;CM;前 β-脂蛋白;β-脂蛋白;α-脂蛋白

2. 低密度脂蛋白;转运胆固醇

3. 乙酰 CoA;NADPH;HMG-CoA 还原酶;胆汁酸;类固醇激素;$1,25\text{-}(OH)_2\text{-}D_3$

4. 经三羧酸循环氧化供能;合成脂肪酸;合成胆固醇;合成酮体

5. 激素敏感性脂肪酶;脂解激素;抗脂解激素

6. 脱氢;水化;再脱氢;硫解;乙酰 CoA;FAD;NAD^+

7. 乙酰乙酸;β-羟丁酸;丙酮;肝细胞;乙酰 CoA;肝外组织

8. 乙酰乙酰硫激酶;琥珀酰 CoA 转硫酶

9. 乙酰 CoA;NADPH;糖代谢

10. 胞质;线粒体;丙酮酸-柠檬酸;胞质

11. 乙酰 CoA 羧化酶;生物素

12. 丝氨酸;甲硫氨酸;CDP-胆碱;CDP-乙醇胺

13. 转运外源性脂肪;转运内源性脂肪;转运肝内胆固醇到肝外;逆转胆固醇

14. 结合转运脂类及稳定脂蛋白结构;调节脂蛋白代谢关键酶的活性;识别脂蛋白受体

15. 卵磷脂;脑磷脂

（四）问答题

1. 酮体包括乙酰乙酸、β 羟丁酸和丙酮。酮体是在肝细胞内由乙酰 CoA 经 HMG-CoA 转化而来,但肝不利用酮体。在肝外组织酮体经乙酰乙酸硫激酶或琥珀酰 CoA 转硫酶催化后,转变成乙酰 CoA 并进入三羧酯循环而被氧化利用。

2. （1）乙酰 CoA 的来源：①糖氧化分解；②脂类氧化分解；③氨基酸氧化分解。

（2）乙酰 CoA 的去路：①氧化供能；②合成脂肪酸；③合成胆固醇；④转化成酮体；⑤参与乙酰化反应。

3. 人吃过多的糖造成体内能量物质过剩，进而合成脂肪储存故可以发胖，基本过程如下：

葡萄糖→丙酮酸→乙酰 CoA→合成脂肪酸→脂酰 CoA

葡萄糖→磷酸二羟丙酮→α-磷酸甘油

脂酰 CoA + α-磷酸甘油→脂肪（储存）

脂肪分解产生脂肪酸和甘油，脂肪酸不能转变成葡萄糖，因为脂肪酸氧化产生的乙酰 CoA 不能逆转为丙酮酸，但脂肪分解产生的甘油可以通过糖异生而生成葡萄糖。

4. （1）磷脂在体内的主要生理功能是构成生物膜，并参与细胞识别及信息传递。

（2）合成卵磷脂需要脂肪酸、甘油、磷酸盐及胆碱，合成的基本过程为：

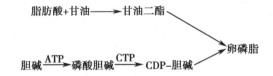

5. 肝是合成脂肪的主要器官，由于磷脂合成的原料不足等原因，造成肝脂蛋白合成障碍，使肝内脂肪不能及时转移出肝而造成堆积，形成脂肪肝。

6. 胆固醇合成的基本原料是乙酰 CoA、NADPH 和 ATP 等，限速酶是 HMG-CoA 还原酶，胆固醇在体内可以转变为胆汁酸、类固醇激素和维生素 D_3。

7. （1）血脂的来源：①食物消化吸收；②糖等转变成脂；③脂库分解。

（2）血脂的去路：①氧化供能；②储存；③构成生物膜；④转变为其他物质。

8. 脂蛋白分为四类：CM、VLDL（前 β-脂蛋白）、LDL（β-脂蛋白）和 HDL（α-脂蛋白），它们的主要功能分别是转运外源脂肪、转运内源脂肪、转运胆固醇及逆向转运胆固醇。

9. 载脂蛋白主要有 A、B、C、D、E 五大类及许多亚类，如 AⅠ、AⅡ、CⅠ、CⅡ、CⅢ、B_{48}、B_{100} 等。

载脂蛋白的主要作用是结合转运脂类并稳定脂蛋白结构，调节脂蛋白代谢关键酶，识别脂蛋白受体等，如 Apo AⅠ激活 LCAT，Apo CⅡ可激活 LPL，ApoB100、E 识别 LDL 受体等。

10. 甘油 → α-磷酸甘油 → 氧化供能
　　　　　　　　　　　 → 异生为糖
　　　　　　　　　　　 → 合成脂肪再利用

11. 胰高血糖素增加激素敏感性脂肪酶的活性，促进脂酰基进入线粒体，抑制乙酰 CoA 羧化酶的活性，故能增加脂肪的分解及脂肪酸的氧化，抑制脂肪酸合成。

胰岛素抑制 HSL 活性及肉碱脂酰转移酶Ⅰ的活性，增加乙酰 CoA 羧化酶的活性，故能促进脂肪合成，抑制脂肪分解及脂肪酸的氧化。

12. 软脂肪酸 $\xrightarrow{-2ATP}$ 软脂酰 CoA $\xrightarrow{7次 \beta\text{-氧化}}$ 8 乙酰 CoA + 7（$FADH_2$ + NADH）

8 乙酰 CoA $\xrightarrow{\text{三羧酸循环}}$ CO_2 + H_2O + 80ATP

7（$FADH_2$ + NADH）$\xrightarrow{\text{氧化磷酸化}}$ H_2O + 28ATP

故一分子软脂肪酸彻底氧化生成 CO_2 和 H_2O，生成 $80 + 28 = 108 ATP$

13. 在正常生理条件下，肝外组织氧化利用酮体的能力大大超过肝内生成酮体的能力，血中仅含少量的酮体，在饥饿、糖尿病等糖代谢障碍时，脂肪动员加强，脂肪酸的氧化也加强，肝生成酮体大大增加，当酮体的生成超过肝外组织的氧化利用能力时，血酮体升高，可导致酮血症、酮尿症及酮症酸中毒。

（孙秀玲）

第七章

生物氧化

一、内容要点

(一)概念

物质在生物体内进行的氧化反应称生物氧化(biological oxidation)。生物氧化的方式有加氧、脱氢、脱电子。

(二)作用及意义

生物氧化分为线粒体内生物氧化和线粒体外生物氧化。线粒体内生物氧化伴有ATP的生成,在能量代谢中有重要意义。线粒体外生物氧化主要在过氧化物酶体、微粒体及胞质中进行,参与代谢物的氧化及药物、毒物的生物转化。

(三)生物氧化特点

(1)在细胞内温和的环境中(体温、pH近中性)进行。

(2)酶促反应。

(3)能量逐步释放。

(4)生物氧化中生成的水由脱下的氢与氧结合产生,二氧化碳由有机酸脱羧产生。

(5)遵循氧化还原反应的一般规律。

(四)呼吸链概念

代谢物脱下的氢通过多种酶与辅酶所催化的连锁反应逐步传递,最终与氧结合生成水,此过程与细胞呼吸有关故称呼吸链或电子传递链。

(五)呼吸链

呼吸链位于线粒体内膜上,由4种复合体(复合体Ⅰ～Ⅳ)和2种游离成分(辅酶Q、细胞色素c)组成。组成NADH氧化呼吸链和琥珀酸氧化呼吸链(FADH$_2$氧化呼吸链)。

(六)氧化磷酸化概念

代谢物脱下的氢经呼吸链传递给氧生成水,同时伴有ADP磷酸化为ATP,此过程称氧化磷酸化(oxidative phosphorylation)。

(七)氧化磷酸化的偶联部位

根据P/O比值和自由能变化确定氧化磷酸化的偶联部位,其偶联部位分别是NADH + H$^+$→CoQ,CoQ→Cyt c,Cyt aa$_3$→O$_2$ 。NADH氧化呼吸链偶联部位为3个,琥珀酸氧化呼吸链偶联部位为2个。

(八)影响氧化磷酸化的因素

主要有呼吸链抑制剂;解偶联剂;氧化磷酸化抑制剂;ADP的调节作用;甲状腺素;线粒体DNA突变。

(九) 胞质中 NADH 的氧化

胞质中的 NADH 可通过 α-磷酸甘油穿梭和苹果酸-天冬氨酸穿梭两种方式进入线粒体氧化。前者主要存在于脑组织和骨骼肌中,每对氢进入琥珀酸呼吸链可产生 1.5 分子 ATP;后者主要存在于肝和心肌中,每对氢进入 NADH 呼吸链可产生 2.5 分子 ATP。

(十) 线粒体外生物氧化体系

在微粒体、过氧化物酶体及胞质中存在有不同于线粒体的生物氧化酶类,有过氧化氢酶、过氧化物酶、超氧化物歧化酶、加单氧酶、加双氧酶等,参与多种物质的氧化反应,其特点是氧化过程中不伴有 ATP 生成。

二、重点和难点解析

(一) 呼吸链组成及排列顺序

呼吸链位于线粒体内膜上,由 4 种复合体(复合体Ⅰ~Ⅳ)和 2 种游离成分(辅酶 Q、细胞色素 c)组成两条呼吸链。NADH 氧化呼吸链和琥珀酸氧化呼吸链。复合体Ⅰ、复合体Ⅲ、复合体Ⅳ均具有质子通道的作用。

NADH 氧化呼吸链:

$NADH + H^+ \rightarrow FMN, Fe-S \rightarrow CoQ \rightarrow Cyt\ b_{562}, b_{566}, c_1 \rightarrow Cyt\ c \rightarrow Cyt\ aa_3 \rightarrow 1/2\ O_2$

　　　复合体Ⅰ　　　　　　　　　复合体Ⅲ　　　　　　　复合体Ⅳ

琥珀酸氧化呼吸链:

$琥珀酸 \rightarrow FAD(Fe-S, Cyt\ b_{560}) \rightarrow CoQ \rightarrow Cyt\ b_{562}, b_{566}, c_1 \rightarrow Cyt\ c \rightarrow Cyt\ aa_3 \rightarrow 1/2\ O_2$

　　　复合体Ⅱ　　　　　　　复合体Ⅲ　　　　　　　复合体Ⅳ

(二) 影响氧化磷酸化的因素

影响氧化磷酸化的因素有:

1. 呼吸链抑制剂　鱼藤酮、粉蝶霉素 A、异戊巴比妥与复合体Ⅰ中的铁硫蛋白结合,抑制电子传递;抗霉素 A、二巯基丙醇抑制复合体Ⅲ;一氧化碳、氰化物、硫化氢抑制复合体Ⅳ。

2. 解偶联剂　二硝基苯酚(dinitrophenol, DNP)和存在于棕色脂肪组织、骨骼肌等组织线粒体内膜上的解偶联蛋白(uncoupling protein)。

3. 氧化磷酸化抑制剂　寡霉素(oligomycin)。

4. ADP 的调节作用　ADP 浓度升高,氧化磷酸化速度加快,反之,氧化磷酸化速度减慢。

5. 甲状腺素　诱导细胞膜 Na^+, K^+-ATP 酶生成,加速 ATP 分解为 ADP,促进氧化磷酸化;增加解偶联蛋白的基因表达,导致耗氧、产能均增加。

6. 线粒体 DNA 突变　呼吸链中的部分蛋白质肽链由线粒体 DNA 编码,线粒体 DNA 因缺乏蛋白质保护和损伤修复系统易发生突变,影响氧化磷酸化。

三、习题测试

(一) 选择题

【A 型题】

1. 细胞色素 aa_3 除含有铁以外,还含有

　　A. 锌　　　　　B. 锰　　　　　C. 铜　　　　　D. 镁　　　　　E. 钾

2. 呼吸链存在于

　　A. 细胞膜　　　　　　　B. 线粒体外膜　　　　　　　C. 线粒体内膜

    D. 微粒体　　　　　　　　　E. 过氧化物酶体

3. 呼吸链中可被一氧化碳抑制的成分是

    A. FAD　　　　　　　　　　B. FMN　　　　　　　　　　C. 铁硫蛋白

    D. 细胞色素 aa_3　　　　　　E. 细胞色素 c

4. 下列哪种物质不是 NADH 氧化呼吸链的组分

    A. FMN　　　　　　　　　　B. FAD　　　　　　　　　　C. 泛醌

    D. 铁硫蛋白　　　　　　　　E. 细胞色素 c

5. 解偶联剂是

    A. 一氧化碳　　　　　　　　B. 氰化物　　　　　　　　　C. 鱼藤酮

    D. 二硝基苯酚　　　　　　　E. 硫化氰

6. ATP 生成的主要方式是

    A. 肌酸磷酸化　　　　　　　B. 氧化磷酸化　　　　　　　C. 糖的磷酸化

    D. 底物水平磷酸化　　　　　E. 有机酸脱羧

7. 呼吸链中细胞色素排列顺序是

    A. $b \to c \to c_1 \to aa_3 \to O_2$　　B. $c \to b \to c_1 \to aa_3 \to O_2$　　C. $c_1 \to c \to b \to aa_3 \to O_2$

    D. $b \to c_1 \to c \to aa_3 \to O_2$　　E. $c \to c_1 \to b \to aa_3 \to O_2$

8. 有关生物氧化错误的是

    A. 在生物体内发生的氧化反应

    B. 生物氧化是一系列酶促反应

    C. 氧化过程中能量逐步释放

    D. 线粒体中的生物氧化可伴有 ATP 生成

    E. 与体外氧化结果相同,但释放的能量不同

9. 在将代谢物脱下的一对电子传递给氧的过程中,可将 2 个 H^+ 泵到线粒体内膜胞质侧的是

    A. 复合体 I　　　　　　　　B. 复合体 II　　　　　　　　C. 复合体 III

    D. 泛醌　　　　　　　　　　E. 复合体 IV

10. 心肌细胞液中的 NADH 进入线粒体主要通过

    A. α-磷酸甘油穿梭　　　　　　　　　B. 肉碱穿梭

    C. 苹果酸-天冬氨酸穿梭　　　　　　　D. 丙氨酸-葡萄糖循环

    E. 柠檬酸-丙酮酸循环

11. 机体生命活动的能量直接供应者是

    A. 葡萄糖　　　B. 蛋白质　　　C. 乙酰辅酶 A　　　D. ATP　　　　　E. 脂肪

12. 下列维生素中参与构成呼吸链的是

    A. 维生素 A　　　B. 维生素 B_1　　　C. 维生素 B_2　　　D. 维生素 C　　　E. 维生素 D

13. 参与呼吸链递电子的金属离子是

    A. 铁离子　　　B. 钴离子　　　C. 镁离子　　　D. 锌离子　　　E. 钙离子

14. 离体线粒体中加入抗霉素 A,细胞色素 C 处于

    A. 氧化状态　　　B. 还原状态　　　C. 结合状态　　　D. 游离状态　　　E. 活化状态

15. 甲亢患者不会出现

    A. 耗氧增加　　　　　　B. ATP 生成增多　　　　　C. ATP 分解减少

  D. ATP 分解增加   E. 基础代谢率升高

16. 下列不抑制呼吸链电子传递的是

  A. 二巯基丙醇   B. 粉蝶霉素 A   C. 硫化氢

  D. 寡霉素   E. 二硝基苯酚

17. 只催化电子转移的酶类是

  A. 加单氧酶   B. 加双氧酶   C. 不需氧脱氢酶

  D. 需氧脱氢酶   E. 细胞色素与铁硫蛋白

18. 关于超氧化物歧化酶不正确的是

  A. 可催化产生超氧离子 B. 可消除超氧离子   C. 含金属离子辅基

  D. 可催化产生过氧化氢 E. 存在于胞质和线粒体中

【B 型题】

  A. 磷酸肌酸 B. CTP   C. UTP   D. ATP   E. GTP

1. 体内的主要直接能源是

2. 高能磷酸键的贮存形式是

  A. 细胞色素 aa_3 B. 细胞色素 b   C. 细胞色素 P_{450}

  D. 细胞色素 c_1 E. 细胞色素 c

3. 在线粒体中将电子传递给氧的是

4. 参与构成呼吸链复合体 IV 的是

5. 与单加氧酶功能有关的是

  A. 氰化物   B. 抗霉素 A   C. 寡霉素

  D. 二硝基苯酚   E. 异戊巴比妥

6. 可与 ATP 合酶结合的是

7. 细胞色素氧化酶的抑制剂是

8. 氧化磷酸化解偶联剂是

9. 可抑制呼吸链复合体 I 的是

  A. 异咯嗪环 B. 烟酰胺 C. 苯醌结构 D. 铁硫簇 E. 铁卟啉

10. 铁硫蛋白传递电子是由于其分子中含

11. 细胞色素中含有

12. FMN 发挥递氢体作用的结构是

13. NAD^+ 发挥递氢体作用的结构是

14. 辅酶 Q 属于递氢体是由于分子中含有

【C 型题】

  A. 氧化磷酸化   B. 底物水平磷酸化

  C. 两者均是   D. 两者均不是

1. ATP 的生成方式是

  A. 生成 ATP B. 产生热能 C. 两者均是   D. 两者均不是

2. 生物氧化释放能量的主要去向是

  A. 铁硫蛋白 B. 细胞色素 C C. 两者均是   D. 两者均不是

3. 单电子传递体是

  A. P/O 比值 B. 自由能变化 C. 两者均是   D. 两者均不是

4. 判断氧化磷酸化偶联部位的方法是

    A. 鱼藤酮　　　　　　B. 二硝基苯酚　　　　C. 两者均是　　　　D. 两者均不是

5. 作用于呼吸链复合体Ⅳ的抑制剂是

    A. 复合体Ⅰ　　　　　B. 复合体Ⅴ　　　　　C. 两者均是　　　　D. 两者均不是

6. 具有 H^+ 通道作用的是

【X 型题】

1. 下列属于高能化合物的是

    A. 乙酰辅酶 A　　　　　　B. ATP　　　　　　C. 磷酸肌酸

    D. 磷酸二羟丙酮　　　　　E. 磷酸烯醇式丙酮酸

2. 呼吸链中氧化磷酸化的偶联部位有

    A. NAD^+→泛醌　　　　B. 泛醌→细胞色素 b　　　C. 泛醌→细胞色素 c

    D. FAD→泛醌　　　　　E. 细胞色素 aa_3→O_2

3. 能以 $NADP^+$ 为辅酶的酶是

    A. 琥珀酸脱氢酶　　　　　B. 谷氨酸脱氢酶　　　　C. 6-磷酸葡萄糖脱氢酶

    D. 苹果酸酶　　　　　　　E. 丙酮酸脱氢酶

4. 线粒体外生物氧化体系的特点有

    A. 氧化过程不伴有 ATP 生成　　　　　B. 氧化过程伴有 ATP 生成

    C. 与体内某些物质生物转化有关　　　　D. 仅存在于微粒体中

    E. 仅存在于过氧化物酶体中

5. 影响氧化磷酸化的因素有

    A. 寡霉素　　　　　　　　B. 二硝基苯酚　　　　　C. 氰化物

    D. ATP 浓度　　　　　　　E. 胰岛素

6. 下列哪些物质脱下的氢可进入 NADH 氧化呼吸链

    A. 异柠檬酸　　　　　　　B. α-酮戊二酸　　　　　C. 苹果酸

    D. 琥珀酸　　　　　　　　E. 丙酮酸

7. 关于 ATP 合酶,下列叙述中正确的是

    A. 位于线粒体内膜,又称复合体Ⅴ

    B. 由 F_1 和 F_0 两部分组成

    C. F_0 是质子通道

    D. 生成 ATP 的催化部位在 F_1 的 β 亚基上

    E. F_1 呈疏水性,嵌在线粒体内膜中

8. 关于辅酶 Q,叙述正确的是

    A. 是一种水溶性化合物　　　　　　B. 其属醌类化合物

    C. 其可在线粒体内膜中迅速扩散　　D. 不参与呼吸链复合体

    E. 是 NADH 呼吸链和琥珀酸呼吸链的交汇点

(二)名词解释

1. 生物氧化

2. 呼吸链

3. 氧化磷酸化

4. P/O 比值

（三）填空题

1. 琥珀酸氧化呼吸链的组成成分有_____、_____、_____、_____、_____。

2. 在 NADH 氧化呼吸链中，氧化磷酸化偶联部位分别是_____、_____、_____。

3. 胞质中的 NADH + H$^+$ 通过_____和_____两种穿梭机制进入线粒体，并可进入_____氧化呼吸链或_____氧化呼吸链，可分别产生_____分子 ATP 或_____分子 ATP。

4. ATP 生成的主要方式有_____和_____。

5. 呼吸链中未参与形成复合体的两种游离成分是_____和_____。

6. FMN 或 FAD 作为递氢体，其发挥功能的结构是_____。

7. 呼吸链中含有铜原子的细胞色素是_____。

8. 构成呼吸链的 4 种复合体中，具有质子泵作用的是_____、_____、_____。

9. ATP 合酶由_____和_____两部分组成，具有质子通道功能的是_____，_____具有催化生成 ATP 的作用。

10. 呼吸链抑制剂中，_____、_____、_____可与复合体 I 结合，_____可抑制复合体 III，可抑制细胞色素 c 氧化酶的物质有_____、_____、_____。

（四）问答题

1. 试比较生物氧化与体外物质氧化的异同。

2. 描述 NADH 氧化呼吸链和琥珀酸氧化呼吸链的组成、排列顺序及氧化磷酸化的偶联部位。

3. 试述影响氧化磷酸化的诸因素及其作用机制。

四、参考答案

（一）选择题

【A 型题】

1. C　　2. C　　3. D　　4. B　　5. D　　6. B　　7. D　　8. E　　9. E　　10. C

11. D　　12. C　　13. A　　14. A　　15. C　　16. E　　17. E　　18. A

【B 型题】

1. D　　2. A　　3. A　　4. A　　5. C　　6. C　　7. A　　8. D　　9. E　　10. D

11. E　　12. A　　13. B　　14. C

【C 型题】

1. C　　2. C　　3. C　　4. C　　5. D　　6. B

【X 型题】

1. ABCE　　2. ACE　　3. BCD　　4. AC　　5. ABCD　　6. ABCE

7. ABCD　　8. BCDE

（二）名词解释

1. 营养物质在生物体内进行的氧化反应。

2. 代谢物脱下的氢通过多种酶与辅酶所催化的连锁反应逐步传递，最终与氧结合为水，此过程与细胞呼吸有关故称呼吸链。

3. 代谢物脱下的氢经呼吸链传递给氧生成水,同时伴有 ADP 磷酸化为 ATP,此过程称氧化磷酸化。

4. 物质氧化时每消耗 1 摩尔氧原子所消耗的无机磷酸的摩尔数(或生成 ATP 的摩尔数)。

（三）填空题

1. 复合体Ⅱ;泛醌;复合体Ⅲ;细胞色素 c;复合体Ⅳ

2. NADH→泛醌;泛醌→细胞色素 c;细胞色素 aa_3→O_2

3. α-磷酸甘油穿梭;苹果酸-天冬氨酸穿梭;琥珀酸;NADH;1.5;2.5

4. 氧化磷酸化;底物水平磷酸化

5. 泛醌;细胞色素 c

6. 异咯嗪环

7. 细胞色素 aa_3

8. 复合体Ⅰ;复合体Ⅲ;复合体Ⅳ

9. F_0;F_1;F_0;F_1

10. 鱼藤酮;粉蝶霉素 A;异戊巴比妥;抗霉素 A;二巯基丙醇;一氧化碳;氰化物;硫化氢

（四）问答题

1.（1）生物氧化与体外氧化的相同点:物质在体内外氧化时所消耗的氧量、最终产物和释放的能量是相同的。

（2）生物氧化与体外氧化的不同点:生物氧化是在细胞内温和的环境中在一系列酶的催化下逐步进行的,能量逐步释放并伴有 ATP 的生成,将部分能量储存于 ATP 分子中,可通过加水脱氢反应间接获得氧并增加脱氢机会,二氧化碳是通过有机酸的脱羧产生的。生物氧化有加氧、脱氢、脱电子 3 种方式,体外氧化常是较剧烈的过程,其产生的二氧化碳和水是由物质的碳和氢直接与氧结合生成的,能量是突然释放的。

2. NADH 氧化呼吸链组成及排列顺序:NADH + H^+→复合体Ⅰ(FMN、Fe-S)→CoQ→复合体Ⅲ($Cytb_{562}$、b_{566}、Fe-S、c_1)→Cytc→复合体Ⅳ($Cytaa_3$)→O_2。其有 3 个氧化磷酸化偶联部位,分别是 NADH + H^+→CoQ,CoQ→Cytc,$Cytaa_3$→O_2。

琥珀酸氧化呼吸链组成及排列顺序:琥珀酸→复合体Ⅱ(FAD、Fe-S、$Cytb_{560}$)→CoQ→复合体Ⅲ→Cytc→复合体Ⅳ→O_2。其只有两个氧化磷酸化偶联部位,分别是 CoQ→Cytc,$Cytaa_3$→O_2。

3. 影响氧化磷酸化的因素及机制:①呼吸链抑制剂:鱼藤酮、粉蝶霉素 A、异戊巴比妥与复合体Ⅰ中的铁硫蛋白结合,抑制电子传递;抗霉素 A、二巯基丙醇抑制复合体Ⅲ;一氧化碳、氰化物、硫化氢抑制复合体Ⅳ;②解偶联剂:二硝基苯酚和存在于棕色脂肪组织、骨骼肌等组织线粒体内膜上的解偶联蛋白可使氧化磷酸化解偶联;③氧化磷酸化抑制剂:寡霉素可与寡霉素敏感蛋白结合,阻止质子从 F_0 质子通道回流,抑制磷酸化并间接抑制电子呼吸链传递;④ADP 的调节作用:ADP 浓度升高,氧化磷酸化速度加快,反之,氧化磷酸化速度减慢;⑤甲状腺素:诱导细胞膜 Na^+,K^+-ATP 酶生成,加速 ATP 分解为 ADP,促进氧化磷酸化;增加解偶联蛋白的基因表达导致耗氧产能均增加;⑥线粒体 DNA 突变:呼吸链中的部分蛋白质肽链由线粒体 DNA 编码,线粒体 DNA 因缺乏蛋白质保护和损伤修复系统易发生突变,影响氧化磷酸化。

（张向阳）

第八章

蛋白质分解代谢

一、内容要点

蛋白质是生命的物质基础,氨基酸是蛋白质的基本组成单位。体内细胞不停地利用氨基酸合成蛋白质和分解蛋白质成为氨基酸。在体内,蛋白质在酶的催化下水解为氨基酸,然后氨基酸再进一步代谢。所以,蛋白质分解代谢的中心内容是氨基酸代谢。

蛋白质的生理功能包括维持组织细胞的生长、更新和修补;参与多种重要的生理活动以及氧化供能。氮平衡是指摄入氮和排出氮之间的关系,它可以反映人体蛋白质的代谢状况。氮平衡有 3 种类型:即氮的总平衡、氮的正平衡和氮的负平衡。

必需氨基酸指为人体所需要,但又不能在体内合成,必须由食物供给的氨基酸。必需氨基酸有 8 种:即"苏氨酸、亮氨酸、缬氨酸、异亮氨酸、赖氨酸、甲硫氨酸、苯丙氨酸、色氨酸"。

蛋白质营养价值的高低决定于其所含必需氨基酸的种类、数量是否与人体蛋白质相接近。愈接近者,营养价值愈高,反之愈低。营养价值较低的蛋白质混合食用,则必需氨基酸可以相互补充,从而提高营养价值,称为蛋白质的互补作用。

氨基酸分解代谢主要是通过脱氨基作用,生成氨和 α-酮酸。体内脱氨基的方式有氧化脱氨基、转氨基、联合脱氨基,其中以联合脱氨基作用最为重要。联合脱氨基作用是通过转氨酶与谷氨酸脱氢酶联合作用脱氨。谷氨酸脱氢酶在肌肉组织中活性很弱,所以肌肉组织中存在另一种脱氨基方式,即嘌呤核苷酸循环。大多数氨基酸能进行转氨基作用,最为重要的转氨酶是丙氨酸氨基转移酶,在肝细胞中含量最高;天冬氨酸氨基转移酶,在心肌细胞中含量最高。

血氨的来源有 3 条途径:体内氨基酸的脱氨基(主要来源)、肠道产氨和肾泌氨。氨的转运有两种形式,即丙氨酸-葡萄糖循环和谷氨酰胺。氨的主要去路是在肝通过鸟氨酸循环途径合成尿素;氨还可以合成谷氨酰胺、相应的非必需氨基酸、嘌呤碱及嘧啶碱等含氮化合物。

鸟氨酸循环过程分 4 步:氨基甲酰磷酸的合成(线粒体中);瓜氨酸的合成(线粒体中);精氨酸的合成(胞质中);精氨酸水解生成尿素(胞质中)。氨是一种剧毒物质,肝几乎是唯一能合成尿素的器官,尿素是氨基酸在人体内代谢的终产物,主要通过肾排泄。肝功能严重损伤时,尿素合成发生障碍,血氨浓度增高称为高氨血症。严重时影响大脑功能,可产生昏迷即为肝性昏迷。

一碳单位是指某些氨基酸在分解代谢过程中产生的含有一个碳原子的有机基团。包括甲基($-CH_3$)、甲烯基($-CH_2-$)、甲炔基($-CH=$)、甲酰基($-CHO$)和亚氨甲基($-CH=NH$)等。在体内一碳单位不能游离存在,四氢叶酸是其载体。一碳单位通常结合在 FH_4 分子的 N^5、N^{10} 位上。一碳单位主要来源于甘氨酸、丝氨酸、组氨酸及色氨酸的代谢。一碳单位的主要生理功能是参与嘌呤及嘧啶的合成,在核酸生物合成中占有重要地位。

二、重点和难点解析

(一)嘌呤核苷酸循环

肌肉中谷氨酸脱氢酶活性不高,故肌肉组织中的氨基酸主要通过嘌呤核苷酸循环脱氨。在此过程中,氨基酸首先通过连续的转氨基作用,将氨基转移给草酰乙酸,生成天冬氨酸;天冬氨酸与次黄嘌呤核苷酸(IMP)反应生成腺苷酸代琥珀酸,后者经过裂解,释放出延胡索酸并生成腺嘌呤核苷酸(AMP)。AMP 在活性较强的腺苷酸脱氨酶催化下脱去氨基生成 IMP,最终完成了氨基酸的脱氨基作用,IMP 可再参加循环,延胡索酸则可经三羧酸循环转变成草酰乙酸,再次参加转氨基反应。

(二)鸟氨酸循环

肝几乎是唯一能合成尿素的器官。可分为 4 步反应:

1. 氨基甲酰磷酸的合成(线粒体) 氨与 CO_2 在氨基甲酰磷酸合成酶 I 催化下合成氨基甲酰磷酸。

2. 瓜氨酸的合成(线粒体) 在鸟氨酸氨甲酰基转移酶的催化下,将氨基甲酰磷酸的氨甲酰基转移至鸟氨酸的 ε-N 上生成瓜氨酸。

3. 精氨酸的合成(胞质) 瓜氨酸与天冬氨酸在精氨酸代琥珀酸合成酶的催化下,由 ATP 供能,合成精氨酸代琥珀酸,后者在精氨酸代琥珀酸裂解酶催化下,分解成为精氨酸和延胡索酸。在尿素合成的酶系中,精氨酸代琥珀酸合成酶的活性最低,是尿素合成的限速酶。

4. 精氨酸水解生成尿素(胞质) 精氨酸在精氨酸酶的作用下,水解生成尿素和鸟氨酸,鸟氨酸再进入线粒体参与瓜氨酸的合成,如此反复循环,尿素不断合成。

合成尿素的两个氮原子,一个来自氨基酸脱氨基生成的氨,另一个则由天冬氨酸提供,都是直接或间接来源于多种氨基酸。尿素的生成是耗能过程,每合成 1 分子尿素需消耗 3 分子 ATP(消耗 4 个高能磷酸键,其中每一个氮原子进入尿素合成途径时,消耗 2 个高能磷酸键)。

(三)甲硫氨酸循环

甲硫氨酸在 ATP 供能情况下,由腺苷转移酶作用生成 SAM。SAM 的甲基被高度活化,称为活性甲硫氨酸。SAM 在甲基转移酶催化下,将甲基转移给某化合物生成甲基化合物,然后水解除去腺苷生成同型半胱氨酸,后者在甲硫氨酸合成酶(又称 N^5-CH_3-FH_4 转甲基酶、辅酶为维生素 B_{12})作用下,从 N^5-甲基四氢叶酸获得甲基再合成甲硫氨酸,形成一个循环过程,此即甲硫氨酸循环。

三、习题测试

(一)选择题

【A 型题】

1. 在生物体内氨基酸脱氨基作用的主要方式是

    A. 氧化脱氨基   B. 直接脱氨基   C. 还原脱氨基

    D. 转氨基作用   E. 联合脱氨基

2. 氨在人体内最主要的代谢去路是
   A. 合成必需氨基酸 B. 合成尿素随尿排出 C. 合成 NH_4^+ 随尿排出
   D. 合成非必需氨基酸 E. 合成嘌呤及嘧啶

3. 经脱氨基作用直接生成 α-酮戊二酸的氨基酸是
   A. 丝氨酸 B. 甘氨酸 C. 谷氨酸 D. 天冬氨酸 E. 苏氨酸

4. 经转氨基作用生成草酰乙酸的氨基酸是
   A. 甘氨酸 B. 天冬氨酸 C. 丝氨酸
   D. 苏氨酸 E. 甲硫氨酸

5. ALT 活性最高的组织是
   A. 脑 B. 心肌 C. 肝 D. 骨骼肌 E. 肾

6. AST 活性最高的组织是
   A. 心肌 B. 脑 C. 骨骼肌 D. 肾 E. 肝

7. 转氨酶的辅酶组分是
   A. 泛酸 B. 吡哆醛 C. 烟酸 D. 硫胺素 E. 核黄素

8. 进行嘌呤核苷酸循环脱氨基作用的主要组织是
   A. 肝 B. 肾 C. 脑 D. 肌肉 E. 肺

9. 肾产生的氨主要来自
   A. 联合脱氨基作用 B. 谷氨酰胺水解 C. 尿素水解
   D. 氧化脱氨基作用 E. 胺的氧化

10. 在线粒体中进行反应的是
    A. 鸟氨酸与氨基甲酰磷酸 B. 瓜氨酸与天冬氨酸
    C. 精氨酸生成反应 D. 精氨酸水解生成尿素的反应
    E. 延胡索酸生成的反应

11. 鸟氨酸循环的限速酶是
    A. 氨基甲酰磷酸合成酶 B. 鸟氨酸氨基甲酰转移酶
    C. 精氨酸代琥珀酸合成酶 D. 精氨酸代琥珀酸裂解酶
    E. 精氨酸酶

12. 在体内,氨基酸分解产生的 NH_3 的主要存在形式是
    A. 天冬氨酸 B. 尿素 C. 谷氨酰胺
    D. 丙氨酸 E. 氨基甲酰磷酸

13. 氨中毒根本原因是
    A. 合成谷氨酰胺减少 B. 氨基酸在体内分解代谢增强
    C. 肾功衰竭排出障碍 D. 肝功能损伤不能合成尿素
    E. 肠吸氨过量

14. 体内转运一碳单位的载体是
    A. 维生素 B_{12} B. 叶酸 C. 生物素
    D. 硫胺素 E. 四氢叶酸

15. 下列物质中不是一碳单位的是
    A. —CH_3 B. CO_2 C. —CH_2—
    D. —CH = E. —CH = NH—

16. 鸟氨酸循环中,合成尿素的第二分子氨来源于
 A. 游离氨　　　B. 谷氨酰胺　　　C. 谷氨酸　　　D. 天冬氨酸　　　E. 天冬酰胺

17. 转氨酶的辅酶中含有的维生素是
 A. 维生素 B_1　　　　　　B. 维生素 B_{12}　　　　　　C. 维生素 C
 D. 维生素 B_6　　　　　　E. 维生素 B_2

18. 体内氨的储存及运输形式是
 A. 谷氨酸　　　B. 谷氨酰胺　　　C. 酪氨酸　　　D. 谷胱甘肽　　　E. 天冬酰胺

19. 血氨的最主要来源是
 A. 氨基酸脱氨基作用
 B. 蛋白质腐败作用
 C. 体内胺类物质分解
 D. 尿素在肠道细菌脲酶作用下产生的氨
 E. 肾小管远端谷氨酰胺水解产生的氨

20. 甲基的直接供体是
 A. 肾上腺素　　　　　　B. S-腺苷甲硫氨酸　　　　　　C. 甲硫氨酸
 D. 胆碱　　　　　　E. N^{10}-甲基四氢叶酸

21. 白化病根本原因之一是因为先天性缺乏
 A. 酪氨酸转氨酶　　　　　　　　　　B. 对羟苯丙氨酸氧化酶
 C. 酪氨酸酶　　　　　　　　　　　　D. 尿黑酸氧化酶
 E. 苯丙氨酸羟化酶

22. 氨基酸脱羧酶的辅酶是
 A. 磷酸吡哆醛　　　　　　B. 维生素 B_1　　　　　　C. 维生素 B_2
 D. 维生素 B_{12}　　　　　　E. 维生素 PP

23. 组织之间氨的运输形式是
 A. 尿素　　　B. NH_4Cl　　　C. 甲硫氨酸　　　D. 谷氨酰胺　　　E. 鸟氨酸

24. 长期饥饿时,大脑能量的主要来源是
 A. 鸟氨酸　　　B. 瓜氨酸　　　C. 葡萄糖　　　D. 酮体　　　E. 精氨酸

25. 与黑色素合成有关的氨基酸是
 A. 酪氨酸　　　B. 组氨酸　　　C. 丙氨酸　　　D. 苏氨酸　　　E. 甲硫氨酸

26. 血氨的来源不包括
 A. 氨基酸脱氨　　　　　　B. 肠道细菌代谢产氨　　　　　　C. 肠腔尿素分解产氨
 D. 转氨基作用生成的氨　　　E. 肾小管细胞

27. 血氨代谢去路不包括
 A. 合成氨基酸　　　　　　B. 合成尿素　　　　　　C. 合成谷氨酰胺
 D. 合成含氮化合物　　　　E. 合成肌酸

28. 促进鸟氨酸循环的氨基酸是
 A. 丙氨酸　　　B. 甘氨酸　　　C. 精氨酸　　　D. 谷氨酸　　　E. 天冬氨酸

29. 由 S-腺苷甲硫氨酸提供的活性甲基,实际来源于
 A. N^5-甲基四氢叶酸　　　　　　　　B. N^5,N^{10}-亚甲基四氢叶酸
 C. N^5,N^{10}-次甲基四氢叶酸　　　　D. N^5-亚甲基四氢叶酸

E. N^{10}-甲酰基四氢叶酸

30. 合成 1 分子尿素消耗

A. 2 个高能磷酸键的能量 B. 3 个高能磷酸键的能量

C. 4 个高能磷酸键的能量 D. 5 个高能磷酸键的能量

E. 6 个高能磷酸键的能量

31. 氨基酸分解代谢的终产物最主要是

A. 尿素 B. 肌酸 C. 尿酸 D. 胆碱 E. NH_3

32. 合成活性硫酸根（PAPS）需要

A. 酪氨酸 B. 半胱氨酸 C. 甲硫氨酸 D. 苯丙氨酸 E. 谷氨酸

33. 苯丙氨酸和酪氨酸代谢缺陷时可能导致

A. 苯丙酮酸尿症、蚕豆黄 B. 白化病、苯丙酮酸尿症

C. 尿黑酸症、蚕豆黄 D. 白化病、尿黑酸症

E. 白化病、蚕豆黄

34. 体内 FH_4 缺乏时，合成受阻的物质是

A. 脂肪酸 B. 胆固醇 C. 嘌呤核苷酸

D. 糖原 E. 氨基酸

35. 急性肝炎时，血清中活性升高的酶是

A. LDH_1、ALT B. LDH_5、ALT C. LDH_5、AST

D. LDH_1、AST E. CK

36. 心肌梗死时，血清中活性升高的酶是

A. LDH_1、ALT B. LDH_5、ALT C. LDH_1、AST

D. LDH_5、AST E. AST、ALT

37. 氧化脱氨基作用中最重要的酶是

A. L-谷氨酸脱氢酶 B. D-谷氨酸脱氢酶 C. L-氨基酸氧化酶

D. D-氨基酸氧化酶 E. 转氨酶

38. 心肌和骨骼肌中最主要的脱氨基反应是

A. 转氨基作用 B. 联合脱氨基作用 C. 嘌呤核苷酸循环

D. 氧化脱氨基作用 E. 非氧化脱氨基作用

39. 血清 AST 活性升高最常见于

A. 胰腺炎 B. 脑动脉栓塞 C. 肾炎

D. 急性心肌梗死 E. 肝炎

40. 三羧酸循环和尿素循环中存在的共同中间循环物是

A. 草酰乙酸 B. α-酮戊二酸 C. 琥珀酸

D. 延胡索酸 E. 柠檬酸

【B 题型】

A. SAM B. PAPS C. NAD^+ D. FAD E. FMN

1. 可提供硫酸基团的是

2. 谷氨酸脱氢酶的辅酶是

3. 可提供甲基的是

A. Leu B. Phe C. Met D. Gly E. Arg

4. 尿素循环中出现的是

5. 属于含硫氨基酸的是

    A. γ-谷氨酰基循环　　　　B. 葡萄糖-丙氨酸循环　　　C. 甲硫氨酸循环

    D. 尿素循环　　　　　　　E. 嘌呤核苷酸循环

6. 肌肉中氨的运输方式是

7. 肌肉中氨基酸脱氨基的方式是

8. 细胞内提供活性甲基的方式是

    A. 腺苷酸代琥珀酸　　　　B. 精氨酸代琥珀酸　　　　　C. 氨基甲酰磷酸

    D. Asp　　　　　　　　　E. 鸟氨酸

9. 含高能键的是

10. 肌肉中氨基酸脱氨时可产生

11. 尿素合成的起点和终点均出现的是

    A. 尿素　　　　　　　　　B. 尿酸　　　　　　　　　　C. 多胺

    D. 精氨酸代琥珀酸　　　　E. 腺苷酸代琥珀酸

12. 氨基酸代谢的终产物是

13. 鸟氨酸循环的中间产物是

14. 嘌呤核苷酸循环的中间产物是

    A. 维生素 B_{12}　　　　　　B. 磷酸吡哆醛　　　　　　　C. NAD^+

    D. FH_4　　　　　　　　　E. 维生素 PP

15. 转氨酶的辅酶是

16. L-谷氨酸脱氢酶的辅酶是

17. N^5-CH_3-FH_4转甲基酶的辅酶是

【C 型题】

    A. Val　　　　　B. Ser　　　　　C. 两者均是　　　D. 两者均否

1. 主要在肌肉中代谢的氨基酸是

2. 属于必需氨基酸的是

3. 可产生一碳单位的氨基酸是

    A. Met　　　　　B. Cys　　　　　C. 两者均是　　　D. 两者均否

4. 若缺乏可引起负氮平衡的是

5. 分解后可形成 PAPS 的是

6. 参加 GSH 组成的是

    A. Phe　　　　　B. Thr　　　　　C. 两者均是　　　D. 两者均否

7. 能够生糖的氨基酸为

8. 属于必需氨基酸的是

    A. GTP　　　　　B. ATP　　　　　C. 两者均是　　　D. 两者均否

9. 转氨基反应消耗

10. 尿素合成时消耗

【X 题型】

1. 体内提供一碳单位的氨基酸有

    A. 甘氨酸　　　B. 亮氨酸　　　C. 色氨酸　　　D. 组氨酸　　　E. 赖氨酸

2. 组织之间氨的主要运输形式有

    A. NH_4Cl B. 尿素   C. 丙氨酸   D. 谷氨酰胺   E. 鸟氨酸

3. 一碳单位的主要形式有

    A. —CH = NH—   B. —CHO—   C. —CH_2—

    D. —CH_3   E. —CH =

4. 体内含硫氨基酸有

    A. 精氨酸   B. 鸟氨酸   C. 甲硫氨酸   D. 半胱氨酸   E. 胱氨酸

5. 嘌呤核苷酸循环脱氨基作用主要在

    A. 肝组织   B. 心肌组织   C. 脑组织

    D. 骨骼肌组织   E. 肺组织

6. 体内常参与转氨基作用的 α-酮酸有

    A. α-酮戊二酸   B. 丙酮酸   C. 草酰乙酸

    D. 苯丙酮酸   E. 对羟苯丙酮酸

7. 酪氨酸可生成的物质有

    A. 嘧啶   B. 黑色素   C. 肾上腺素

    D. 去甲肾上腺素   E. 甲状腺素

8. 与黑色素合成有关的物质有

    A. 酪氨酸   B. 苯丙氨酸   C. 酪氨酸酶   D. 甲硫氨酸   E. 苏氨酸

9. 消除血氨的方式有

    A. 合成氨基酸   B. 合成尿素   C. 合成谷氨酰胺

    D. 合成含氮化合物   E. 合成肌酸

10. 以磷酸吡哆醛为辅酶的酶是

    A. 谷氨酸脱羧酶   B. 丙酮酸羧化酶   C. 谷草转氨酶

    D. 乙酰 CoA 羧化酶   E. 谷丙转氨酶

11. 氨基酸经脱氨基产生的 α-酮酸的去路有

    A. 氧化供能   B. 转变成脂肪   C. 转变成糖

    D. 转变成非必需氨基酸   E. 转变成酮体

12. 苯丙氨酸和酪氨酸代谢缺陷时,可能导致

    A. 苯丙酮酸尿症   B. 白化病   C. 尿黑酸症

    D. 镰刀状红细胞性贫血   E. 蚕豆病

13. 当体内 FH_4 缺乏时,合成受阻的物质是

    A. 脂肪酸   B. 糖原   C. 嘌呤核苷酸

    D. RNA 和 DNA   E. 嘧啶核苷酸

14. 叶酸可以转变成的物质有

    A. 二氢硫辛酸   B. 泛酸   C. 二氢叶酸

    D. 四氢叶酸   E. 硫酸

（二）名词解释

1. 氮平衡

2. 营养必需氨基酸

3. 蛋白质的互补作用

4. 蛋白质的营养价值

5. 联合脱氨基作用

6. 一碳单位

7. 甲硫氨酸循环

(三)填空题

1. 摄入氮＝排出氮称为_____,摄入氮＞排出氮称为_____,摄入氮＜排出氮称为_____。

2. 正常情况下,肝组织中活性最高的转氨酶是_____。

3. 正常情况下,心肌组织中活性最高的转氨酶是_____。

4. 氨基酸脱氨基的主要方式有_____,_____,_____,_____等。

5. 谷丙转氨酶以_____,_____为辅酶。

6. 体内氨的主要来源是_____,_____,_____。

7. 体内氨的主要去路是_____,_____,_____。

8. 尿素合成的部位是_____。

9. 尿素合成的关键酶是_____。

10. 鸟氨酸的亚细胞定位在_____,_____。

11. 一碳单位主要包括_____,_____,_____,_____,_____。

12. 在体内一碳单位不能游离存在,_____是其载体。

13. 一碳单位通常结合在 FH_4 分子的_____,_____位上。

14. 含硫氨基酸包括_____和_____。

15. _____是体内活性甲基的供体。

(四)问答题

1. 血氨的来源与去路有哪些?

2. 写出丙氨酸氨基转移酶及天冬氨酸氨基转移酶催化的反应。

3. 简述谷氨酰胺的生成及其作用。

4. 何谓甲硫氨酸循环?有何意义?

5. 简述鸟氨酸循环及其意义。

6. 简述丙氨酸-葡萄糖循环的过程及其意义。

7. 从生物化学角度阐明肝性昏迷的发病机制。

四、参考答案

(一)选择题
【A 型题】

1. E	2. B	3. C	4. B	5. C	6. A	7. B	8. D	9. B	10. A
11. C	12. C	13. D	14. E	15. B	16. D	17. D	18. B	19. A	20. B
21. C	22. A	23. D	24. D	25. A	26. D	27. E	28. C	29. A	30. C
31. A	32. B	33. B	34. C	35. B	36. C	37. A	38. C	39. D	40. D

【B 型题】

1. B	2. C	3. A	4. E	5. C	6. B	7. E	8. C	9. C	10. A
11. E	12. A	13. D	14. E	15. B	16. C	17. A			

【C 型题】

1. A 2. A 3. B 4. A 5. C 6. B 7. C 8. C 9. D 10. B

【X 型题】

1. ACD 2. CD 3. ABCDE 4. CDE 5. BD 6. ABC

7. BCDE 8. ABC 9. ABCDE 10. ACE 11. ABCDE 12. ABC

13. CDE 14. CD

（二）名词解释

1. 测定摄入食物的含氮量（摄入氮）及尿与粪中的含氮量（排出氮），可反映体内蛋白质的代谢概况，称为氮平衡。

2. 体内不能合成必需由食物提供的氨基酸称为营养必需氨基酸。

3. 将几种营养价值较低的蛋白质混合食用，以提高蛋白质的营养价值称为蛋白质的互补作用。

4. 蛋白质所含必需氨基酸的种类、数量、比例等的合适程度称为蛋白质的营养价值。

5. 由转氨酶催化的转氨基作用和 L-谷氨酸脱氢酶催化的谷氨酸氧化脱氨基作用联合进行，称为联合脱氨基作用。

6. 某些氨基酸在代谢过程中，可分解生成含有一个碳原子的化学基团，包括甲基、甲烯基、甲炔基、甲酰基、亚氨甲基等，统称为一碳单位。

7. 甲硫氨酸在 ATP 供能情况下，由腺苷转移酶作用生成 SAM。SAM 的甲基被高度活化，称为活性甲硫氨酸。SAM 在甲基转移酶催化下，将甲基转移给某化合物生成甲基化合物，然后水解除去腺苷生成同型半胱氨酸，后者在甲硫氨酸合成酶（又称 N^5-CH_3-FH_4 转甲基酶、辅酶为维生素 B_{12}）作用下，从 N^5-甲基四氢叶酸获得甲基再合成甲硫氨酸，形成一个循环过程，此即甲硫氨酸循环。

（三）填空题

1. 总氮平衡；正氮平衡；负氮平衡

2. ALT（GPT）

3. AST（GOT）

4. 氧化脱氨基；转氨基；联合脱氨基；嘌呤核苷酸循环

5. 磷酸吡哆醛；磷酸吡哆胺

6. 氨基酸脱氨；肠道吸收氨；肾产氨

7. 合成尿素；合成非必需氨基酸；合成其他含氮化合物

8. 肝

9. 精氨酸代琥珀酸合成酶

10. 胞质；线粒体

11. 甲基；甲烯基；甲炔基；甲酰基；亚氨甲基

12. 四氢叶酸

13. N^5；N^{10}

14. 甲硫氨酸；半胱氨酸

15. S-腺苷甲硫氨酸

（四）问答题

1.（1）血氨的来源：氨基酸脱氨基、肠道吸收、肾产生。

（2）血氨的去路：合成尿素、重新合成非必需氨基酸、合成其他含氮化合物。

2. 谷氨酸 + 丙酮酸→α-酮戊二酸 + 丙氨酸

谷氨酸 + 草酰乙酸→α-酮戊二酸 + 天冬氨酸

3. 谷氨酰胺的生成是氨在组织中的解毒方式。大脑、骨骼肌、心肌等是生成谷氨酰胺的主要组织。谷氨酰胺的合成对维持中枢神经系统的正常活动具有重要作用。谷氨酰胺又是氨在体内的运输形式，经过血液运输至肝、肾及小肠等组织中参加进一步代谢。在肾中，谷氨酰胺经谷氨酰胺酶水解释放氨，NH_3 可与肾小管管腔内的 H^+ 结合成 NH_4^+ 随尿排出，以促进排出多余的 H^+、并换回 Na^+ 从而调节酸碱平衡。

4. 甲硫氨酸循环：是指活性甲硫氨酸供甲基反应及其再生。

包括以下 4 步反应：

（1）甲硫氨酸→S-腺苷甲硫氨酸（SAM）

（2）SAM→S-腺苷同型半胱氨酸

（3）S-腺苷同型半胱氨酸→同型半胱氨酸

（4）同型半胱氨酸→甲硫氨酸

意义：①为机体的某些甲基化反应提供活性甲基；②使 N^5-甲基四氢叶酸甲基得到利用，提高四氢叶酸的利用率。

5. 鸟氨酸循环：是指鸟氨酸与氨基甲酰磷酸（由 NH_3、CO_2 和 ATP 缩合生成）反应生成瓜氨酸，瓜氨酸再与另一分子氨生成精氨酸，精氨酸在肝精氨酸酶的催化下水解生成尿素和鸟氨酸。鸟氨酸可再重复上述过程，如此循环一次，2 分子氨和 1 分子 CO_2 变成 1 分子尿素。精氨酸代琥珀酸合成酶为限速酶，此步反应是一个耗能反应，鸟氨酸循环在线粒体和胞浆中进行。

意义：通过鸟氨酸循环将有毒的氨转变成无毒的尿素，经肾排出体外。这对于机体解除氨毒具有重要意义。

6. 丙氨酸-葡萄糖循环：肌肉中的氨基酸经转氨基作用将氨基转移至丙酮酸，丙酮酸接受氨基生成丙氨酸，即以丙氨酸的形式携带着肌肉氨基酸脱下的氨经血液运输到肝。在肝中，丙氨酸经联合脱氨基作用，释放出氨，可用于合成尿素。脱氨后生成的丙酮酸异生为葡萄糖。葡萄糖可进入血液输送至肌肉，在肌肉中葡萄糖又可分解成丙酮酸，供再次接受氨基生成丙氨酸，如此循环地将氨从肌肉中转运到肝。

意义：一方面使肌肉中氨以无毒的丙氨酸形式运输到肝，以便进一步代谢；另一方面又使肝为肌肉提供了葡萄糖，作为肌肉活动的供能物质。

7. 肝功能严重受损，尿素合成发生障碍，血氨浓度增高，称为高血氨症。一般认为氨进入脑组织可与脑中的 α-酮戊二酸经还原氨基化而合成谷氨酸，氨还可进一步与脑中的谷氨酸结合生成谷氨酰胺。这两步反应需消耗 $NADH + H^+$ 和 ATP，并且使脑细胞中的 α-酮戊二酸减少，导致三羧酸循环和氧化磷酸化作用减弱，从而使脑组织中 ATP 生成减少，引起大脑功能障碍，严重时可产生昏迷，这是肝氨中毒学说的基础。另一方面，酪氨酸脱羧基生成酪胺，苯丙氨酸脱羧基生成苯乙胺，酪胺和苯乙胺若不能在肝内分解而进入脑组织，则可分别经 β-羟化而形成 β-羟酪胺和苯乙醇胺。它们的化学结构与儿茶酚胺类似，称为假神经递质。假神经递质增多，可取代正常神经递质儿茶酚胺，但它们不能传递神经冲动，可使大脑发生异常抑制。

（于海英）

第九章

核苷酸代谢

一、内容要点

人体所需的核苷酸主要由机体细胞自身合成,所以核苷酸不属于人体的营养必需物质。

体内核苷酸的合成有两种形式:从头合成途径和补救合成途径。从头合成途径是指利用磷酸核糖、氨基酸、一碳单位及 CO_2 等简单物质为原料,经过一系列酶促反应合成核苷酸的过程,是体内大多数组织合成核苷酸的途径;补救合成途径是指利用体内游离的碱基或核苷,经过简单的反应合成核苷酸的过程,是脑、骨髓等少数组织合成核苷酸的途径。

嘌呤核苷酸从头合成的基本原料包括 5-磷酸核糖、谷氨酰胺、天冬氨酸、一碳单位和 CO_2;合成的主要器官是肝,其次为小肠黏膜和胸腺,反应过程在细胞质中进行;合成的主要特点是在 5-磷酸核糖的基础上逐渐合成嘌呤环的;最先合成的核苷酸是次黄嘌呤核苷酸(IMP),IMP 再转变成 AMP 和 GMP。PRPP 合成酶和 PRPP 酰胺转移酶是 IMP 合成的关键酶,可受反馈机制调节。

参与嘌呤核苷酸补救合成的酶有腺嘌呤磷酸核糖转移酶、次黄嘌呤-鸟嘌呤磷酸核糖转移酶和腺苷激酶。嘌呤核苷酸补救合成的意义:一方面是补救合成过程简单,耗能少,节省了从头合成的能量和一些氨基酸的消耗;另一方面对于脑和骨髓等组织来说,有着重要意义。临床上的 Lesch-Nyhan 综合征(或称自毁容貌症),就是由于先天基因缺陷导致 HGPRT 缺失所引起的一种遗传代谢性疾病。

嘧啶核苷酸从头合成的主要原料包括谷氨酰胺、CO_2、天冬氨酸和 5-磷酸核糖;其从头合成最主要的特点是先合成嘧啶环,再与磷酸核糖相连;首先生成的核苷酸是 UMP,之后 UMP 在 UTP 水平上被氨基化成胞苷酸(CTP)。参与嘧啶核苷酸补救合成的主要酶是嘧啶磷酸核糖转移酶,它能催化尿嘧啶、胸腺嘧啶及乳清酸生成相应的嘧啶核苷酸,但对胞嘧啶不起作用。

除 dTMP 外,脱氧核糖核苷酸是由相应的核糖核苷酸在核苷二磷酸的水平上直接还原而成的,催化反应进行的酶是核糖核苷酸还原酶。dTMP 由 dUMP 经甲基化生成。

嘌呤(或嘧啶)核苷酸的抗代谢物是一些嘌呤、嘧啶、氨基酸及叶酸等的类似物。它们抗代谢作用的机制主要是以竞争性抑制的方式干扰或阻断嘌呤核苷酸的合成代谢,从而进一步阻止核酸和蛋白质的生物合成。常见的抗代谢物有 6-巯基嘌呤(6MP)、5-氟尿嘧啶(5-FU)、氨蝶呤、甲氨蝶呤、氮杂丝氨酸等。这些抗代谢物能通过阻断或干扰肿瘤细胞的核苷酸合成,使其核酸及蛋白质的生物合成被抑制,从而抑制肿瘤细胞的生长,达到抗肿瘤的目的。因此,它们常作为药物被用于癌瘤等疾病的治疗。

人体嘌呤碱分解代谢的终产物是尿酸,黄嘌呤氧化酶是尿酸生成的重要酶。临床上的痛风症就是由于血中尿酸含量升高而引起的,别嘌醇是一种抑制尿酸生成的药物,常被用于痛风症的治疗。嘧啶碱分解产物是 NH_3、CO_2 和小分子的 β-丙氨酸、β-氨基异丁酸。

二、重点和难点解析

(一)嘌呤/嘧啶核苷酸从头合成的原料与特点

嘌呤/嘧啶核苷酸从头合成的原料与特点见表9-1。

表9-1　嘌呤/嘧啶核苷酸从头合成的原料与特点

	原料	主要特点
嘌呤核苷酸从头合成	5-磷酸核糖、甘氨酸、谷氨酰胺、一碳单位、天冬氨酸、CO_2	在5-磷酸核糖的基础上逐渐合成嘌呤环
嘧啶核苷酸从头合成	谷氨酰胺、CO_2、天冬氨酸、5-磷酸核糖	先合成嘧啶环,再与磷酸核糖相连

(二)核苷酸补救合成的生理意义与临床意义

1. 生理意义　核苷酸补救合成的意义:一方面是补救合成过程简单,耗能少,节省了从头合成的能量和一些氨基酸的消耗;另一方面对于脑和骨髓等组织来说,有着重要意义。

2. 临床意义　临床上的 Lesch-Nyhan 综合征(或称自毁容貌症),是由于先天基因缺陷导致 HGPRT 缺失而引起的一种遗传代谢性疾病。

(三)核苷酸抗代谢物的基本作用机制

核苷酸抗代谢物主要以"竞争性抑制"或"以假乱真"的方式干扰或阻断核苷酸的合成代谢,从而进一步阻止核酸和蛋白质的生物合成。肿瘤细胞的核酸和蛋白质合成较正常组织旺盛,能摄取更多的抗代谢物,从而使其生长受到抑制,所以这些抗代谢物具有抗肿瘤的作用。

1. 竞争性抑制　某些核苷酸抗代谢物与嘌呤/嘧啶核苷酸合成代谢中的底物结构相似,因此对相应的酶可产生竞争性抑制作用,从而抑制核苷酸的合成。

2. 以假乱真　某些核苷酸抗代谢物的衍生物可代替正常核苷酸参与核酸分子的组成,破坏核酸分子的结构。如 FUTP 可以 FUMP 的形式参入 RNA 分子中,从而破坏 RNA 的结构和功能。

(四)嘌呤的分解

1. 终产物　尿酸,黄嘌呤氧化酶是尿酸生成的关键酶。

2. 尿酸与痛风症　尿酸的水溶性较差,当血中尿酸含量超过 0.48mmol/L 时,尿酸盐结晶沉积于关节、软组织、软骨和肾等处,最终导致关节炎,尿路结石及肾疾病等,称为痛风症。

3. 痛风症的治疗　别嘌醇是一种抑制尿酸生成的药物,临床常用来治疗痛风。别嘌醇结构与次黄嘌呤类似,只是在分子中的 N_7 与 C_8 互换了位置,它可竞争性抑制黄嘌呤氧化酶,从而抑制尿酸的生成。

三、习题测试

(一)选择题
【A 型题】

1. 关于嘌呤核苷酸从头合成的叙述,下列哪项是正确的

　A. 氨基甲酰磷酸为嘌呤环提供氨基甲酰

　B. 嘌呤环的 N 原子均来自氨基酸的 α-氨基

  C. 合成过程中不会产生自由的嘌呤碱

  D. AMP 和 GMP 的合成均由 ATP 供能

  E. 首先合成嘌呤碱,再与 PRPP 结合成嘌呤核苷酸

2. 体内进行嘌呤核苷酸从头合成的最主要组织是

  A. 小肠黏膜　　　B. 骨髓　　　　　C. 胸腺　　　　　D. 脾　　　　　E. 肝

3. 嘌呤核苷酸从头合成首先合成的是

  A. GMP　　　　B. AMP　　　　C. IMP　　　　D. XMP　　　　E. ATP

4. 下列哪种物质不是嘌呤核苷酸从头合成的直接原料

  A. 甘氨酸　　　B. 天冬氨酸　　　C. 谷氨酸　　　D. 一碳单位　　　E. CO_2

5. Lesch-Nyhan 综合征是因为体内缺乏

  A. HGPRT　　　　　　　　B. IMP 脱氢酶　　　　　　　　C. 腺苷激酶

  D. PRPP 酰胺转移酶　　　　E. PRPP 合成酶

6. 嘧啶核苷酸从头合成的特点是

  A. 先合成碱基,再合成核苷酸　　　　　　B. 氨基甲酰磷酸在线粒体中合成

  C. 谷氨酸提供氮原子　　　　　　　　　　D. 需要一碳单位的参与

  E. 不需要 CO_2 的参与

7. 下列哪种酶参与嘧啶核苷酸的补救合成

  A. 脱羧酶　　　　　　　　B. 脱氢酶　　　　　　　　C. 胞苷激酶

  D. 嘧啶磷酸核糖转移酶　　E. 氨基甲酰磷酸合成酶

8. 胸腺嘧啶的甲基来自

  A. N^5,N^{10}-甲炔 FH_4　　　　B. N^5,N^{10}-甲烯 FH_4　　　　C. N^{10}-甲酰 FH_4

  D. N^5-亚氨甲基 FH_4　　　　E. N^5-甲基 FH_4

9. 催化 dUMP 转变成 dTMP 的酶是

  A. 核糖核苷酸还原酶　　　B. 甲基转移酶　　　　C. 胸苷酸合酶

  D. 核苷酸激酶　　　　　　E. 脱氧胸苷激酶

10. 脱氧核糖核苷酸是由下列哪种物质直接还原而成

  A. 核糖　　　　　　　　B. 核糖核苷　　　　　　C. 核苷一磷酸

  D. 核苷二磷酸　　　　　E. 核苷三磷酸

11. 关于 6-巯基嘌呤的叙述,错误的是

  A. 抑制 IMP 生成 AMP　　　　　　B. 抑制 IMP 生成 GMP

  C. 抑制腺苷生成 AMP　　　　　　　D. 抑制鸟嘌呤生成 GMP

  E. 抑制次黄嘌呤生成 IMP

12. 氮杂丝氨酸能干扰下列哪种物质参与核苷酸的合成

  A. 丝氨酸　　　B. 叶酸　　　C. 谷氨酰胺　　　D. 天冬氨酸　　　E. 甘氨酸

13. 甲氨蝶呤的抑癌机制是可以竞争性抑制

  A. 核糖核苷酸还原酶　　　B. 甲基转移酶　　　　C. 胸苷酸合酶

  D. 二氢叶酸还原酶　　　　E. 脱氧胸苷激酶

14. 5-FU 是下列哪种物质的类似物

  A. 尿嘧啶　　　　　　　B. 胸腺嘧啶　　　　　　C. 胞嘧啶

  D. 腺嘌呤　　　　　　　E. 次黄嘌呤

15. 5-FU 抗癌作用的机制是
    A. 合成错误的 DNA   B. 抑制尿嘧啶的生成   C. 抑制胞嘧啶的生成
    D. 抑制 dTMP 的合成   E. 抑制二氢叶酸还原酶的活性

16. 人体内嘌呤碱分解的终产物是
    A. 尿素   B. 尿酸   C. 肌酸   D. 丙氨酸   E. 肌酸酐

17. 痛风是由于体内下列哪种物质升高引起的
    A. 尿素   B. 甘油三酯   C. 胆固醇   D. 尿酸   E. LDL

18. 别嘌醇治疗痛风的机制是抑制
    A. 腺苷脱氢酶   B. 尿酸氧化酶   C. 黄嘌呤氧化酶
    D. 鸟嘌呤脱氢酶   E. 核苷磷酸化酶

19. 体内催化尿酸生成的关键酶是
    A. 核苷磷酸化酶   B. 鸟嘌呤脱氨酶   C. 腺苷脱氨酶
    D. 黄嘌呤氧化酶   E. 尿酸氧化酶

20. 下列哪种酶的缺失可导致痛风
    A. 腺苷脱氨酶
    B. 鸟嘌呤-次黄嘌呤磷酸核糖转移酶(HGPRT)
    C. 黄嘌呤氧化酶
    D. 鸟嘌呤脱氢酶
    E. 核苷磷酸化酶

21. 在体内能分解产生 β-氨基异丁酸的核苷酸是
    A. AMP   B. GMP   C. CMP   D. dTMP   E. UMP

22. 下列哪种化合物中既参与 UMP 的合成,又参与 IMP 的合成
    A. 天冬酰胺   B. 谷氨酰胺   C. 甘氨酸
    D. 甲硫氨酸   E. 一碳单位

23. 阿糖胞苷抗肿瘤作用的机制是
    A. 抑制 IMP 生成 GMP   B. 抑制 UTP 生成 CTP   C. 抑制 IMP 生成 AMP
    D. 抑制 CDP 生成 dCDP   E. 抑制 dUMP 生成 dTMP

24. 抗肿瘤药物阿糖胞苷是抑制下列哪种酶的活性而干扰核苷酸合成的
    A. 二氢叶酸还原酶   B. 二氢乳清酸脱氢酶   C. 胸苷酸合酶
    D. 核糖核苷酸还原酶   E. 氨基甲酰转移酶

25. 下列哪条途径能作为氨基酸代谢与核苷酸代谢的桥梁
    A. 磷酸戊糖途径   B. 三羧酸循环   C. 一碳单位代谢
    D. 嘌呤核苷酸循环   E. 鸟氨酸循环

26. 下列哪种物质能将核苷酸代谢与糖代谢联系起来
    A. 磷酸核糖   B. 一碳单位   C. 天冬氨酸   D. 葡萄糖   E. 核苷

27. 老年男性患者,主诉关节疼痛,经检查,血浆尿酸达到 $600\mu mol/L$,医生劝其不要食肝,其原因是肝富含有
    A. 氨基酸   B. 糖原   C. 嘌呤碱   D. 嘧啶碱   E. 胆固醇

28. 患者,男,51 岁,近 3 年来出现关节炎症状和尿路结石,进食肉类食物时,病情加重。该患者发生的疾病涉及的代谢途径是

A. 糖代谢　　　　　　　　B. 脂代谢　　　　　　　　C. 嘌呤核苷酸代谢

D. 嘧啶核苷酸代谢　　　　E. 氨基酸代谢

29. 患者,男,50 岁,夜间因关节剧烈疼痛难忍伴红肿,入院就诊,经检查:血尿酸为 680 μmol/L,如果你是医生,诊断该患者所患的疾病是

A. 风湿性关节炎　　　　　B. 痛风　　　　　　　　　C. 类风湿关节炎

D. 系统性红斑狼疮　　　　E. 糖尿病周围神经病变

30. 患儿,男,2 岁,智力发育障碍,并伴有咬自己的手指和足趾等自残行为,该患儿所患的疾病应该是

A. Lesch-Nyhan 综合征　　B. 苯丙酮尿症　　　　　　C. 呆小症

D. 乳清酸尿症　　　　　　E. 缺微量元素

【B 型题】

A. 参与嘌呤核苷酸的从头合成　　　　B. 参与嘌呤核苷酸的补救合成

C. 参与嘧啶核苷酸的从头合成　　　　D. 参与嘧啶核苷酸的分解

E. 参与嘌呤核苷酸的分解

1. 一碳单位

2. HGPRT

3. 黄嘌呤氧化酶

4. 氨基甲酰磷酸合成酶Ⅱ

A. 抑制嘌呤核苷酸的从头合成　　　　B. 抑制 dCDP 的生成

C. 抑制 dTMP 的生成　　　　　　　　D. 抑制嘧啶核苷酸的分解

E. 抑制尿酸的生成

5. 6MP

6. 氮杂丝氨酸

7. 5-氟尿嘧啶

8. 阿糖胞苷

9. 别嘌醇

A. 痛风症　　　　　　　　B. 苯丙酮酸尿症　　　　　C. Lesch-Nyhan 综合征

D. 白化病　　　　　　　　E. 乳清酸尿症

10. 嘌呤核苷酸分解代谢加强,可导致

11. HGPRT 缺陷,可导致

12. 酪氨酸酶缺乏,可导致

13. 嘧啶核苷酸合成障碍,可导致

A. 嘧啶类似物　　　　　　B. 叶酸类似物　　　　　　C. 次黄嘌呤类似物

D. 谷氨酰胺类似物　　　　E. 核糖类似物

14. 6MP

15. 5-FU

16. MTX

17. 别嘌醇

A. 尿酸　　　　　　　　　B. 尿素　　　　　　　　　C. β-氨基异丁酸

D. β-羟丁酸　　　　　　　E. 氨基甲酰磷酸

18. 鸟苷酸分解的终产物

19. 在体内水平升高可引发痛风

20. 脱氧胸苷酸的分解产物

【C 型题】

    A. 氨基甲酰磷酸合成酶 I   B. 氨基甲酰磷酸合成酶 II

    C. 两者均可   D. 两者均不可

1. 存在于哺乳类动物的肝中

2. 参与尿素的合成

3. 参与嘧啶的合成

4. 参与嘌呤的合成

    A. 嘌呤核苷酸的合成   B. 嘧啶核苷酸的合成

    C. 两者均可   D. 两者均不可

5. 一碳单位参与

6. CO_2 参与

7. 天冬氨酸参与

    A. 脑   B. 肝   C. 两者均可   D. 两者均不可

8. 能进行核苷酸补救合成

9. 能进行核苷酸从头合成

10. 不能进行核苷酸从头合成

    A. AMP   B. UMP   C. 两者均可   D. 两者均不可

11. 分解产生尿酸的是

12. 分解产生 β-氨基异丁酸的是

13. 分解产生 β-丙氨酸的是

【X 型题】

1. 核苷酸的功能包括

    A. 能量储存形式   B. 第二信使   C. 核酸的合成原料

    D. 构成辅酶   E. 生物膜的成分

2. 关于嘌呤核苷酸的从头合成,下列哪项叙述是正确的

    A. IMP 可转变成 AMP

    B. 合成中不会产生游离的嘌呤碱

    C. 嘌呤环的氮原子均来自氨基酸

    D. N^{10}-甲酰 FH_4 为嘌呤环提供甲酰基

    E. IMP 合成 AMP 和 GMP 时,都需要 ATP 供能

3. 嘌呤核苷酸从头合成的原料包括

    A. 磷酸核糖   B. CO_2 C. 一碳单位

    D. 谷氨酰胺和天冬氨酸   E. 延胡索酸

4. 关于嘌呤核苷酸补救合成途径的叙述,错误的是

    A. 主要在肝中进行

    B. 核苷可在核苷酸酶的直接催化下生成核苷酸

    C. 是脑组织合成核苷酸的唯一途径

    D. 与从头合成相比,需要消耗更多的氨基酸等原料

    E. 嘌呤碱与 PRPP 经酶可直接生成嘌呤核苷酸

5. 合成嘌呤核苷酸和嘧啶核苷酸的共同原料是

    A. 谷氨酰胺   B. 天冬氨酸   C. 甘氨酸   D. CO_2 E. 一碳单位

6. 嘧啶核苷酸从头合成的原料,包括下列哪些物质

    A. 5-磷酸核糖   B. 谷氨酰胺   C. CO_2 D. 一碳单位   E. 天冬氨酸

7. 嘧啶磷酸核糖转移酶能催化的底物包括

    A. 尿嘧啶   B. 胸腺嘧啶   C. 胞嘧啶   D. 乳清酸   E. 鸟苷

8. 氨基甲酰磷酸可用于下列哪种物质的合成

    A. 尿酸   B. 尿素   C. 嘧啶   D. 肌酸   E. 尿苷酸

9. 下列关于嘧啶核苷酸从头合成的叙述,错误的是

    A. 嘧啶碱是在 PRPP 的基础上生成的   B. 先生成的是 UMP

    C. 胞苷酸是直接由 UMP 氨基化而成的   D. 氨基甲酰磷酸是在线粒体中生成的

    E. 氮原子都是由谷氨酰胺提供的

10. 6MP 抗代谢的机制包括

    A. 抑制 IMP 生成 AMP   B. 抑制 IMP 生成 GMP

    C. 其结构与次黄嘌呤相似   D. 抑制补救途径

    E. 抑制次黄嘌呤的合成

11. 能抑制嘌呤核苷酸从头合成的抗代谢物有

    A. 6MP   B. 氮杂丝氨酸   C. 甲氨蝶呤

    D. 5-FU   E. 阿糖胞苷

12. 叶酸类似物可抑制

    A. 嘌呤核苷酸的从头合成   B. 嘌呤核苷酸的补救合成

    C. 嘧啶核苷酸的从头合成   D. 嘧啶核苷酸的补救合成

    E. dTMP 的生成

13. 临床上常作为癌瘤靶点的酶是

    A. 二氢叶酸还原酶   B. 二氢乳清酸脱氢酶   C. 胸苷酸合酶

    D. 核糖核苷酸还原酶   E. 氨基甲酰转移酶

14. 下列哪些物质能分解产生尿酸

    A. AMP   B. UMP   C. IMP   D. TMP   E. CMP

15. 下列哪些情况可能与痛风的产生有关

    A. 嘌呤核苷酸分解增强   B. 嘧啶核苷酸分解增强

    C. 嘧啶核苷酸合成增强   D. 尿酸生成过多

    E. 尿酸排泄障碍

16. 别嘌醇抑制尿酸生成的机制包括

    A. 是次黄嘌呤的类似物

    B. 抑制黄嘌呤氧化酶

    C. 可降低痛风患者体内尿酸水平

    D. 使痛风患者尿中次黄嘌呤和黄嘌呤的排泄量减少

    E. 抑制鸟嘌呤转变为黄嘌呤

17. 人体内嘧啶碱的分解产物包括

    A. CO_2　　　　B. β-氨基酸　　　C. NH_3　　　　D. 尿酸　　　　E. 尿素

（二）名词解释

1. 从头合成途径

2. 补救合成途径

3. 痛风症

（三）填空题

1. 体内核苷酸的合成有_____和_____两条途径。

2. 在嘌呤核苷酸从头合成中首先合成_____，然后由_____提供氨基转化为AMP；由_____提供氨基转化为 GMP。

3. 体内脱氧核苷酸是由_____直接还原而生成；dTMP 是由_____经甲基化而成的。

4. 嘌呤碱在体内分解代谢的终产物是_____，当血中浓度超过 0.48mmol/L 时，可导致_____症，临床上常用_____治疗。

5. 嘧啶核苷酸分解代谢的终产物是_____、_____、_____。

（四）简答题

1. 比较嘌呤核苷酸和嘧啶核苷酸从头合成途径的异同？

2. 核苷酸抗代谢物的抗肿瘤机制是什么？并举例说明。

3. 嘌呤核苷酸的补救合成有何意义？

4. 简述别嘌醇治疗痛风症的生化机制。

四、参考答案

（一）选择题

【A 型题】

1. C	2. E	3. C	4. C	5. A	6. A	7. D	8. B	9. C	10. D
11. C	12. C	13. D	14. B	15. D	16. B	17. D	18. C	19. D	20. B
21. D	22. B	23. D	24. D	25. C	26. A	27. C	28. C	29. B	30. A

【B 型题】

1. A	2. B	3. E	4. C	5. A	6. A	7. C	8. B	9. E	10. A
11. C	12. B	13. E	14. C	15. A	16. B	17. C	18. A	19. A	20. C

【C 型题】

1. C	2. A	3. B	4. D	5. A	6. C	7. C	8. A	9. B	10. A
11. A	12. D	13. B							

【X 型题】

1. ABCD	2. ABCD	3. ABCD	4. ABD	5. ABD	6. ABCE
7. ABD	8. BC	9. ACDE	10. ABCDE	11. ABC	12. AE
13. AC	14. AC	15. ADE	16. ABC	17. ABC	

（二）名词解释

1. 从头合成途径是指利用磷酸核糖、氨基酸、一碳单位及 CO_2 等简单物质为原料，经过一系列酶促反应合成核苷酸的过程。

2. 补救合成途径是指利用体内游离的碱基或核苷，经过简单的反应合成核苷酸的过程。

3. 由于嘌呤核苷酸代谢障碍等原因导致血中尿酸含量升高，当超过 0.48mmol/L（8mg%）时，尿酸盐结晶沉积于关节、软组织、软骨和肾等处，最终导致关节炎，尿路结石及肾疾病等，临床上称为痛风症。

（三）填空题

1. 从头合成；补救合成

2. IMP；天冬氨酸；谷氨酰胺

3. 核苷二磷酸；dUMP

4. 尿酸；痛风；别嘌醇

5. NH_3；CO_2；β-氨基酸

（四）简答题

1. 嘌呤核苷酸和嘧啶核苷酸从头合成途径的异同见表9-2。

表9-2 嘌呤核苷酸和嘧啶核苷酸从头合成途径的异同

	嘌呤核苷酸	嘧啶核苷酸
相同点	都需要 5-磷酸核糖（PRPP）、谷氨酰胺、天冬氨酸、CO_2 为原料	
不同点		
原料	一碳单位、甘氨酸	
反应过程	在 5-磷酸核糖的基础上逐渐合成嘌呤环的；最先合成的是 IMP	先合成嘧啶环，再与磷酸核糖相连；首先生成的是 UMP
关键酶	PRPP 合成酶和 PRPP 酰胺转移酶	氨基甲酰磷酸合成酶Ⅱ

2. 主要是以竞争性抑制或"以假乱真"的方式干扰或阻断核苷酸的合成代谢，从而进一步阻止核酸和蛋白质的生物合成。肿瘤细胞的核酸和蛋白质合成较正常组织旺盛，能摄取更多的抗代谢物，从而使其生长受到抑制。例如 5-FU 是临床上常用的抗肿瘤药物。5-FU 的结构与胸腺嘧啶相似，在体内转变成 FdUMP。FdUMP 与 dUMP 的结构相似，是胸苷酸合酶的抑制剂，可阻断 dTMP 的合成，进而影响 DNA 的合成。

3. 嘌呤核苷酸补救合成的意义在于两方面：一方面补救合成过程简单，耗能少，这样节省了从头合成的能量和一些氨基酸的消耗；另一方面补救合成对体内某些组织来说，有着重要意义，例如脑和骨髓等由于缺乏从头合成的酶系，只能进行嘌呤核苷酸的补救合成。

4. 别嘌醇治疗痛风的基本机制是抑制尿酸的生成。主要通过两方面的作用实现：①作为次黄嘌呤类似物，可竞争性抑制黄嘌呤氧化酶，从而直接抑制尿酸的生成；②别嘌醇与 PRPP 反应生成别嘌醇核苷酸，这样一是消耗了核苷酸合成所必需的 PRPP，减弱了嘌呤核苷酸的从头合成，使尿酸生成减少，二是别嘌醇核苷酸可作为 IMP 的类似物代替 IMP，反馈地抑制嘌呤核苷酸的从头合成，使尿酸生成减少。

（何旭辉）

第十章

DNA 的生物合成

一、内容要点

遗传信息传递的中心法则包括：以 DNA 为模板复制 DNA；以 DNA 为模板转录生成 RNA；以 mRNA 为模板翻译生成蛋白质；以 RNA 为模板复制生成 RNA；以 RNA 为模板反转录生成 DNA。

DNA 的复制是以亲代 DNA 为模板合成子代 DNA，并将遗传信息从亲代 DNA 准确地传递给子代 DNA 的过程。复制的特点有复制的半保留性、复制的双向性、复制的半不连续性及复制的高保真性。以 DNA 两条链为模板，合成两个相同的子代 DNA 分子。在子代 DNA 分子中，一条链来自亲代，另一条链是新合成的，这种复制方式称 DNA 的半保留复制。

DNA 复制过程分为起始、延长及终止 3 个阶段。复制的方向是按 5′→3′方向进行。在合成子代 DNA 的延长阶段，一条子链随解链方向一致连续合成，称为领头链；另一条链与解链方向相反，不连续合成 DNA 片段，称为随从链。这种复制体现了 DNA 半不连续性复制的特点。

DNA 复制需要原料 dNTP、引物 RNA、模板 DNA 及多种酶和蛋白质因子。参与复制的主要酶类有五种：DNA 聚合酶、解螺旋酶、拓扑异构酶、引物酶、DNA 连接酶。DNA 聚合酶的作用是聚合 dNTP 延长互补链，并兼外切酶活性；解螺旋酶的作用是解开 DNA 双螺旋的氢键；拓扑异构酶的作用是改变 DNA 拓扑构象，理顺 DNA 链；引物酶的作用是催化 NTP 聚合成引物 RNA；DNA 连接酶的作用是连接片段 DNA 为完整单链。

DNA 损伤是由于受到环境因素影响或复制时发生错误，引起 DNA 脱氧核苷酸序列改变，是一些遗传性疾病或肿瘤的发病基础。损伤类型有点突变、插入突变、缺失突变、框移突变及重排突变。DNA 损伤对机体的影响有生物进化、基因多态性、致病及死亡。

DNA 损伤的修复是针对 DNA 损伤的一种补救机制。体内有光修复、切除修复、重组修复和 SOS 修复等方式。

反转录是在反转录酶的作用下，以 RNA 为模板合成 DNA 的过程。反转录扩充了遗传信息传递的中心法则，有助于对 RNA 病毒致病机制的研究。

二、重点和难点解析

中心法则是遗传信息传递的重要规律，它包含复制、转录、翻译、反转录及 RNA 复制。通过中心法则，DNA 分子中的遗传信息可传给子代 DNA、RNA，并最终以蛋白质的方式表达出来，遗传信息的这种传递规律既是遗传信息的传递方式，也是遗传信息的表达方式。

DNA 复制是以亲代 DNA 为模板合成子代 DNA 的过程，其复制方式是半保留复制。由于半保留复制时严格地遵循碱基互补规律,因而合成的子代 DNA 的分子组成和结构与亲代 DNA 完全一致,子代 DNA 是亲代 DNA 的复制品。通过半保留复制,使亲代 DNA 的遗传信息准确地传递给子代 DNA,从而保证了遗传的稳定性。

DNA 复制过程是本章难点。复制过程分起始、延长和终止 3 个阶段。在原核生物 DNA 复制的起始阶段,首先是解螺旋酶解开 DNA 的双链成为单链 DNA,然后 DNA 结合蛋白结合到解开的单链上,并由引物酶催化形成一小段 RNA 为引物。解螺旋酶、引物酶、DNA 结合蛋白与 DNA 复制起始区域共同构成了 DNA 复制起始的特殊结构——引发体。在延长阶段,DNA 聚合酶Ⅲ催化 4 种 dNTP 发生聚合反应,根据碱基互补规律,按 5′→3′方向使 DNA 新链延长。由于模板 DNA 双链的方向相反,而 DNA 聚合酶只能按 5′→3′方向合成子链 DNA,这导致了 DNA 复制是半不连续性,因此新合成的两条子链走向相反。一条链的合成方向与复制叉解链方向相同,能连续进行合成,为领头链。另一条链合成方向与复制叉解链方向相反,是不连续的合成,此链为随从链。当复制延长到具有特定碱基序列的复制终止区域时,即进入终止阶段。在终止阶段,参与复制的多种蛋白质终止因子结合到终止区域,在 DNA 聚合酶Ⅰ的作用下,切除领头链和随从链的最后一个 RNA 引物,并以 5′→3′方向延长 DNA 以填补引物水解留下的空隙,随从链中前一个冈崎片段和后一个冈崎片段的切口,则由 DNA 连接酶连接,封闭缺口,使随从链成为完整的 DNA 子链。

真核生物 DNA 复制过程与原核生物 DNA 复制过程有所相似,都分为起始、延长和终止 3 个阶段,但各个阶段都有一定的差别。

RNA 病毒的遗传物质就是 RNA,病毒 RNA 上的遗传信息可通过逆转录的方式传给 DNA。逆转录是指以 RNA 为模板,以 4 种 dNTP 为原料,在逆转录酶的催化下,合成与 RNA 互补的 DNA 的过程。此过程因与以 DNA 为模板合成 RNA 的方向相反,因此又称为反转录。逆转录广泛存在于 RNA 病毒中,这可能与 RNA 病毒的致病机制有关。

三、习题测试

(一)选择题

【A 型题】

1. DNA 复制过程中不含有
   A. RNA 引物　　　　　B. 多肽链　　　　　　C. 复制链
   D. DNA 片段　　　　　E. DNA 分子

2. DNA 复制是指
   A. 以 DNA 为模板合成 DNA 的过程　　B. 以 DNA 为模板合成 RNA 的过程
   C. 以 RNA 为模板合成 RNA 的过程　　D. 以 RNA 为模板合成 DNA 的过程
   E. 以 mRNA 为模板合成蛋白质

3. DNA 复制时,子链的合成方向是
   A. 两条链均为 5′→3′　　　　　　　B. 两条链均为 3′→5′
   C. 一条链为 5′→3′另一条链为 3′→5′　　D. 两条链均为连续合成
   E. 两条链均为不连续合成

4. 冈崎片段是指
   A. DNA 模板上的 DNA 片段　　　　　B. 引物酶催化合成的 RNA 片段
   C. 随从链上合成的 DNA 片段　　　　　D. 前导链上合成的 DNA 片段

E. 合成的杂交 DNA 片段

5. 下列关于 DNA 复制的叙述错误的是
    A. 每条新链的合成方向均为 5′→3′
    B. DNA 双链中每一条单链均为不连续合成
    C. DNA 聚合酶沿模板链 3′→5′方向移动
    D. 两条链同时复制
    E. 需要引物 RNA

6. DNA 合成的原料是
    A. dNMP　　　　B. dNTP　　　　C. NTP　　　　D. NMP　　　　E. dNDP

7. 在原核生物复制时,主要起聚合作用的酶是
    A. DNA 聚合酶Ⅰ　　　　B. DNA 聚合酶Ⅱ　　　　C. DNA 聚合酶Ⅲ
    D. β-DNA 聚合酶　　　　E. RNA 聚合酶

8. 下列关于引物酶的叙述正确的是
    A. 其产物为带 3′-OH 的 RNA 片段　　　　B. 不需要 DNA 模板
    C. 以 dNTP 为底物　　　　D. 是一种特殊的 DNA 聚合酶
    E. 是 DNA 片段

9. 在原核生物复制时,主要起损伤修复作用的酶是
    A. DNA 聚合酶Ⅰ　　　　B. DNA 聚合酶Ⅱ　　　　C. DNA 聚合酶Ⅲ
    D. β-DNA 聚合酶　　　　E. 连接酶

10. 在真核生物复制时,主要起聚合作用的酶是
    A. γ-DNA 聚合酶　　　　B. ε-DNA 聚合酶　　　　C. δ-DNA 聚合酶
    D. β-聚合酶　　　　E. α-DNA 聚合酶

11. 下列关于大肠杆菌 DNA 聚合酶Ⅰ的叙述正确的是
    A. 具有核酸内切酶活性
    B. dUTP 是它的一种作用物
    C. 具有 3′→5′核酸外切酶活性
    D. 是大肠杆菌 DNA 复制的唯一聚合酶
    E. 是发挥聚合作用的主要酶

12. DNA 复制时不需要以下哪种酶
    A. DNA 指导的 DNA 聚合酶　　　　B. RNA 指导的 DNA 聚合酶
    C. DNA 指导的 RNA 聚合酶　　　　D. DNA 连接酶
    E. 解螺旋酶

13. 下列过程中不需要 DNA 连接酶参与的是
    A. DNA 复制　　　　B. DNA 切除修复　　　　C. DNA 重组修复
    D. DNA 修饰　　　　E. 基因重组

14. 需要 RNA 作引物的过程是
    A. DNA 复制　　　　B. RNA 复制　　　　C. 转录
    D. 逆转录　　　　E. 翻译

15. DNA 复制时如模板链序列为 5′-TAGA-3′,则子链序列是
    A. 5′-TCTA-3′　　　　B. 5′-ATCT-3′　　　　C. 5′-UCUA-3′

D. 5′-AUCU-3′　　　　　　　　　E. 5′-CTCT-3′

16. 反转录是指
   A. 以 DNA 为模板合成 DNA 的过程　　　B. 以 DNA 为模板合成 RNA 的过程
   C. 以 RNA 为模板合成 RNA 的过程　　　D. 以 RNA 为模板合成 DNA 的过程
   E. 以 mRNA 为模板合成蛋白质

17. 反转录合成 DNA 的模板为
   A. 单链 DNA　　　　　　B. 单链 RNA　　　　　　C. 蛋白质
   D. 双螺旋 DNA　　　　　E. 核苷酸

18. 反转录过程中需要的酶是
   A. DNA 指导的 DNA 聚合酶　　　　　B. RNA 指导的 DNA 聚合酶
   C. DNA 指导的 RNA 聚合酶　　　　　D. RNA 指导的 RNA 聚合酶
   E. 蛋白质酶

19. 关于复制子说法不正确的是
   A. 从一个 DNA 复制起始点到终止点的复制区域称为复制子
   B. 它是一个独立复制单位
   C. 原核生物 DNA 复制是多复制子的复制，而真核生物是单复制子的复制
   D. 真核染色体 DNA 分子巨大，含有多个复制起始点
   E. 细菌 DNA 复制属单复制子复制

20. 关于复制叉不正确的是
   A. 复制叉是 DNA 双链解开时形成的 S 形结构
   B. 复制叉是 DNA 复制时必须形成的结构
   C. 大肠杆菌两复制叉在复制起始点相对的位置汇合后完成复制
   D. 真核生物的两个复制叉与相邻复制起始点起始产生的复制叉相遇时完成复制
   E. 真核染色体 DNA 分子巨大，复制时产生多个复制叉

21. 在 DNA 损伤的修复机制中，修复后最易引起突变的修复是
   A. 光修复　　　　　　　B. 切除修复　　　　　　C. 重组修复
   D. SOS 修复　　　　　　E. 碱基切除修复

22. DNA 复制不包括下列哪个过程
   A. DNA 复制叉的形成　　B. 引发体的形成　　　　C. DNA 重组修复
   D. 冈崎片段的生成　　　E. DNA 片段的连接

23. 反转录酶存在于
   A. DNA 分子中　　　　　B. RNA 病毒中　　　　　C. DNA 病毒中
   D. RNA 分子中　　　　　E. DNA-RNA 杂合体中

24. DNA 复制的特点不包含
   A. 复制的半保留性　　　B. 复制的双向性　　　　C. 复制的半不连续性
   D. 复制的起始点的不固定性　　E. 复制的高保真性

25. DNA 合成的原料是
   A. dNTP　　　　B. NTP　　　　C. 氨基酸　　　　D. NMP　　　　E. dNMP

26. DNA 复制中说法错误的是
   A. 需要原料、酶、引物、模板等物质参与　　B. 子链 DNA 沿着 5′-3′方向合成

C. 有引发体的形成　　　　　　　　　D. 子链 DNA 是连续合成的

　　E. 前导链不生成冈崎片段

27. 在 DNA 复制中,能解除 DNA 分子打结、缠绕及连环现象的酶是

　　A. DNA 连接酶　　　　　　B. 解螺旋酶　　　　　　　C. DNA 聚合酶

　　D. 引物酶　　　　　　E. 拓扑异构酶

28. 紫外线照射 DNA 后,DNA 多核苷酸链相邻的两碱基常可形成

　　A. 嘧啶二聚体　　　　　　B. 嘌呤二聚体　　　　　　C. 嘌呤嘧啶二聚体

　　D. 核糖二聚体　　　　　　E. 脂糖二聚体

29. 反转录酶的功能不包括

　　A. 依赖 RNA 模板沿 5′→3′方向合成 DNA　B. 水解 RNA-DNA 杂交体上的 RNA

　　C. 3′→5′外切酶的活性　　　　　　　　　D. 依赖 DNA 模板催化 DNA 合成

　　E. 沿 5′→3′方向聚合作用

30. 关于反转录病毒,说法错误的是

　　A. 是含有反转录酶的病毒　　　　　　　B. HIV 病毒也属于反转录病毒

　　C. 大多具有致癌作用　　　　　　　　　D. 反转录病毒不容易出现新的毒株

　　E. 反转录病毒与某些癌症的发病机制有关

【B 型题】

　　A. 糖　　　　　B. 脂类　　　　　C. 维生素　　　　　D. 蛋白质　　　　　E. 核酸

1. 生命的物质基础是

2. 不属于必需营养素的物质是

3. 生物遗传的物质基础是

　　A. 细胞质　　　　B. 溶酶体　　　　C. 核糖体　　　　D. 线粒体　　　　E. 细胞核

4. DNA 主要存在于

5. 蛋白质生物合成场所是

6. 氨基酸活化场所是

7. RNA 合成的部位是

　　A. 反转录酶　　　　　　B. RNA 聚合酶　　　　　　C. DNA 连接酶

　　D. DNA 聚合酶　　　　　　E. 引物酶

8. 催化以 RNA 为模板的 DNA 合成

9. 从 DNA 转录 RNA 所需的酶是

10. 催化以 DNA 为模板的 DNA 合成

11. 使新合成的 DNA 片段连接成 DNA 链的是

　　A. 使 DNA 双螺旋双链间的氢键断开而形成两条单链

　　B. 改变 DNA 超螺旋状态,理顺 DNA 链

　　C. 与已解开的 DNA 单链结合,维持模板处于稳定的单链状态

　　D. 连接 DNA 片段

　　E. 催化 NTP 的聚合,形成短片段的 RNA

12. DNA 连接酶

13. 引物酶

14. 单链结合蛋白

15. 解螺旋酶

16. DNA 拓扑异构酶

    A. 端粒　　　　　　　　　　B. 复制叉　　　　　　　　C. 复制子

    D. 双向复制　　　　　　　　E. 复制眼

17. 模板 DNA 解开的两股单链和未解开的双链所形成的 Y 形结构

18. 真核生物染色体 DNA 末端维持 DNA 稳定和复制完整性的结构

19. 随着复制叉走向 DNA 向两个走向相反的方向进行复制

20. 大肠杆菌 DNA 复制开始时呈眼睛状结构

21. DNA 复制起始点到终止点的复制区域

    A. SOS 修复　　　　　　　　B. 核苷酸与碱基切除修复　　C. 光修复

    D. 重组修复　　　　　　　　E. 物理修复

22. 先复制后修复的修复方式

23. DNA 损伤较严重,危急状态下的修复方式

24. 光修复酶参与的修复

25. 切除修复的修复方式

26. 修复后易引起长期而广泛的突变

    A. 点突变　　　　　　　　　B. 缺失突变　　　　　　　　C. 插入突变

    D. 重排突变　　　　　　　　E. 框移突变

27. DNA 分子内部发生的 DNA 片段交换

28. DNA 分子中增加一个原来没有的碱基或一段核苷酸链

29. DNA 分子中单个碱基的改变

30. DNA 分子中一个碱基或一段核苷酸链的丢失

【C 型题】

    A. 按 $5'\rightarrow3'$ 方向复制　　　　　　B. 按 $3'\rightarrow5'$ 方向复制

    C. 两者均是　　　　　　　　　　　D. 两者均不是

1. 领头链的复制方向

2. 随从链的复制方向

    A. $5'\rightarrow3'$ 聚合酶活性　　　　　　B. $5'\rightarrow3'$ 外切酶活性

    C. 两者均有　　　　　　　　　　　D. 两者均无

3. DNA-pol Ⅲ

4. DNA-pol Ⅱ

5. DNA-pol Ⅰ

    A. 在损伤修复中发挥作用　　　　　B. 在复制中发挥作用

    C. 两者均有　　　　　　　　　　　D. 两者均无

6. DNA-pol Ⅰ

7. DNA-pol Ⅱ

8. DNA-pol Ⅲ

    A. 线粒体内 DNA 复制　　　　　　B. 延长子链的主要酶

    C. 两者均有　　　　　　　　　　　D. 两者均无

9. 真核生物 DNA 聚合酶δ

10. 真核生物 DNA 聚合酶ε

11. 真核生物 DNA 聚合酶 α

12. 真核生物 DNA 聚合酶γ

    A. DNA 指导的 DNA 聚合酶　　　　　　B. DNA 指导的 RNA 聚合酶

    C. 两者均有　　　　　　　　　　　　　D. 两者均无

13. DNA 复制有

14. 逆转录有

15. DNA 修复有

【X 型题】

1. 基因表达是指

    A. DNA 将遗传信息传递给 DNA　　　　B. 遗传信息从 mRNA 翻译成多肽链

    C. 包括转录和翻译过程　　　　　　　　D. 以 RNA 为模板合成 DNA

    E. DNA 携带的遗传信息传递给 RNA

2. DNA 复制的条件有

    A. 需要亲代双链 DNA 作模板　　　　　B. 需要 4 种 dNTP 作原料

    C. 需要一段寡核苷酸作引物　　　　　　D. 需要单链 DNA 结合蛋白

    E. 需要 DNA 连接酶

3. DNA 复制的特点是

    A. 半保留复制　　　　B. 不对称性复制　　　　C. 连续性复制

    D. 半不连续复制　　　E. 全保留复制

4. 下列关于 DNA 复制的特点正确的是

    A. 聚合方向为 $5' \rightarrow 3'$　　　　　　B. 半保留复制

    C. 随从链中先合成冈崎片段　　　　　　D. 前导链的合成需要 RNA 引物

    E. 合成冈崎片段不需要 RNA 引物

5. DNA 聚合酶的活性包括

    A. 具有 $5' \rightarrow 3'$ 聚合酶活性　　　　B. 具有 $5' \rightarrow 3'$ 外切酶活性

    C. 具有 $3' \rightarrow 5'$ 外切酶活性　　　　D. 具有引物酶的活性

    E. 具有解链酶的活性

6. DNA 复制中,参与双螺旋解开的酶和蛋白质有

    A. DNA 连接酶　　　　B. 单链结合蛋白　　　　C. 拓扑异构酶

    D. 解链酶　　　　　　E. 引物酶

7. DNA 复制过程包括

    A. 复制的起始　　　　B. DNA 片段的生成　　　　C. 完整 DNA 分子的形成

    D. 复制后的加工修饰　　E. 复制后的水解

8. RNA 引物是指

    A. 用于转录的起始过程

    B. 提供 $3'$-OH 末端作合成新 DNA 链起点

    C. 复制延长阶段被水解切除

    D. 提供 $5'$-OH 末端作合成新 DNA 链起点

    E. 提供 $3'$-OH 末端作合成新 RNA 链起点

9. DNA 连接酶的作用是

    A. 催化冈崎片段的连接

    B. 催化引物与新合成 DNA 片段的连接

    C. 催化连接两条单链 DNA 分子

    D. 催化修复合成的 DNA 片段与原有 DNA 断链的连接

    E. 催化目的基因与载体相连

10. 关于 DNA 的半不连续合成正确说法是

    A. 前导链是连续合成   B. 不连续合成的片段是冈崎片段

    C. 不连续合成的子链是随从链   D. 随从链的合成迟于领头链的合成

    E. 前导链是先合成 DNA 片段

11. 反转录作用的特点有

    A. 以 NTP 为原料   B. 以 RNA 为模板

    C. 由 RNA 指导的 DNA 聚合酶催化   D. 合成 DNA

    E. 以 dNTP 为原料

12. DNA 损伤的修复方式有

    A. 光修复   B. 切除修复   C. 重组修复

    D. DNA 甲基化   E. DNA 修饰

13. 参与损伤 DNA 切除修复的酶有

    A. 核酸内切酶   B. DNA 聚合酶 I   C. 核酸外切酶

    D. DNA 连接酶   E. DNA 聚合酶 III

14. 关于基因的论述正确的是

    A. 基因是遗传信息的功能单位

    B. 基因是具有特定核苷酸顺序的 DNA 片段

    C. 基因是决定或编码某一种蛋白质的 DNA 片段

    D. 正常情况下,所有细胞内的基因全部处于活动状态

    E. 基因能进行基因表达

15. 与 DNA 复制有关的酶是

    A. DNA 指导的 DNA 聚合酶   B. 引物酶   C. 拓扑异构酶

    D. DNA 连接酶   E. 解螺旋酶

(二)名词解释

1. 基因

2. 基因表达

3. 复制

4. 反转录

5. 半保留复制

6. 冈崎片段

7. DNA 复制的双向性

8. 复制叉

9. 引发体

10. 框移突变

11. 基因多态性

12. SOS 修复

(三)填空题

1. DNA 复制中所需引物的化学本质是_____,由_____催化合成。

2. DNA 复制时新链合成的方向是从_____端到_____端。

3. 以 RNA 为模板合成 DNA 的过程称为_____。催化的酶是_____。

4. DNA 复制过程中催化引物合成的酶叫_____,它实际上是一种特殊的_____。

5. 随从链复制过程中出现的不连续片段称为_____,由_____连接成单链 DNA。

6. 复制时,_____结合于解开的单链上,起稳定和保护单链模板的作用。

7. DNA 复制时,连续合成的链称为_____,不连续合成的链称为_____。

8. DNA 复制时,改变模板 DNA 超螺旋结构的酶是_____,解开 DNA 双螺旋的酶是_____。

9. 遗传的主要物质是_____,遗传信息以_____的方式贮藏在其分子中。

10. 以_____为模板合成子代 DNA 时,能将_____准确地复制到子代 DNA 分子上,这一过程称_____。

11. 生物体内遗传信息是由_____传递到_____,再到_____,去表达着各种生命现象。

12. DNA 复制的方式是_____,合成 DNA 的原料有_____、_____、_____和_____。

13. DNA 损伤对机体的影响是_____、_____、_____和_____。

14. 引起 DNA 损伤的诱因有_____、_____和_____。

15. 反转录酶的功能有_____、_____和_____。

16. 真核生物 DNA 聚合酶有 5 种,它们是_____、_____、_____、_____和_____。

17. 切除修复的修复过程包括_____、_____和_____。

18. 基因突变的类型有_____、_____、_____和_____。

19. 遗传信息传递的中心法则包括_____、_____、_____、_____和_____。

20. 理化因素或外源 DNA 整合引起的突变为_____,DNA 复制中发生的突变为_____。

(四)问答题

1. 用图说明遗传信息传递的中心法则。

2. 简述原核生物 DNA 聚合酶的种类和功能。

3. DNA 复制的特点有哪些?

4. 简述 DNA 损伤的修复方式。

5. 简述反转录过程。

6. 试述参与 DNA 复制的物质及其作用。

7. 试述半保留复制方式。

8. 什么是 DNA 的半不连续性复制?

四、参考答案

(一)选择题

【A 型题】

1. B	2. A	3. A	4. C	5. B	6. B	7. C	8. A	9. B	10. C
11. C	12. B	13. D	14. A	15. A	16. D	17. B	18. B	19. C	20. A
21. D	22. C	23. B	24. D	25. A	26. D	27. B	28. A	29. C	30. D

【B 型题】

1. D	2. E	3. E	4. E	5. E	6. A	7. E	8. A	9. B	10. D
11. C	12. B	13. E	14. C	15. A	16. D	17. B	18. A	19. D	20. E
21. C	22. D	23. C	24. C	25. B	26. B	27. C	28. C	29. A	30. B

【C 型题】

1. A	2. A	3. A	4. A	5. C	6. A	7. A	8. B	9. B	10. D
11. D	12. A	13. C	14. A	15. A					

【X 型题】

1. BCE	2. ABCDE	3. AD	4. ABD	5. ABC	6. BCD	7. ABC
8. BC	9. ADE	10. ABC	11. BCDE	12. ABC	13. ABCD	14. ABCE
15. ABCDE						

(二)名词解释

1. 是指染色体中携带有遗传信息的 DNA 功能片段。

2. 基因中的遗传信息通过转录和翻译,表达为有功能的蛋白质过程。

3. 以亲代 DNA 为模板,将遗传信息准确传递给子代 DNA 的过程。

4. 以 RNA 为模板合成 DNA 的过程。

5. 在复制合成的子代 DNA 分子中,一条链来自亲代,另一条链是新合成的,这种方式称为半保留复制。

6. 在复制过程中,随从链是分段合成的,这些 DNA 的不连续片段称为冈崎片段。

7. 复制时,DNA 从起始点向两个方向解链,随着复制叉走向向两个走向相反的方向进行复制,称为 DNA 复制的双向性。

8. 在 DNA 复制起始位点,DNA 双链解开分成两股单链,这两股单链各自作为模板合成子代 DNA,此解开的两股单链和未解开的双链所形成的 Y 形结构,称为复制叉。

9. 在 DNA 复制时,由解螺旋酶、引物酶及单链结合蛋白等蛋白质因子结合到 DNA 复制起始区域的复合结构,这一复合结构称为引发体。

10. 缺失或插入的核苷酸数目如果不是 3 的倍数,可导致三联体密码阅读移位,从而导致缺失或插入后的 DNA 序列遗传信息的改变,这种突变称为框移突变。

11. 只有基因型改变而表型没有改变的突变导致个体之间基因型的差异,称为基因多态性。基因多态性是个体识别、亲子鉴定及器官移植配型的分子基础。

12. 是指 DNA 损伤严重、细胞处于危急状态下产生的一种抢救性修复。通过 SOS 修复,细胞得以存活,但 DNA 保留的错误较多,会引起长期而又广泛的突变。

(三)填空题

1. RNA;引物酶

2. 5′;3′

3. 反转录;反转录酶

4. 引物酶;RNA 聚合酶

5. 冈崎片段;DNA 连接酶

6. DNA 单链结合蛋白

7. 领头链;随从链

8. 拓扑异构酶;解螺旋酶

9. DNA;核苷酸序列

10. DNA;遗传信息;复制

11. DNA;RNA;蛋白质

12. 半保留复制;dATP;dGTP;dCTP;dTTP

13. 生物进化;基因多态性;致病;死亡

14. 诱发因素;自发因素;生物因素

15. 依赖 RNA 模板催化合成 DNA;水解 RNA-DNA 杂交体上的 RNA;依赖 DNA 模板催化 DNA 合成

16. DNA 聚合酶 α;β;γ;δ;ε

17. DNA 片段切除、填补空隙;DNA 连接

18. 点突变;缺失突变;插入突变;框移突变;重排突变

19. 复制;转录;翻译;反转录;RNA 复制

20. 诱发突变;自发突变

(四) 问答题

1. 遗传信息传递的中心法则如图 10-1 所示。

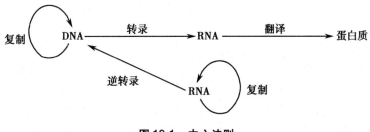

图 10-1　中心法则

2. 原核生物 DNA 聚合酶的种类和功能:原核生物有三种 DNA 聚合酶,分别为 DNA 聚合酶Ⅰ、Ⅱ、Ⅲ。DNA 聚合酶Ⅰ的功能是填补空隙及对复制中错误进行"校读"作用;DNA-polⅡ在 DNA 损伤时被激活,主要参与 DNA 损伤及修复 DNA;DNA 聚合酶Ⅲ是复制时聚合 dNTP 的主要复制酶。

3. DNA 复制基本特点有:①半保留复制,即子代 DNA 分子中一条链来自亲代,另一条链是新合成的;②半不连续复制,即一条链的合成是连续的,称为领头链或称前导链;另一条链的合成是不连续的,先合成冈崎片段,再由 DNA 连接酶连接成完整 DNA 单链,称为随从链;③复制的高保真性,即 DNA 复制生成的子代 DNA 与亲代 DNA 碱基序列的高度一致性;④复制的双向性,即复制时,DNA 从起始点向两个方向解链,随着复制叉走向向两个走向相

反的方向进行复制。

4. DNA 损伤的修复方式主要有光修复、切除修复、重组修复和 SOS 修复等形式。

5. 反转录过程：以 RNA 为模板，dNTP 为原料，合成 RNA-DNA 杂化双链；再以单链 DNA 为模板，催化合成 DNA 双链分子的过程。

6. DNA 复制需要：①模板：亲代双链 DNA 分子；②原料：4 种 dNTP（dATP、dGTP、dCTP、dTTP）；③引物：寡核苷酸 RNA；④有关的酶及蛋白质因子：原核生物的 DNA 聚合酶包括 Ⅰ、Ⅱ、Ⅲ 类。DNA 聚合酶 Ⅰ 有切除修复的校读作用；DNA-pol Ⅱ 在 DNA 损伤时被激活，主要参与 DNA 损伤及修复；DNA 聚合酶 Ⅲ 有催化 dNTP 的聚合作用。引物酶：催化合成小段 RNA 作引物。拓扑异构酶：松弛 DNA 超螺旋结构。解螺旋酶：解开 DNA 双链的氢键。DNA 连接酶：催化片段 DNA 连接为完整的 DNA 单链。单链 DNA 结合蛋白：结合并稳定 DNA 单链。

7. 半保留复制方式及过程：DNA 复制为半保留复制，复制时，DNA 分子两条链均可作为模板，以 dNTP 为原料，碱基互补合成新的互补链。在新合成的子代 DNA 分子中，一条链是亲代的，另一条链是新合成的，这种复制方式称半保留复制。

8. DNA 的半不连续性复制：DNA 分子的两股单链反向平行，一条链的走向是 5′→3′，另一条链的走向是 3′→5′，这两条链都能作为模板以边解链边复制的方式，同时合成两条新的互补链。由于 DNA 聚合酶的合成方向只能是 5′→3′，所以在复制时，一条链的合成方向与复制叉前进方向相同，可以连续复制，这条能连续合成的子链称为领头链或前导链；而另一条链的合成方向与复制叉前进方向相反，不能沿着解链方向连续复制，这条不能连续合成的子链称之为随从链。将领头链能连续复制、而随从链不连续复制的方式称 DNA 复制的半不连续性或半不连续复制。

（陈明雄）

第十一章

RNA 的生物合成

一、内容要点

转录是以 DNA 为模板合成 RNA 的过程,是绝大多数生物内 RNA 合成的方式。RNA 转录体系包括模板 DNA、4 种核糖核苷酸、RNA 聚合酶、某些蛋白质因子(如 ρ 因子)及 Mg^{2+}、Mn^{2+} 等。

通常将能转录出 RNA 的 DNA 区段称为结构基因。结构基因的 DNA 双链中只有一条链具有转录功能,因此转录的方式是不对称转录。转录时作为模板的 DNA 单链称为模板链;与其互补的另一条链称为编码链。在一个包含多基因的 DNA 双链分子中,各个基因的模板链并不总在同一条链上。

原核生物的 RNA 聚合酶由核心酶(ααββ′)与 σ 因子组成。σ 因子的主要功能是识别启动子,只参与转录的起始;核心酶参与转录全过程,其催化活性中心由 β 亚基和 β′亚基组成。其中,β′亚基能结合 DNA 模板,β 亚基催化新生 RNA 链的延长;α 亚基决定哪些基因被转录。原核生物的 RNA 聚合酶均受利福霉素类抗生素(如利福平)的特异性抑制。真核生物中 RNA 聚合酶主要有 3 种,分别称为 RNA 聚合酶 Ⅰ、Ⅱ、Ⅲ,它们选择性地转录不同的基因,产生不同的产物。

转录过程大体可分为起始、链的延长及终止 3 个阶段。转录起始阶段需 RNA 聚合酶以全酶的形式的参与,形成由 RNA 聚合酶全酶-DNA-pppGpN-OH-3′组成的转录起始复合物;转录延长阶段是在核心酶催化下完成的。转录延长过程中,由核心酶-RNA-DNA 组成的转录复合物,形象地被称为转录空泡。大肠杆菌的转录终止有两种方式:一种是不依赖 ρ(rho)因子的转录终止,另一种是依赖 ρ 因子的转录终止。前一种是通过 DNA 模板上的终止子转录生成的 RNA 产物为特殊的发夹结构,阻止 RNA 聚合酶继续沿 DNA 模板向前移动而终止转录;后一种方式主要通过 ρ 因子识别新生 RNA 链的终止信号而终止转录。

转录生成的是 RNA 前体,必须经过加工修饰才能成为具有生物功能的 RNA。转录后加工修饰的方式有:剪切、剪接、碱基修饰等。不同 RNA 的具体加工修饰过程不同。剪接是 mRNA 加工成熟的重要过程。通过剪接,切除 hnRNA 中的非信息区,然后将信息区进行拼接,使之成为具有翻译功能的模板。

二、重点和难点解析

(一)不对称转录

不对称转录有两层含义:一是在结构基因的双链中只有一条链可以作为模板进行转录;二是模板并非永远在一条链上,在某个基因节段以其中某一条链为模板进行转录,而在另一个基因节段上可以其对应单链为模板。

(二)原核生物的 RNA 聚合酶

1. 组成　4 种亚基 α、β、β′、σ 构成的五聚体(包括 2 个 α 亚基)。$\alpha_2\beta\beta'$亚基合称核心酶;σ 亚基,又称 σ 因子,与核心酶共同构成 RNA 聚合酶全酶。

2. 各亚基在转录中的作用　核心酶的 α 亚基决定哪些基因被转录,β′亚基能结合 DNA 模板,σ 亚基辨认 DNA 模板上的启动子启动转录,β 亚基催化新生 RNA 链的延长。

3. 临床相关点　利福霉素类抗生素抑菌作用机制:利福霉素类抗生素(如利福平)可通过与细菌 RNA 聚合酶的 β 亚基以非共价键结合,阻止第一个 NTP 的进入,抑制 RNA 合成的起始,进而抑制转录过程。

(三)RNA 的转录过程的起始——形成转录起始复合物

1. 原核生物 RNA 的转录起始　RNA 聚合酶的 σ 因子辨认启动子→RNA 聚合酶全酶的形式与启动子结合→形成酶-启动子开链复合物,使 DNA 模板链暴露→形成由 RNA 聚合酶全酶-DNA-pppGpN-OH-3′组成的转录起始复合物→σ 因子就从全酶上脱落→转录起始完成。

2. 真核生物转录起始　真核生物转录起始复合物的装配就是转录因子和 RNA 聚合酶逐步与 DNA 模板结合,使 DNA 双链解开为单链启动转录的过程。

(四)转录的终止——RNA 聚合酶识别新生 RNA 链上的终止信号

原核生物转录终止有两种方式:一种是不依赖 ρ 因子的转录终止,另一种是依赖 ρ 因子的转录终止。

1. 非依赖 ρ 因子的转录终止　DNA 模板上有 GC 富集区组成的反向重复序列和一连串的 T 结构,该部位转录生成的 RNA 产物可形成特殊的发夹结构,其可以阻止 RNA 聚合酶继续沿 DNA 模板向前移动,终止转录。

2. 依赖 ρ 因子的转录终止　通过 ρ 因子识别新生 RNA 链的终止信号并与之结合,然后 ρ 因子水解 ATP,并借此获得能量沿新生的 RNA 链快速移动,直至遇到 RNA 聚合酶,使 RNA-DNA 双螺旋解开,停止转录,释放 RNA。

(五)真核生物 mRNA 前体的剪接加工

断裂基因是真核生物的结构基因由若干个编码区(外显子)和非编码区(内含子)相互间隔开。在转录过程中,外显子和内含子序列均转录到 hnRNA 中。剪接就是在细胞核中,由特定的酶催化,切除由内含子转录而来的非信息区,然后将由外显子转录而来的信息区进行拼接,使之成为具有翻译功能的模板,即成熟的 mRNA。

三、习题测试

(一)选择题

【A 型题】

1. 关于转录的叙述,下列哪项是正确的
   A. 遵循碱基配对规则
   B. 转录完成后,新生成的 RNA 链才与模板链脱离
   C. 聚合酶发挥作用依赖 RNA
   D. 多核苷酸链延伸方向都是 3′→5′
   E. DNA 的两条链可同时作为模板

2. 合成 RNA 需要的原料是

    A. dNTP　　　　B. dNMP　　　　C. NMP　　　　D. NTP　　　　E. NDP

3. 转录的含义是

    A. 以 DNA 为模板合成 DNA 的过程　　　　B. 以 DNA 为模板合成 RNA 的过程

    C. 以 RNA 为模板合成 RNA 的过程　　　　D. 以 RNA 为模板合成 DNA 的过程

    E. 以 DNA 为模板合成蛋白质的过程

4. 关于复制与转录的说法，错误的是

    A. 新生链的合成都以碱基配对的原则进行

    B. 新生链合成方向均为 5′至 3′

    C. 聚合酶均催化磷酸二酯键的形成

    D. 均以 DNA 分子为模板

    E. 都需要 NTP 为原料

5. 不对称转录指的是

    A. 两条 DNA 链可同时作模板指导生成同一分子 RNA

    B. 两相邻的基因的模板链正好位于同一条 DNA 链上

    C. DNA 分子中有一条链不含任何基因

    D. 基因中只有一条 DNA 链是模板链

    E. RNA 聚合酶可使 DNA 的两条链同时被转录

6. 原核生物启动子的-35 区的保守序列是

    A. TATAAT　　　　　B. TTGACA　　　　　C. AATAAA

    D. CTTA　　　　　E. GC

7. 原核生物启动子的-10 区的保守序列是

    A. TATAAT　　　　　B. TTGACA　　　　　C. AATAAA

    D. CTTA　　　　　E. GC

8. 对真核生物启动子描述，错误的是

    A. 转录起始点上游有共同的序列 5′TATA

    B. 转录起始点上游有共同的序列 5′CAAT

    C. 5′端的 TATA 序列又叫 TATA 盒

    D. 5′端的 TATA 序列又叫 Pribnow 盒

    E. 5′端的 TATA 序列又叫 Hogness 盒

9. 关于 DNA 指导的 RNA 聚合酶，下列说法错误的是

    A. 以 DNA 为模板合成 RNA

    B. 是 DNA 合成的酶

    C. 以 4 种 NTP 为底物

    D. 催化 3′,5′-磷酸二酯键的形成

    E. 没有 DNA 时，不能发挥作用

10. 有关原核生物 RNA 聚合酶的叙述，正确的是

    A. σ 因子参与转录的延长

    B. 全酶含有 σ 因子

    C. 全酶与核心酶的差别在于 β 亚基的存在

D. 核心酶由 $\alpha_2\beta\beta'\sigma$ 组成

E. 核心酶由 $\alpha\beta\beta'$ 组成

11. 下列关于 σ 因子的描述,哪一项是正确的

　　A. RNA 聚合酶的亚基　　　　　　　　　　B. DNA 聚合酶的亚基

　　C. 可识别 DNA 模板上的终止信号　　　　D. 是一种小分子的有机化合物

　　E. 参与逆转录过程

12. 对 RNA 聚合酶的叙述,不正确的是

　　A. 由核心酶与 σ 因子构成

　　B. 核心酶由 $\alpha_2\beta\beta'$ 组成

　　C. 全酶与核心酶的差别在于 β 亚单位的存在

　　D. 全酶包括 σ 因子

　　E. σ 因子仅与转录起动有关

13. 原核生物识别转录起始点的亚基是

　　A. α　　　　　　B. β　　　　　　C. ρ　　　　　　D. σ　　　　　　E. β′

14. 真核生物催化 tRNA 转录的酶是

　　A. DNA 聚合酶Ⅲ　　　　　B. RNA 聚合酶Ⅰ　　　　　C. RNA 聚合酶Ⅱ

　　D. RNA 聚合酶Ⅲ　　　　　E. DNA 聚合酶Ⅰ

15. 催化真核生物 mRNA 转录的酶是

　　A. RNA 聚合酶　　　　　　B. RNA 聚合酶Ⅰ　　　　　C. RNA 聚合酶Ⅱ

　　D. RNA 聚合酶Ⅲ　　　　　E. DNA 聚合酶Ⅰ

16. 原核生物中 DNA 指导的 RNA 聚合酶的核心酶组成是

　　A. $\alpha_2\beta\beta'\sigma$　　B. $\alpha_2\beta\beta'$　　C. $\alpha\beta\beta'$　　D. $\alpha_2\beta$　　E. $\beta\beta'$

17. 抗生素利福平专一性的作用于 RNA 聚合酶的哪个亚基

　　A. α　　　　B. β　　　　C. β′　　　　D. α_2　　　　E. σ

18. 利福平和利福霉素抑制结核菌的原因是

　　A. 抑制细菌的 RNA 聚合酶　　　　　　B. 激活细菌的 RNA 聚合酶

　　C. 抑制细菌的 DNA 聚合酶　　　　　　D. 激活细菌的 DNA 聚合酶

　　E. 抑制细菌 RNA 转录终止

19. 关于真核生物的 RNA 聚合酶,下列说法错误的是

　　A. RNA 聚合酶Ⅰ的转录产物是 45S rRNA

　　B. RNA 聚合酶Ⅱ转录生成 hnRNA

　　C. 利福平是其特异性抑制剂

　　D. 真核生物的 RNA 聚合酶是由多个亚基组成

　　E. RNA 聚合酶催化转录时,还需要多种蛋白质因子

20. 关于大肠杆菌的转录过程,叙述正确的是

　　A. 由冈崎片段形成　　　　　　　　　　B. 需 RNA 引物

　　C. 不连续合成同一链　　　　　　　　　D. 与翻译过程几乎同时进行

　　E. RNA 聚合酶覆盖的全部 DNA 均打开

21. 下列哪一项不是原核生物转录空泡的结构成分

　　A. DNA 模板链　　　　　　B. DNA 编码链　　　　　　C. 新生成的 RNA 链

　　　D. 转录因子　　　　　　　　　E. RNA 聚合酶

22. 原核生物起催化作用的是
　　A. ρ(Rho)因子　　　　　B. α 亚基　　　　　　　　C. σ 因子
　　D. 核心酶　　　　　　　　E. β 亚基

23. 下列关于原核生物转录延长阶段的叙述,错误的是
　　A. σ 因子从转录起始复合物上脱落
　　B. RNA 聚合酶全酶催化此过程
　　C. RNA 聚合酶核心酶催化链的延长
　　D. 新生 RNA 链只有一部分与 DNA 模板结合
　　E. 转录过程未终止时,即开始翻译

24. 参与 RNA 聚合酶Ⅱ转录的转录因子中,能结合 TATA 盒的是
　　A. TFⅡA　　　B. TFⅡB　　　C. TFⅡD　　　D. TFⅡE　　　E. TFⅡF

25. 关于真核细胞 RNA 聚合酶Ⅱ,下列说法正确的是
　　A. 在细胞核中催化合成 mRNA 前体　　　B. 对鹅膏蕈碱不敏感
　　C. 仅存在于线粒体中　　　　　　　　　D. 催化转录生成 45S rRNA
　　E. 利福平是其特异性抑制剂

26. mRNA 转录后的加工不包括
　　A. 5′端加帽子结构　　　　B. 3′端加 polyA 尾　　　　C. 切除内含子
　　D. 连接外显子　　　　　　E. 3′加 CCA 尾

27. 以下对 tRNA 合成的描述,不正确的是
　　A. tRNA3′末端需要加上 CCA-OH
　　B. tRNA 前体中有内含子
　　C. tRNA 前体还需要进行化学修饰加工
　　D. RNA 聚合酶Ⅲ催化 tRNA 前体的生成
　　E. tRNA 前体在酶的催化下切除 5′和 3′端处多余的核苷酸

28. ρ 因子的功能是
　　A. 结合阻遏物于启动区域处　　　　B. 增加 RNA 合成速率
　　C. 释放结合在启动子上的 RNA 聚合酶　　D. 参与转录的终止过程
　　E. 允许特定转录的启动过程

29. DNA 上某段碱基顺序为 5′-ATCAGTCAG-3′,转录后 RNA 上相应的碱基顺序为
　　A. 5′-CUGACUGAU-3′　　　　　　　B. 5′-CTGACTGAT-3
　　C. 5′-UAGUCAGUC-3′　　　　　　　D. 5′-ATCAGTCAG-3′
　　E. 5′-UTGUCAGUG-3′

30. 新合成的 mRNA 链的 5′端最常见的核苷酸是
　　A. ATP　　　B. TTP　　　C. GMP　　　D. CTP　　　E. GTP

31. 关于真核生物 mRNA 的"多聚腺苷酸尾"结构的叙述,错误的是
　　A. 是在细胞核内加工接上的
　　B. 其出现不依赖 DNA 模板
　　C. 维持 mRNA 作为翻译模板的活性
　　D. 先切除 3′末端的部分核苷酸然后加上去的

E. 直接在转录初级产物的 3′末端加上去的

32. 关于外显子的叙述正确的是

A. 基因突变的序列　　　　　　　　　B. mRNA5′端的非编码序列

C. 断裂基因中的编码序列　　　　　　D. 断裂基因中的非编码序列

E. 成熟 mRNA 中的编码序列

33. 下列哪种反应不属于转录后修饰

A. 5′端加上帽子结构　　　B. 3′端加多聚腺苷酸尾巴　　C. 脱氨反应

D. 外显子去除　　　　　　E. 内含子去除

【B 型题】

A. DNA 聚合酶　　　　　　B. RNA 聚合酶　　　　　　C. 逆转录酶

D. DNA 连接酶　　　　　　E. RNA 聚合酶Ⅱ

1. 催化 RNA 的转录

2. 催化 hnRNA 的转录

3. 催化 DNA 的复制

4. 催化逆转录

A. 利福平　　　B. 肉毒碱　　　C. 卡那霉素　　　D. 干扰素　　　E. 鹅膏蕈碱

5. 抑制原核生物 RNA 聚合酶的是

6. 抑制 RNA 聚合酶Ⅱ的是

A. 核酶　　　　　　　　　B. 鸟苷酸转移酶　　　　　　C. 多聚 A 聚合酶

D. RNA 聚合酶Ⅲ　　　　　E. 核酸内切酶

7. rRNA 前体并具有催化活性的是

8. 催化 mRNA3′端 polA 尾生成的酶是

9. 催化 tRNA 生成的酶是

A. σ　　　　　　　　　　B. 核心酶　　　　　　　　　C. RNA 聚合酶Ⅰ

D. TFⅡD　　　　　　　　E. RNA 聚合酶Ⅲ

10. 原核生物 RNA 链的延伸需要

11. 真核生物 snRNA 的合成需要

12. 原核生物识别转录起始点需要

A. 内含子　　　　　　　　B. 外显子　　　　　　　　　C. 断裂基因

D. mRNA 剪接　　　　　　E. 并接体

13. 基因中被转录的非编码序列是

14. 内含子和外显子间隔排列是

15. 基因中能表达活性的编码序列是

16. 切除内含子,连接外显子是

【C 型题】

A. 需 RNA 聚合酶　　　　　　　　　B. 需逆转录酶

C. 两者均有　　　　　　　　　　　　D. 两者均无

1. RNA 转录

2. 逆转录

3. 蛋白质合成

A. 以 RNA 为模板　　　　　　　　B. 以 RNA 为引物

C. 两者均有　　　　　　　　　　D. 两者均无

4. 逆转录

5. DNA 聚合酶

6. RNA 聚合酶

A. 利福霉素　　　B. 鹅膏蕈碱　　　C. 两者均有　　　D. 两者均无

7. 能抑制原核生物 RNA 聚合酶的

8. 能抑制真核生物 RNA 聚合酶Ⅱ的

9. 能抑制 DNA 聚合酶的

A. 催化磷酸二酯键形成　　　　　B. 以 NTP 为底物

C. 两者均有　　　　　　　　　　D. 两者均无

10. DNA 聚合酶

11. DNA 连接酶

12. RNA 聚合酶

A. TATA 盒　　　　　　　　　　B. Pribnow 盒

C. 两者均有　　　　　　　　　　D. 两者均无

13. 真核生物的启动子序列含有

14. 原核生物的启动子序列含有

【X 型题】

1. 下列关于 RNA 转录的叙述,哪些是不正确的

A. 模板 DNA 两条链均具有转录功能　　B. 需要引物

C. 是不对称转录　　　　　　　　D. $\alpha\alpha\beta\beta'$ 识别转录起始点

E. σ 识别转录起始点

2. 参与转录的物质有

A. 单链 DNA 模板　　　　　　　B. DNA 指导的 RNA 聚合酶

C. NTP　　　　　　　　　　　　D. NMP

E. DNA 指导的 DNA 聚合酶

3. RNA 转录需要的原料

A. TTP　　　　　B. GTP　　　　　C. CTP　　　　　D. UTP　　　　　E. ATP

4. DNA 复制与 RNA 转录的共同点是

A. 需要 DNA 做模板　　　　　　B. 需要 DNA 指导的 DNA 聚合酶

C. 合成方式为半保留复制　　　　D. 合成方向为 $5'\rightarrow3'$

E. 合成原料为 NTP

5. 比较 DNA 复制和 RNA 转录,下列哪项是正确的

A. 原料都是 dNTP　　　　　　　B. 链的延长方向都为 $5'\rightarrow3'$

C. 都是在细胞核内进行的　　　　D. 合成的产物需剪接加工

E. 与模板链的碱基配对均为 G-C

6. 哪些是 *E. coli* RNA 聚合酶的亚基

A. α　　　　B. ε　　　　C. γ　　　　D. β　　　　E. σ

7. 下列关于原核生物 RNA 聚合酶的叙述,哪项是正确的

A. 全酶由 4 个亚基（ααββ′σ）组成

B. 在体内核心酶的任何亚基都不能单独与 DNA 结合

C. 核心酶的组成是 ααββ′

D. σ 亚基也有催化 RNA 进行复制的功能

E. σ 亚基协助转录起始

8. RNA 聚合酶的抑制剂是

A. 利福平   B. 红霉素   C. 放线菌素 D

D. 链霉素   E. 利福霉素

9. 真核生物和原核生物 RNA 聚合酶

A. 都有全酶、核心酶之分   B. 都从 5′→3′ 延长 RNA 链

C. 都受利福平的特异性抑制   D. 作用时都不需要引物

E. 合成的原料一样

10. 下列哪项与转录的终止过程有关

A. ρ 因子识别转录终止信号

B. RNA 聚合酶识别新生 RNA 链上的终止信号

C. 在 DNA 模板上终止部位有特殊碱基序列

D. σ 因子识别 DNA 上的终止信号

E. 核酸酶参与终止

11. tRNA 前体的加工包括

A. 5′端加帽结构   B. 切除 5′和 3′端多余的核苷酸

C. 去除内含子   D. 3′端加 CCA

E. 对核苷酸进行化学修饰

12. tRNA 碱基化学修饰作用是

A. 甲基化   B. 羟化   C. 转位   D. 碱基还原   E. 脱氨基

13. 真核生物 mRNA 前体的加工包括

A. 5′端加帽结构   B. 3′端加多聚 A 尾   C. 3′端加 CCA-OH

D. 去除内含子   E. 连接外显子

14. RNA 生物合成中,碱基配对的原则是

A. A-U   B. T-A   C. C-G   D. G-A   E. T-U

15. 原核生物转录起始区

A. –10 区有 TATAAT 序列

B. –35 区有 TTGACA 序列

C. 结合 RNA 聚合酶后不易受核酸外切酶水解

D. 转录起始点转录出起始密码子 AUG

E. –25 ~ –30 区有 TATA 序列

（二）名词解释

1. 转录

2. 不对称转录

3. 结构基因

4. 操纵子

5. 启动子

6. 断裂基因

(三)填空题

1. 大肠杆菌的 RNA 聚合酶由 _____ 个亚基组成,其中辨认起始点的亚基是_____,组成核心酶的亚基是_____。

2. RNA 转录是沿着模板链的_____方向进行,RNA 链按_____方向延长。

3. DNA 双链中具有转录功能的单股链称_____,相对应的另一股单链称_____。

4. RNA 的转录过程分为_____、_____、_____ 3 个阶段。

5. 以 5′-CATGTA-3′为模板,转录产物是_____。

6. 初级 hnRNA 生成后,需要在 5′端形成_____结构,3′端加上_____尾巴。

7. 真核生物的断裂基因中,具有表达活性的编码序列称为_____,没有表达活性的序列称为_____。

(四)问答题

1. 简述转录与复制的异同点有哪些。

2. 简述不对称转录的含义。

3. 简述原核生物 RNA 聚合酶的结构特点及功能。

4. 简述原核生物 RNA 转录体系及作用。

5. 简述原核生物 RNA 转录的起始过程。

6. 简述原核生物 RNA 转录的终止方式。

7. 简述真核生物 mRNA 转录后加工过程。

四、参考答案

(一)选择题

【A 型题】

1. A	2. D	3. B	4. E	5. D	6. B	7. A	8. D	9. B	10. B
11. A	12. C	13. D	14. D	15. C	16. B	17. B	18. A	19. C	20. D
21. D	22. E	23. B	24. C	25. A	26. E	27. B	28. D	29. A	30. E
31. E	32. C	33. D							

【B 型题】

1. B	2. E	3. A	4. C	5. A	6. E	7. A	8. C	9. D	10. B
11. E	12. A	13. A	14. C	15. B	16. D				

【C 型题】

1. A	2. B	3. D	4. A	5. B	6. D	7. A	8. B	9. D	10. A
11. A	12. C	13. A	14. B						

【X 型题】

1. ABD	2. ABC	3. BCDE	4. AD	5. BCE	6. ADE	7. ACE
8. AE	9. BDE	10. ABC	11. BDE	12. ADE	13. ABDE	14. ABC
15. AB						

(二)名词解释

1. 以 DNA 一条链为模板,四种 NTP 为原料,在 DNA 指导的 RNA 聚合酶作用下,按照碱基互补原则合成 RNA 链的过程,称为转录。

2. 在结构基因的 DNA 双链中,只有一条链可以作为模板指导转录,转录的这种方式称为不对称转录。

3. 结构基因是指能转录出 RNA 的 DNA 区段。

4. 每一转录区段可视为一个转录单位,称为操纵子。

5. 启动子是指位于转录起始点之前的一段核苷酸序列,是 RNA 聚合酶识别和结合的部位,在转录的调控中起着重要作用。

6. 真核生物的结构基因由若干个编码区和非编码区相互间隔但又连续镶嵌而成的,这种结构的基因称为断裂基因。

(三)填空题

1. 4;σ 亚基;$\alpha_2\beta\beta'$

2. $3'\rightarrow5'$;$5'\rightarrow3'$

3. 模板链;编码链

4. 起始;延长;终止

5. 5′-UACAUG-3′

6. 帽子(m^7GpppNm);多聚 A(polyA)

7. 外显子;内含子

(四)问答题

1. 转录与复制的异同点见表 11-1。

表 11-1 转录与复制的异同点

复制	转录
相同点	
①都是酶促的核苷酸聚合过程	
②都以 DNA 为模板	
③都需要依赖 DNA 的聚合酶	
④合成方向是 5′至 3′	
⑤服从碱基配对的原则	
不同点	
模板	两股链都复制	模板链转录(不对称转录)
原料	dNTP	NTP
酶	DNA 聚合酶	RNA 聚合酶
配对	A-T, G-C	A-U, G-C, T-A
产物	子代双链 DNA(半保留复制)	mRNA, tRNA, rRNA

2. 有两方面的含义:一方面,转录过程中体内 DNA 双链中只有一条链可以转录生成 RNA,此链称为模板链;另一条链无转录功能,称为编码链。另一方面,在一个包含多个基因的双链 DNA 分子中,转录的模板并不是全在同一条链上,在某个基因节段以某一条链为模板而转录,而在另一个基因节段可由另一条链为模板进行转录。

3. 原核生物的 RNA 聚合酶是由 4 种亚基 α、β、β′、σ 构成的五聚体。其中,$\alpha_2\beta\beta'$ 亚基合称核心酶;σ 亚基与核心酶共同构成 RNA 聚合酶全酶。α 亚基决定哪些基因被转录,β′亚基能结合 DNA 模板,σ 亚基辨认 DNA 模板上的启动子启动转录,β 亚基催化新生 RNA 链的延长。

4. RNA 转录体系及其作用如下

(1)模板:DNA 单链。

(2)原料:四种核糖核苷酸(NTP)。

(3)RNA 聚合酶:①RNA 聚合酶全酶参与转录起始,其中 σ 因子辨认 DNA 模板链上转录起始点;②核心酶,催化四种 NTP,以 DNA 为模板按碱基配对原则形成 3′,5′-磷酸二酯键,生成 RNA 链。

(4)ρ 因子:结合转录产物 RNA,协助转录产物从转录复合物中释放。

5. RNA 聚合酶的 σ 因子辨认启动子→RNA 聚合酶全酶的形式与启动子结合→形成酶-启动子开链复合物,使 DNA 模板链暴露→形成由 RNA 聚合酶全酶-DNA-pppGpN-OH-3′组成的转录起始复合物→σ 因子从全酶上脱落→转录起始完成。

6. 原核生物转录终止有两种方式:一种是非依赖 ρ 因子的转录终止,另一种是依赖 ρ 因子的转录终止。

(1)非依赖 ρ 因子的转录终止:DNA 模板上有 GC 富集区组成的反向重复序列和一连串的 T 结构,该部位转录生成的 RNA 产物可形成特殊的发夹结构,其可以阻止 RNA 聚合酶继续沿 DNA 模板向前移动,终止转录。

(2)依赖 ρ 因子的转录终止:通过 ρ 因子识别新生 RNA 链的终止信号并与之结合,然后 ρ 因子水解 ATP,并借此获得能量沿新生的 RNA 链快速移动,直至遇到 RNA 聚合酶,使 RNA-DNA 双螺旋解开,停止转录,释放 RNA。

7. mRNA 转录后的加工包括

(1)5′末端加"帽子结构":hnRNA 第一个核苷酸往往是 5′-三磷酸鸟苷(pppG),在磷酸酶的催化下,pppG 水解,释放出 5′末端的 Pi 或 PPi,然后在鸟苷酸转移酶作用下连接另一分子 GTP,生成三磷酸双鸟苷(GpppGp-),再在甲基转移酶催化下进行甲基修饰,形成 5′-m^7GpppGp-的帽子结构。

(2)3′端加多聚腺苷尾巴(polyA):先由核酸外切酶切去 3′末端一些多余的核苷酸,然后在多聚腺苷酸聚合酶催化下,在 3′末端加上 polyA。

(3)hnRNA 的剪接:hnRNA 通过多种核酸酶的作用将 hnRNA 中内含子切去,将外显子拼接起来。

(文　程)

第十二章

蛋白质的生物合成

一、内容要点

蛋白质生物合成也称为翻译,是细胞内以 mRNA 为模板、按照 mRNA 分子中由核苷酸组成的密码信息合成蛋白质的过程。其本质是将 mRNA 分子中 4 种核苷酸序列编码的遗传信息,解读为蛋白质一级结构中 20 种氨基酸的排列顺序。蛋白质生物合成体系包括原料、mRNA、tRNA、核糖体、各种酶、多种蛋白因子及供能物质等。蛋白质合成的基本原料是 20 种被编码氨基酸。参与的酶包括:氨基酰-tRNA 合成酶、转肽酶、转位酶等。蛋白质的生物合成还需要包括起始因子(IF),延长因子(EF)和释放因子(RF)的参与。IF 的作用主要是核糖体大、小亚基的分离以及小亚基与起始 tRNA 及模板 mRNA 的结合。EF 的作用主要是促使氨基酰-tRNA 进入核糖体的"A 位",并促进转位过程。RF 的功能一是识别 mRNA 上的所有终止密码子,二是诱导转肽酶改变为酯酶活性,使肽链从核糖体上释放。蛋白质生物合成的能量物质为 ATP 和 GTP。参与蛋白质生物合成的无机离子有 Mg^{2+} 和 K^+ 等。

mRNA 是蛋白质生物合成的直接模板,其分子中每三个相邻的核苷酸构成一个遗传密码,共有 64 个;遗传密码具有简并性、连续性、方向性、摆动性和通用性等重要特性。rRNA 与多种蛋白质组装形成核糖体,作为蛋白质生物合成的场所,是蛋白质生物合成的"装配机"。各种细胞核糖体均由大、小两个亚基组成。原核生物核糖体为 70S,分为 30S 小亚基和 50S 大亚基两部分。真核生物的核糖体为 80S,分为 40S 小亚基和 60S 大亚基两部分。小亚基有容纳 mRNA 的通道,可结合模板 mRNA;结合起始 tRNA;结合和水解 ATP 等功能。大亚基有 3 个 tRNA 的结合位点。第一个称为受位或 A 位,是氨基酰-tRNA 进入核糖体后占据的位置;第二个称为给位或 P 位,是肽酰-tRNA 占据的位置;第三个称为出位或 E 位,是空载 tRNA 占据的位置。同时还具有转肽酶活性,催化肽键的形成。tRNA 结构中具有两个关键部位:一个是氨基酸结合部位能特异地转运氨基酸,另一个是 mRNA 结合部位,通过其反密码子与密码子的配对结合,使氨基酸能准确定位。氨基酸必须通过活化才能参与蛋白质的生物合成。氨基酸的活化过程,即氨基酸与特异 tRNA 结合形成氨基酰-tRNA 的过程。活化反应是在氨基酸的羧基上进行的,由氨基酰-tRNA 合成酶催化,ATP 供能完成。

肽链的生物合成过程是翻译的中心环节。翻译时,从 mRNA 的起始密码子 AUG 开始,按 $5'\rightarrow3'$ 方向逐一读码,直至终止密码子。合成的肽链从起始甲硫氨酸开始,从 N 端向 C 端延长,直至终止密码子前一位密码子所编码的氨基酸。整个翻译过程分为起始、延长、终止阶段。

原核生物的肽链合成过程也分为上述 3 个过程,其肽链合成起始阶段指 mRNA 和起始氨基酰-tRNA 分别与核糖体结合而形成翻译起始复合物的过程。起始阶段分 4 步:核糖体

196

大小亚基的分离;mRNA 在小亚基定位结合;fMet-tRNA^{fMet} 的结合;核糖体大亚基结合;上述 4 步形成复合物后再与核糖体大亚基结合,同时 GTP 水解释能,促使 3 种 IF 释放,形成由完整核糖体、mRNA、起始氨基酰-tRNA 组成的翻译起始复合物。此时 A 位空留,接受下一组氨基酰-tRNA。其肽链合成的延长是指在翻译起始复合物的基础上,各种氨基酰-tRNA 按 mRNA 上密码子的顺序在核糖体上一一对号入座,其携带的氨基酸依次以肽键缩合形成新生多肽链的过程。由于肽链延长在核糖体上连续性循环式进行,又称核糖体循环。延长阶段包括进位、成肽、转位 3 步。进位又称注册,是指根据 mRNA 下一组遗传密码指导,使相应氨基酰-tRNA 进入并结合到核糖体 A 位的过程;成肽是在大亚基上转肽酶的催化下,P 位上起始氨基酰-tRNA 所携带的甲酰甲硫氨酰基或肽酰-tRNA 的肽酰基转移到 A 位并与 A 位上新进入的氨基酰-tRNA 的氨基缩合形成肽键的过程;转位是在转位酶的催化下,核糖体向 mRNA 的 3′-端移动一个密码子的距离,使 mRNA 序列上的下一个密码子进入核糖体的 A 位,而占据 A 位的肽酰-tRNA 移入 P 位的过程。终止阶段是指在核糖体 A 位出现 mRNA 的终止密码后,肽链从肽酰-tRNA 中释出,mRNA、核糖体大、小亚基等分离,多肽链合成终止。真核生物肽链合成其起始过程为:核糖体大、小亚基的分离;起始氨基酰-tRNA 结合;mRNA 在核糖体小亚基上的准确就位;核糖体大亚基结合,形成翻译起始复合物,同时促进各种 eIF 从核糖体释放。延长过程真核生物与原核生物相似,真核细胞核糖体没有 E 位,转位时卸载的 tRNA 直接从 P 位脱落。终止阶段只有一个 eRF,可识别所有终止密码,完成原核生物各种 RF 功能。

多聚核糖体是多肽链合成的功能单位,无论在原核细胞还是真核细胞内,通常有 10～100 个核糖体附着在同一条 mRNA 模板上,进行蛋白质的合成。这种每条 mRNA 模板在蛋白质生物合成的过程中,同时与多个核糖体结合所形成的念珠状聚合物称为多聚核糖体。多聚核糖体的形成使蛋白质合成能以高速度、高效率地进行。

从核糖体上释放出来的新生多肽链,必须经过复杂的加工和修饰过程才能转变成具有天然构象的功能蛋白质,这一过程称为翻译后的加工修饰。常见的翻译后加工方式包括多肽链折叠为天然三维构象、对肽链一级结构的修饰及空间结构的修饰等。其中一级结构的修饰包括 N 端甲酰甲硫氨酸或甲硫氨酸的切除;个别氨基酸的共价修饰;水解修饰。空间结构修饰包括亚基的聚合;辅基的连接;疏水脂链的共价连接。蛋白质合成后,定向地被输送到其最终发挥生物学功能的场所,这一过程称为靶向输送。所有靶向输送的蛋白质结构中都存在分选信号,主要是 N-端特异氨基酸序列,可引导蛋白质转移到细胞的适当靶部位,这类序列称为信号序列,是决定蛋白质靶向输送特性的最重要元件。其中分泌蛋白所含的信号序列称为信号肽。

蛋白质的生物合成与医学有着密切联系。由于基因突变导致蛋白质一级结构的改变,进而引起生物体某些结构和功能的异常,这种疾病称为分子病。许多抗生素通过作用于翻译过程中的某一环节而抑制或干扰蛋白质的生物合成,从而发挥其抗菌或抗肿瘤作用。某些毒素能在肽链延长阶段阻断蛋白质合成而引起毒性。真核细胞感染病毒后可分泌产生一类蛋白质,具有抗病毒的作用,此蛋白质即为干扰素。它还具有调节细胞生长分化、激活免疫系统等功能,有广泛的临床应用。RNAi 也可抑制翻译和转录过程,使 mRNA 被降解。

二、重点和难点解析

(一)核糖体是蛋白质生物合成的场所

核糖体又称核蛋白体,是完成氨基酸合成多肽链的复杂超分子复合体。核糖体有大、小两个亚基,都由多种核糖体蛋白质和 rRNA 组成。原核生物核糖体为 70S,可分为 50S 大亚基和 30S 小亚基。真核生物核糖体为 80S,可分为 60S 大亚基和 40S 小亚基。小亚基有容纳 mRNA 的通道,可结合模板 mRNA;结合起始 tRNA;结合和水解 ATP 等作用。大亚基具有 3 个 tRNA 的结合位点,第一个称受位或 A 位,是氨基酰-tRNA 进入核糖体后占据的位置;第二个称为给位或 P 位,是肽酰-tRNA 占据的位置;第三个称为出位或 E 位,是空载 tRNA 占据的位置。真核细胞核糖体没有 E 位。还具有转肽酶活性,催化肽键的形成。

(二)核糖体循环的基本过程

广义的核糖体循环可人为地分为 3 个阶段:①起始阶段,即核糖体大、小亚基、mRNA、起始 tRNA 组装形成起始复合物的过程;②延长阶段,由进位、成肽和转位三步循环反应构成,是核糖体循环的中心步骤;③终止阶段,由释放因子识别终止密码,导致多肽链水解及核糖体的解离。

三、习题测试

(一)选择题

【A 型题】

1. 蛋白质合成方向

    A. 由 mRNA 的 3′端向 5′进行   B. 由 N 端向 C 端进行

    C. 由 C 端向 N 端进行   D. 由 28StRNA 指导

    E. 由 4SrRNA 指导

2. 翻译过程的产物是

    A. 蛋白质   B. tRNA   C. mRNA   D. rRNA   E. DNA

3. 蛋白质生物合成中多肽链的氨基酸排列取决于

    A. 相应 tRNA 的专一性   B. 相应氨基酰-tRNA 合成酶的专一性

    C. 相应 tRNA 中核苷酸排列顺序   D. 相应 mRNA 中核苷酸排列顺序

    E. 相应 rRNA 的专一性

4. 下列哪种物质不直接参与蛋白质的合成

    A. mRNA   B. tRNA   C. rRNA   D. DNA   E. RF

5. 下列哪一种 RNA 在蛋白质生物合成中有转运氨基酸的作用

    A. mRNA   B. rRNA   C. tRNA

    D. hnRNA   E. 以上都不是

6. 下列关于氨基酸密码的叙述哪一项是正确的

    A. 由 DNA 链中相邻的 3 个核苷酸组成   B. 由 tRNA 中相邻的 3 个核苷酸组成

    C. mRNA 上相邻的 3 个核苷酸组成   D. 由 rRNA 中相邻的 3 个核苷酸组成

    E. 由多肽链中相邻的 3 个核苷酸组成

7. 能出现在蛋白质分子中的下列氨基酸哪一种没有遗传密码

    A. 色氨酸   B. 甲硫氨酸   C. 羟脯氨酸   D. 谷氨酰胺   E. 赖氨酸

8. 蛋白质生物合成中能终止多肽链延长的密码有几个

    A. 1   B. 2   C. 3   D. 4   E. 5

9. 下列关于氨基酸密码的描述哪一项是错误的

    A. 密码有种属特异性,所以不同生物合成不同的蛋白质

B. 密码阅读有方向性,5′→3′

C. 一组氨基酸可有一组以上的密码

D. 一组密码可代表一种氨基酸

E. 密码第 3 位碱基在决定掺入氨基酸的特异性方面重要性较小

10. 遗传密码的简并性是指

A. 一些三联体密码子可缺少一个嘌呤碱或嘧啶碱

B. 密码子中有许多稀有碱基

C. 大多数氨基酸有一组以上的密码子

D. 一些密码子适用于一种以上的氨基酸

E. 以上都不是

11. 能代表多肽链合成起始信号的遗传密码为

A. UAG　　　B. GAU　　　C. UAA　　　D. AUG　　　E. UGA

12. 关于遗传密码的简并性正确的是

A. 每种氨基酸都有 2 种以上的遗传密码　　B. 密码子的专一性取决于第 3 位碱基

C. 有利于遗传的稳定性　　　　　　　　　D. 可导致移码突变

E. 两个密码子可合并成一个密码子

13. 能识别 mRNA 中的密码子 5′-GCA-3′的反密码子为

A. 3′-UCC-5′　　　　　　B. 5′-CCU-3′　　　　　　　C. 3′-CGT-5′

D. 5′-UGC-3′　　　　　　E. 5′-TCC-3′

14. 按照标准遗传密码表,生物体编码 20 种氨基酸的密码子数目为

A. 60　　　B. 61　　　C. 62　　　D. 63　　　E. 64

15. 摆动配对是指下列哪种形式的不严格配对

A. 密码子第 1 位碱基与反密码子的第 3 位碱基

B. 密码子第 3 位碱基与反密码子的第 1 位碱基

C. 密码子第 2 位碱基与反密码子的第 3 位碱基

D. 密码子第 2 位碱基与反密码子的第 1 位碱基

E. 密码子第 3 位碱基与反密码子的第 3 位碱基

16. 遗传密码的特点不包括

A. 通用性　　　B. 连续性　　　C. 特异性　　　D. 简并性　　　E. 方向性

17. tRNA 中能辨认 mRNA 密码子的部位是

A. 3′-CCA-OH 末端　　　　B. 5′-P 末端　　　　　　C. 反密码环

D. DHU 环　　　　　　　　E. TψC 序列

18. 原核生物新合成多肽链 N 端的第一位氨基酸为

A. 赖氨酸　　　　　　　　B. 苯丙氨酸　　　　　　　C. 半胱氨酸

D. 甲酰甲硫氨酸　　　　　E. 甲硫氨酸

19. 与蛋白质生物合成有关的酶不包括

A. GTP 水解酶　　　　　　B. 转肽酶　　　　　　　　C. 转位酶(EF-G)

D. 转氨酶　　　　　　　　E. 氨基酰-tRNA 合成酶

20. 参与多肽链释放的蛋白质因子是

A. RF　　　B. IF　　　C. eIF　　　D. EF-Tu　　　E. EFG

21. 原核生物翻译时的起动 tRNA 是
    A. Met-tRNA^{Met}
    B. Met-tRNA$_i^{Met}$
    C. fMet-tRNA^{fMet}
    D. Arg-tRNA^{Arg}
    E. Ser-tRNA^{Ser}

22. 核糖体大亚基不具有下列哪一种功能
    A. 转肽酶活性
    B. 结合氨基酰-tRNA
    C. 结合肽酰-tRNA
    D. 结合蛋白因子
    E. 结合 mRNA

23. 关于氨基酸的活化正确的是
    A. 活化的部位为氨基
    B. 氨基酸与 tRNA 以肽键相连
    C. 活化反应需 GTP 供能
    D. 在胞质中进行
    E. 需核糖体参与

24. 活化 1 分子氨基酸所需消耗的高能磷酸键数目为
    A. 1 个
    B. 2 个
    C. 3 个
    D. 4 个
    E. 5 个

25. 氨基酰-tRNA 合成酶的特点是
    A. 能专一识别氨基酸,但对 tRNA 无专一性
    B. 既能专一识别氨基酸又能专一识别 tRNA
    C. 在细胞中只有 20 种
    D. 催化氨基酸与 tRNA 以氢键连接
    E. 主要存在于线粒体中

26. 核糖体循环是指
    A. 活化氨基酸缩合形成多肽链的过程
    B. 70S 起始复合物的形成过程
    C. 核糖体沿 mRNA 的相对移位
    D. 核糖体大、小亚基的聚合与解聚
    E. 多聚核糖体的形成过程

27. 肽链合成的起始阶段所形成的 70S 起始复合物中不包括
    A. mRNA
    B. fMet-tRNA^{fMet}
    C. 核糖体大亚基
    D. 核糖体小亚基
    E. EF-Tu

28. 需要消耗 GTP 的反应过程为
    A. 氨基酸与 tRNA 相结合
    B. 核糖体小亚基识别 S-D 序列
    C. 氨基酰-tRNA 与核糖体结合
    D. 脱水缩合生成肽键
    E. 空载 tRNA 脱落

29. 多聚核糖体中每一核糖体
    A. 由 mRNA 的 3′端向 5′端移动
    B. 可合成多种肽链
    C. 可合成一种多肽链
    D. 呈解离状态
    E. 可被放线菌酮抑制

30. 下列关于多聚核糖体正确的是
    A. 是一种多顺反子
    B. 是 mRNA 前体
    C. 是 mRNA 与核糖体小亚基的结合物
    D. 是一组核糖体与一个 mRNA 不同区段的结合物
    E. 以上都不是

31. 下列关于蛋白质生物合成的描述哪一项是错误的
    A. 氨基酸必须活化成活性氨基酸
    B. 氨基酸的羟基端被活化
    C. 体内所有的氨基酸都有相应的密码
    D. 活化的氨基酸被搬运到核糖体上
    E. tRNA 的反密码子与 mRNA 上的密码子按碱基配对原则结合

32. 蛋白质合成时下列何种物质能使肽链从核糖体上释出
    A. 终止密码子　　　　　B. 转肽酶的酯酶活性　　　　C. 核糖体释放因子
    D. 核糖体解聚　　　　　E. 延长因子

33. 蛋白质合成时肽链合成终止的原因是
    A. 已达到 mRNA 分子的尽头
    B. 特异的 tRNA 识别终止密码子
    C. 终止密码子本身具有酯酶作用,可水解肽酰基与 tRNA 之间的酯键
    D. 释放因子能识别终止密码子并进入受位
    E. 终止密码子部位有较大阻力,核糖体无法沿 mRNA 移动

34. 氨基酸是通过下列哪种化学键与 tRNA 结合的
    A. 糖苷键　　　　B. 酯键　　　　C. 酰胺键　　　　D. 磷酸酯键　　　　E. 氢键

35. 蛋白质生物合成中氨基酸的活化中氨基酸与 tRNA 结合需要
    A. 氨基酸-tRNA 合成酶　　　B. 氨基酰-tRNA 合成酶　　　C. ATP 合成酶
    D. 转肽酶　　　　　　　　　E. GTP

36. 肽链延长阶段不包括
    A. fMet-tRNA^{fMet} 与核糖体小亚基结合　　　B. 氨基酰-tRNA 与核糖体结合
    C. 肽键的形成　　　　　　　　　　　　　　　D. 空载 tRNA 从核糖体上脱落
    E. 核糖体沿 mRNA 向 3′-端移动

37. 多肽链的延长过程与下列哪种物质无关
    A. GTP　　　　B. 转肽酶　　　　C. EF-T　　　　D. EF-G　　　　E. ATP

38. 蛋白质合成过程中每缩合一分子氨基酸需消耗几个高能磷酸键
    A. 4 个　　　　B. 3 个　　　　C. 2 个　　　　D. 1 个　　　　E. 0 个

39. 能识别终止密码的是
    A. EF-G　　　　B. polyA　　　　C. RF　　　　D. m^{7}GTP　　　　E. IF

40. 关于多聚核糖体的描述错误的是
    A. 由一条 mRNA 与多个核糖体构成　　　B. 在同一时刻合成相同长度的多肽链
    C. 可提高蛋白质合成的速度　　　　　　D. 合成的多肽链结构完全相同
    E. 核糖体沿 mRNA 链移动的方向为 5′→3′

41. 真核生物翻译进行的亚细胞部位为
    A. 胞质　　　　　　　　B. 粗面内质网　　　　　　　C. 滑面内质网
    D. 线粒体　　　　　　　E. 微粒体

42. 分泌型蛋白质的定向输送需要
    A. 甲基化酶　　　　　　B. 连接酶　　　　　　　　　C. 信号肽酶
    D. 脱甲酰酶　　　　　　E. 以上均需要

43. 翻译后的加工修饰不包括
    A. 新生肽链的折叠
    B. N 端甲酰甲硫氨酸或甲硫氨酸的切除
    C. 氨基酸残基侧链的修饰
    D. 亚基的聚合
    E. 别构剂引起的分子构象改变

44. 分子病是指
    A. 细胞内低分子化合物浓度异常所致疾病
    B. 蛋白质分子的靶向输送障碍
    C. 基因突变导致蛋白质一级结构和功能的改变
    D. 朊病毒感染引起的疾病
    E. 由于染色体数目改变所致疾病

45. 关于镰刀型红细胞贫血病的叙述错误的是
    A. 血红蛋白 β-链编码基因发生点突变
    B. 血红蛋白 β-链第 6 位残基被谷氨酸取代
    C. 血红蛋白分子容易相互粘着
    D. 红细胞变形成为镰刀状
    E. 红细胞极易破裂,产生溶血性贫血

46. 氯霉素抑制细菌蛋白质生物合成的机制是
    A. 与核糖体大亚基结合,抑制转肽酶活性
    B. 引起密码错读而干扰蛋白质的合成
    C. 活化蛋白激酶,使起始因子磷酸化而失活
    D. 与小亚基结合而抑制进位
    E. 通过影响转录来阻抑蛋白质的合成

47. 干扰素是
    A. 细菌产生的
    B. 病毒感染后诱导宿主真核细胞产生的
    C. 通过竞争性抑制起作用的
    D. 常用的抗生素之一
    E. 病毒体内存在的

【B 型题】
| A. 复制 | B. 转录 | C. 翻译 | D. 逆转录 | E. 基因表达 |

1. 遗传信息从 DNA→蛋白质称为
2. 遗传信息从 RNA→蛋白质称为
3. 遗传信息从 RNA→DNA 称为

| A. 注册 | B. 成肽 | C. 转位 | D. 终止 | E. 起始 |

4. 氨酰-tRNA 进入核糖体 A 位称为
5. 核糖体沿 mRNA 的移动称为
6. P 位上的氨酰基与 A 位上氨酰-tRNA 上的氨基形成肽键称为

| A. ATP | B. CTP | C. GTP | D. UTP | E. TTP |

7. 参与氨基酸活化的是

8. 参与肽链延长的是

　　A. 氨基酰-tRNA 合成酶　　　B. 转肽酶　　　　　　　C. EFG

　　D. RF　　　　　　　　　　　E. IF

9. 促进核糖体沿 mRNA 链移动

10. 催化氨基酸与特异 tRNA 结合

11. 促进多肽链从核糖体上释放

　　A. UUA　　　B. UGA　　　C. AUG　　　D. GUA　　　E. AGU

12. 既是起始密码子又编码甲硫氨酸的是

13. 终止密码子是

　　A. 四环素　　　B. 利福霉素　　　C. 氯霉素　　　D. 丝裂霉素　　　E. 干扰素

14. 能抑制 RNA 聚合酶活性的是

15. 能抑制转肽酶活性的是

　　A. GTP　　　B. ATP、GTP　　　C. CTP　　　D. UTP　　　E. ATP

16. 蛋白质合成起始阶段需要

17. 多肽链终止需要

18. 多肽链延长需要

　　A. AUG　　　B. CUG　　　C. AUA　　　D. UAG　　　E. UUU

19. 蛋白质合成的起始密码是

20. 蛋白质合成的终止密码是

21. 线粒体起始密码是

　　A. 氨基肽酶　　　　　　B. 多聚核糖体　　　　　　C. 羟化酶

　　D. 寡聚体　　　　　　　E. 转肽酶

22. 切除多肽链 N-甲硫氨酸残基的是

23. 在同一条 mRNA 链上有多个核糖体排列称为

24. 两条以上多肽链通过非共价键连接成

　　A. 甲硫氨酸　　　B. 赖氨酸　　　C. 亮氨酸　　　D. 谷氨酸　　　E. 瓜氨酸

25. 只有 1 个密码子的氨基酸是

26. 有 6 个密码子的氨基酸是

27. 无密码子的氨基酸是

【C 型题】

　　A. 密码子与反密码子的辨认结合

　　B. 氨基酰-tRNA 合成酶的高度专一性

　　C. 两者均是

　　D. 两者均不是

1. 与遗传信息准确翻译相关的因素

2. 与核糖体循环相关的因素

　　A. 切除信号肽　　　　　　　　　　　B. 切除 N-端甲硫氨酸

　　C. 两者均是　　　　　　　　　　　　D. 两者均不是

3. 血红蛋白翻译后的加工方式有

4. 胰岛素翻译后的加工方式有

    A. 真核生物的蛋白质的生物合成　　　　　　B. 原核生物的蛋白质的生物合成

    C. 两者均是　　　　　　　　　　　　　　　D. 两者均不是

5. 它的启动氨基酸为甲酰甲硫氨酸

6. 它的 mRNA 为单顺反子

7. 核糖体小亚基先与甲硫氨酰-tRNA 结合,再与 mRNA 结合

8. 它的释放因子只有一种,兼可识别 3 组终止密码子

    A. 核糖体大亚基"给位"　　　　　　　　　　B. 核糖体大亚基"受位"

    C. 两者均是　　　　　　　　　　　　　　　D. 两者均不是

9. 是肽键形成的部位

10. 含有肽酰-tRNA

11. 需要 EF-Tu 的部位

12. 是反密码子 5′-CAU-3′结合的部位

13. 当合成终止时是释放多肽链的部位

14. 是水解 ATP 的部位

    A. tRNA　　　　　B. rRNA　　　　　C. 两者均是　　　　D. 两者均不是

15. 含翻译有关的密码序列的是

16. 含有氨基酸特异的密码子是

【X 型题】

1. 直接参与蛋白质生物合成的核酸有

    A. mRNA　　　　B. DNA　　　　C. rRNA　　　　D. tRNA　　　　E. hnRNA

2. 密码子的功能是

    A. 决定肽链合成的起始位点　　　　　　　　B. 决定肽链合成的终止位点

    C. 决定肽链合成的速率　　　　　　　　　　D. 决定合成肽链中氨基酸的顺序

    E. 决定蛋白质的一级结构

3. 下列氨基酸中没有相应的密码子的是

    A. 亮氨酸　　　　　　　　B. 羟脯氨酸　　　　　　　　C. 羟赖氨酸

    D. 瓜氨酸　　　　　　　　E. 精氨酸

4. 原核生物蛋白质合成过程中消耗能量的是

    A. 起始　　　　　　　　　B. 氨基酸活化　　　　　　　C. 终止

    D. 转位　　　　　　　　　E. 进位

5. 翻译后加工指的是

    A. 连接辅基　　　　　　　B. 二硫键的形成　　　　　　C. 除去 C-端的氨基酸

    D. 氨基酸残基的修饰　　　E. 亚基聚合

6. 能抑制细菌蛋白质生物合成的抗生素是

    A. 链霉素　　　　B. 氯霉素　　　　C. 四环素　　　　D. 嘌呤霉素　　　　E. 利福霉素

7. 关于遗传密码,正确的叙述是

    A. 一种氨基酸只有一种密码子

    B. 有些密码子不代表任何氨基酸

    C. 每一密码子代表一种氨基酸

D. 在哺乳动物线粒体,个别密码子不通用

E. 起始密码也代表一种氨基酸

8. 核糖体的功能部位有

A. 容纳 mRNA 部位
B. 结合肽酰-tRNA 的部位
C. 活化氨基酸的部位
D. 转肽酶所在部位
E. 容纳 DNA 部位

9. 氨基酰-tRNA 合成酶的特性有

A. 需要 ATP 参与
B. 对氨基酸的识别有专一性
C. 需要 GTP 供能
D. 对 tRNA 的识别有专一性
E. 需要 CTP 参与

10. 翻译过程需要哪些物质参加

A. mRNA
B. tRNA
C. 蛋白质因子
D. 酶类
E. ATP

11. 参与蛋白质合成的物质是

A. mRNA
B. GTP
C. 转肽酶
D. 核糖体
E. tRNA

12. 翻译过程中需遗传密码,关于真核生物的密码正确的是

A. 64 种密码子负责编码 20 种氨基酸
B. 具有简并性
C. 具有通用性
D. 摆动配对
E. 具有连续性

13. 遗传密码 AUG 是

A. 终止密码子
B. 起始密码子
C. 色氨酸密码子
D. 甲硫氨酸密码子
E. 甘氨酸密码子

14. 与蛋白质生物合成有关的酶是

A. 转位酶
B. 转肽酶
C. 转氨酶
D. 氨基酰-tRNA 合成酶
E. 脱羧酶

15. 蛋白质合成的终止密码是

A. UAG
B. UGA
C. AUG
D. UAA
E. GUA

16. 蛋白质生物合成包括

A. 起始阶段
B. 延长阶段
C. 终止阶段
D. 修饰加工
E. 靶向运输

17. 核糖体循环包括

A. 注册
B. 成肽
C. 转位
D. 释放
E. 转运

18. 终止密码的特点是

A. 能被 RF 识别
B. 不代表任何氨基酸
C. 可代表赖氨酸
D. 阻止肽链延伸
E. 加速肽链延伸

19. 参与蛋白质生物合成的蛋白质因子有

A. 起始因子
B. 延长因子
C. 释放因子
D. 终止因子
E. 生长因子

20. 翻译后加工包括

A. 剪切
B. 修饰
C. 亚基聚合
D. 辅基连接
E. 水解

（二）名词解释

1. 翻译

2. 多顺反子

3. 遗传密码

4. 氨基酸的活化

5. 核糖体循环

6. 多聚核糖体

7. 进位

8. 信号肽

9. 分子病

10. 密码子的摆动性

（三）填空题

1. 催化氨基酸活化的酶是_____，由_____提供活化所需能量。

2. 核糖体循环是由_____、_____和_____3 个步骤周而复始进行。

3. 蛋白质合成时，沿 mRNA 模板的_____方向进行，肽链的合成由_____进行。

4. 遗传密码的主要特点是_____、_____、_____和_____。

5. 翻译的直接模板是_____，运载氨基酸的是_____，蛋白质合成的场所是_____。

6. 翻译过程可分为_____、_____、_____3 个阶段。

7. 遗传密码共有_____个，代表不同氨基酸的有_____个，终止密码有_____个，其中起始密码是_____，还可代表的氨基酸是_____。

（四）问答题

1. 简述蛋白质生物合成体系由哪些物质组成，它们各有何作用？

2. 简述氨基酸的活化及相关酶的作用特点。

3. 什么是遗传密码？有何特点？

4. 简述蛋白质合成的基本过程。

5. 原核生物和真核生物的翻译起始复合物的生成有何异同？

四、参考答案

（一）选择题

【A 型题】

1. B	2. A	3. D	4. D	5. C	6. C	7. C	8. C	9. A	10. C
11. D	12. C	13. D	14. B	15. B	16. C	17. C	18. D	19. D	20. A
21. C	22. E	23. D	24. B	25. B	26. A	27. E	28. C	29. A	30. D
31. B	32. B	33. D	34. B	35. B	36. A	37. E	38. A	39. C	40. D
41. B	42. C	43. E	44. C	45. B	46. A	47. B			

【B 型题】

1. E	2. C	3. D	4. A	5. C	6. B	7. A	8. C	9. C	10. A
11. D	12. C	13. B	14. B	15. C	16. B	17. A	18. D	19. A	20. D
21. C	22. A	23. B	24. D	25. A	26. C	27. E			

【C 型题】
1. C　　2. A　　3. B　　4. C　　5. B　　6. A　　7. A　　8. A　　9. B　　10. A

11. B　　12. B　　13. A　　14. D　　15. C　　16. A

【X 型题】
1. ACD　　2. ABDE　　3. BCD　　4. ABCDE　　5. ABDE　　6. ABCDE　　7. BDE

8. ABD　　9. ABD　　10. ABCDE　　11. ABCDE　　12. BCDE　　13. BD　　14. ABD

15. ABD　　16. ABC　　17. ABC　　18. ABD　　19. ABCD　　20. ABCDE

（二）名词解释

1. 蛋白质生物合成也称为翻译，是细胞内以 mRNA 为模板、按照 mRNA 分子中由核苷酸组成的密码信息合成蛋白质的过程。

2. 在原核生物中，每种 mRNA 常带有几个功能相关的蛋白质的编码信息，能指导多条肽链的合成，这种 mRNA 就称为多顺反子。

3. mRNA 分子中每 3 个相邻的核苷酸组成一组，形成三联体，在蛋白质生物合成时，代表一种氨基酸的信息，称为遗传密码或密码子。

4. 氨基酸与特异 tRNA 结合形成氨基酰-tRNA 的过程称为氨基酸的活化。

5. 广义的核糖体循环是指活化的氨基酸，由 tRNA 携带至核糖体上，以 mRNA 为模板合成多肽链的过程。狭义的核糖体循环是指肽链合成的延长阶段，包含进位、成肽、转位 3 步。

6. mRNA 在蛋白质生物合成的过程中，同时与多个核糖体结合同时进行翻译，所形成的念珠状结构就称为多聚核糖体。

7. 根据 mRNA 下一组遗传密码指导，使相应氨基酰-tRNA 进入并结合到核糖体 A 位的过程称为进位。

8. 多数靶向输送到溶酶体、质膜或分泌到细胞外的蛋白质，其肽链的 N-末端，一般都带有一段保守的氨基酸序列，此类序列称为信号肽。

9. 由于基因突变导致蛋白质一级结构的改变，进而引起生物体某些结构和功能的异常，这种疾病称为分子病。

10. mRNA 密码子与 tRNA 反密码子在配对辨认时，密码子的第三位碱基与反密码子的第一位碱基，不严格互补也能相互辨认，称为密码子的摆动性。

（三）填空题

1. 氨基酰-tRNA 合成酶；ATP

2. 进位；成肽；转位

3. 5′→3′；N→C

4. 连续性；简并性；方向性；摆动性；通用性

5. mRNA；tRNA；核糖体

6. 起始；延长；终止

7. 64；61；3；AUG；甲硫氨酸

（四）问答题

1. ①氨基酸：合成蛋白质的原料；②mRNA：翻译的直接模板；③tRNA：转运氨基酸的工具；④核糖体：蛋白质合成的场所；⑤ATP 和 GTP：能源物质；⑥无机离子：Mg^{2+} 参与氨基酸的活化，K^+ 参与转肽反应；⑦氨基酰-tRNA 合成酶：催化氨基酸活化；⑧转肽酶：催化肽酰基与氨基缩合形成肽键；⑨转位酶：催化核糖体移位；⑩蛋白质因子：参与多肽链合成的起始、延长、终止各阶段。

2. （1）氨基酸的活化即氨基酸与特异 tRNA 结合形成氨基酰-tRNA 的过程,反应由氨基酰-tRNA 合成酶催化完成。tRNA 转运的氨基酸按 mRNA 遗传密码决定。

$$\text{氨基酸} + \text{tRNA} + \text{ATP} \xrightarrow[\text{Mg}^{2+}]{\text{氨基酸-tRNA 合成酶}} \text{氨基酰-tRNA} + \text{AMP} + \text{PPi}$$

（2）氨基酰-tRNA 合成酶的作用:氨基酸与 tRNA 分子的正确结合是维持遗传信息准确翻译为蛋白质过程保真性的关键步骤之一,氨基酰-tRNA 合成酶起主要作用。①氨基酰-tR-NA 合成酶对底物氨基酸和 tRNA 都有高度特异性,可特异识别结合 ATP、特异氨基酸和数种 tRNA;②氨基酰-tRNA 合成酶具有校正活性。即该酶可将反应中任一步骤出现的错配加以改正,水解错误产物的酯键,换上与密码对应的氨基酸。

3. mRNA 分子中每 3 个相邻的核苷酸组成一组,形成三联体,代表一种氨基酸或其他信息,称为遗传密码或密码子。

遗传密码具有以下重要特点:①连续性;②简并性;③方向性;④通用性;⑤摆动性。

4. 蛋白质生物合成的基本过程为

（1）氨基酸的活化与转运:由氨基酰-tRNA 合成酶催化,ATP 供能,使氨基酸的羧基活化并与相应的 tRNA 连接。

（2）核糖体循环:为蛋白质合成的中心环节,通常将其分为肽链合成的起始、延长和终止 3 个阶段。肽链合成的起始是指由核糖体大、小亚基,模板 mRNA 及起始 tRNA 组装形成起始复合物的过程。肽链的延长是指各种氨基酰-tRNA 按 mRNA 上密码子的顺序在核糖体上一一对号入座,其携带的氨基酸依次以肽键缩合形成新生的多肽链。这一过程由注册、成肽和移位 3 个步骤循环进行来完成。肽链合成的终止是指已合成完毕的肽链从核糖体上水解释放,以及原来结合在一起的核糖体大小亚基、mRNA 和 tRNA 相互分离的过程。

（3）翻译后的加工:指从核糖体上释放出来的多肽链,经过一定的加工和修饰转变成具有一定构象和功能的蛋白质的过程。包括新生肽链的折叠、N 端甲酰甲硫氨酸或甲硫氨酸的切除、氨基酸残基侧链的修饰等。

5. 相同点:①翻译模板均是 mRNA;②均需起始因子;③需要形成起始复合物;④能量均由 GTP 提供。

不同点:（1）两者的 mRNA 结构稍有差异,原核生物 mRNA 上有 S-D 序列(核糖体结合序列),真核生物 mRNA 5′端有帽子结构。

（2）起始复合物形成顺序不同。原核生物 mRNA 靠 S-D 序列先与核糖体小亚基结合,再结合上甲酰甲硫氨酰-tRNA 和大亚基形成起始复合物,而真核生物 mRNA 无 S-D 序列,是先由甲硫氨酰-tRNA 结合核糖体小亚基,再借助 CBP(帽子结合蛋白)及其他起始因子,mRNA 才能与已结合甲硫氨酰-tRNA 的核糖体小亚基结合,加上大亚基形成起始复合物。

（3）起始因子不同,原核生物需要 3 种起始因子,真核生物则需 9 种。

（罗洪斌）

第十三章

基因表达调控

一、内容要点

（一）基因表达调控

掌握基因表达调控的概念；熟悉操纵子、启动子等概念；掌握乳糖操纵子的机制；了解真核生物、原核生物基因表达调控的基本过程。

（二）癌基因与抑癌基因

掌握癌基因和抑癌基因的定义；熟悉生长因子等概念；能运用癌基因、抑癌基因的知识点解释肿瘤的发生机制。

二、重点和难点解析

基因表达调控是对基因表达过程的调节。细胞通过多种机制增加或降低特定的基因产物量（蛋白质或者 RNA）的过程。基因表达的任一步骤，从转录到蛋白质的翻译后修饰，都可以被调节。其中，对转录过程的调节是主要内容。

基因表达的特点是存在时空特异性。时间特异性（阶段特异性）指生物体各种基因的表达按特定时程阶段按序进行。在细胞分化、组织器官发育的各个不同阶段，相应的基因按一定的时间顺序开启或关闭。空间特异性（组织特异性）指在个体某一发育、生长阶段，同一基因产物在不同的组织器官中表达的数量不同；同一基因产物在不同的组织器官中分布也不完全相同。

结构基因指编码蛋白质或 RNA 的基因，表达产物包括结构蛋白、具有催化能力的酶和起调节作用的蛋白因子。调节基因的表达产物是调节蛋白，该蛋白质可对其他基因的表达进行调控。原核生物很多功能上相关的结构基因前后相连成串，由一个共同的控制区进行转录的控制，控制区内包括启动子、操纵基因等。转录调控区和一系列紧密连锁的结构基因构成操纵子，是原核生物转录的功能单位。

乳糖操纵子包含 3 个结构基因 *lac Z*、*lac Y* 和 *lac A*，编码的酶蛋白参与乳糖代谢。调控区包含启动子 P、阻遏基因 *lac I*、操纵基因 O。*lac I* 编码阻遏蛋白。操纵基因 O 位于启动子序列和结构基因之间，通过结合阻遏蛋白抑制整个乳糖操纵子。对原核生物基因表达的调控大多数为负调控，以乳糖操纵子为例：阻遏蛋白结合于操纵基因上，加强 RNA 聚合酶与 lac 启动子的结合，促使 RNA 聚合酶储存于启动子处，形成 RNA 聚合酶-阻遏蛋白-DNA 复合物。但这一复合物被抑制于封闭阶段，基因只有基础水平的转录。当环境中出现乳糖时，乳糖与阻遏蛋白结合，促使后者构象发生改变，与操纵基因的亲和力降低而离开操纵基因，由此，封闭的复合物转变为开放复合物，转录立即起始。

乳糖操纵子不仅受到阻遏蛋白的负调控还受分解代谢物激活蛋白 CAP 的正调控。

真核细胞比原核细胞复杂，表达调控机制也复杂得多。真核生物以核小体为单位的染色质结构及各类与 DNA 结合的蛋白质，成为调节基因表达的重要因素之一。DNA 片段是否可以被转录取决于它的染色质结构。通过 DNA 甲基化，非编码 RNA 或 DNA 结合蛋白修饰组蛋白可以改变染色质结构而上调或下调基因的表达。核小体的八聚体蛋白复合物，通过磷酸化被临时修饰，或通过甲基化被永久修饰。将导致目的基因发生较为固定的表达水平的变化。

与原核生物一样，转录水平的调节是表达调控的关键点。真核生物的转录受到特定的顺式作用元件的影响，与顺式作用元件相互作用的是一些反式作用因子。顺式作用元件是作为 DNA 序列本身在原位发挥功能的序列，按功能可分为启动子、增强子、沉默子等。反式作用因子指直接或间接识别或结合在顺式作用元件核心序列上，从而参与调控目的基因转录的蛋白质，包括基本转录因子和特异转录因子。

癌基因是一类会引起细胞癌变的基因，包括病毒癌基因和细胞癌基因。病毒癌基因是一段存在于病毒基因组中的基因，该基因能使靶细胞发生恶性转化。正常细胞中存在一些与病毒癌基因同源的序列，称为细胞癌基因，表达产物能促进正常细胞生长、增殖、分化。一旦表达异常或发生突变，就会推动细胞恶性转化。

抑癌基因是正常细胞中存在的一类基因，通常它们具有抑制细胞增殖作用。抑癌基因缺失或被抑制，就会失去对细胞增殖的负调节作用。

肿瘤是一种基因病，属于多步发生的疾病，包括癌基因的激活和抑癌基因的缺失。机体组织的某个细胞中的一个癌基因或抑癌基因发生突变，这个细胞就获得了相对于邻近细胞而言更佳的生长优势，肿瘤的发生就此开始。当拥有这一突变的子代细胞数目增加时，其中一个细胞发生第二次突变的可能性增加。具有两个突变的细胞生长速度将更快。这样的过程不断进行，若干突变就可能在某些细胞中累积，加速细胞生长，并侵润周边组织。

生长因子是一类细胞因子，能够刺激细胞生长。这类细胞因子与特异的细胞膜受体结合，调节细胞生长与其他细胞功能。生长因子主要是通过与特异性的质膜受体结合，启动快速的信号转导通路，导致 DNA 复制和细胞分裂。

三、习题测试

(一) 选择题
【A 型题】

1. 下列不属于基因表达范畴的是
    A. tRNA 的转录　　　B. mRNA 转录　　　C. mRNA 翻译为蛋白质
    D. rRNA 转录　　　E. 蛋白质亚基之间的聚合
2. 某些基因在胚胎期表达，在出生后不表达，属于
    A. 空间特异性表达　　　B. 时间特异性表达　　　C. 器官特异性表达
    D. 组织特异性表达　　　E. 细胞特异性表达
3. 下述关于管家基因表达描述最确切的是
    A. 在生物个体的所有细胞中表达
    B. 在生物个体全生命过程的几乎所有细胞中持续表达
    C. 在生物个体全生命过程的部分细胞中持续表达

D. 在特定环境下的生物个体全生命过程的所有细胞中持续表达

E. 在特定环境下的生物个体全生命过程的部分细胞中持续表达

4. 原核及真核生物调节基因表达的共同意义是

A. 适应环境、维持细胞发育和细胞分裂　　　B. 个体发育

C. 组织分化　　　　　　　　　　　　　　D. 细胞分化

E. 细胞分裂

5. 目前认为基因表达调控的主要环节是

A. 复制　　　　　　　　B. 转录　　　　　　　　C. 转录后加工

D. 翻译　　　　　　　　E. 翻译后加工

6. 有关操纵子学说的论述,正确的是

A. 操纵子调控系统是原核生物基因调控的主要方式

B. 操纵子调控系统是真核生物基因调控的主要方式

C. 操纵子调控系统由调节基因、操纵基因、启动子和结构基因组成

D. 诱导物与阻遏蛋白结合启动转录

E. 诱导物与启动子结合而启动转录

7. 操纵子的表达调控系统属于

A. 复制水平的调控　　　B. 转录水平的调控　　　C. 翻译水平的调控

D. 反转录水平的调控　　E. 翻译后水平的调控

8. 目前发现的反式作用因子多达数十种,主要是

A. 分子伴侣　　　　　　B. 核糖体　　　　　　　C. DNA 聚合酶

D. RNA 聚合酶　　　　　E. 转录调节因子

9. 阻遏蛋白识别操纵子中的

A. 启动基因　　B. 结构基因　　C. 操纵基因　　D. 内含子　　E. 调节基因

10. 乳糖操纵子的直接诱导物是

A. β-半乳糖苷酶　　　　B. 乳糖　　　　　　　　C. 葡萄糖

D. 半乳糖　　　　　　　E. 果糖

11. 操纵子包括

A. 一个结构基因　　　　B. 多个结构基因　　　　C. 一个启动区

D. 多个启动区　　　　　E. 一个启动区和多个结构基因

12. 阻遏蛋白结合乳糖操纵子的

A. *lac P* 序列　　　　　B. *lac O* 序列　　　　　C. CRP 结合位点

D. *lac I* 基因　　　　　E. 启动子

13. 编码 lac 操纵子阻遏蛋白的是

A. *lacZ* 基因　　　　　B. *lacY* 基因　　　　　C. *lacA* 基因

D. *lacI* 基因　　　　　E. *lacX* 基因

14. 乳糖操纵子的阻遏蛋白是

A. 操纵基因的表达产物　　B. 结构基因的表达产物　　C. 调节基因的表达产物

D. 乳糖　　　　　　　　　E. 任何小分子有机物

15. *lac* 操纵子的正调控因子是

A. cAMP-CRP 复合物　　　B. cAMP　　　　　　　　C. CRP

D. 乳糖   E. 半乳糖

16. 顺式作用元件是指
    A. 基因的 5′端序列   B. 基因的 3′端序列
    C. 启动子   D. 具有转录调节功能的蛋白质
    E. 具有转录调节功能的特异 DNA 序列

17. 反式作用因子是指
    A. 具有激活功能的调节蛋白
    B. 具有抑制功能的调节蛋白
    C. 对自身基因具有激活功能的调节蛋白
    D. 对另一基因具有激活功能的调节蛋白
    E. 对另一基因有调节功能的蛋白质因子

18. 下列不是顺式作用元件的是
    A. 启动子   B. 增强子   C. 沉默子   D. 顺反子   E. 衰减子

19. RNA 聚合酶结合于操纵子的
    A. 结构基因起始区   B. 阻遏蛋白上   C. 诱导物上
    D. 启动子区   E. 结构基因内

20. 关于癌基因叙述错误的是
    A. 正常情况下,处于低表达或不表达
    B. 被激活后,可导致细胞发生癌变
    C. 癌基因表达的产物都具有致癌活性
    D. 存在于正常生物基因组中
    E. 在正常细胞内未被激活的细胞癌基因又称原癌基因

21. 关于细胞癌基因叙述正确的是
    A. 在体外能使培养细胞转化
    B. 感染宿主细胞能引起恶性转化
    C. 又称为病毒癌基因
    D. 主要存在于 RNA 病毒基因中
    E. 感染宿主细胞能随机整合于宿主细胞基因

22. 对病毒癌基因的叙述错误的是
    A. 主要存在于 RNA 病毒基因中
    B. 在体外能引起细胞转化
    C. 感染宿主细胞能随机整合于宿主细胞基因组
    D. 又称为原癌基因
    E. 感染宿主细胞能引起恶性转化

23. 关于细胞癌基因的叙述正确的是
    A. 存在于正常生物基因组中   B. 存在于 DNA 病毒中
    C. 存在于 RNA 病毒中   D. 又称为病毒癌基因
    E. 正常细胞含有即可导致肿瘤的发生

24. 关于原癌基因的特点叙述错误的是
    A. 未突变的野生型基因存在于正常细胞中

B. 是正常细胞内未被激活的细胞癌基因

C. 通常具有抑制细胞增殖的作用

D. 一旦激活，可能导致细胞癌变

E. 对维持细胞正常生长起重要作用

25. 癌基因的产物是

A. 调节细胞增殖与分化的蛋白质　　　　　　B. cDNA

C. 逆转录病毒的外壳蛋白　　　　　　　　　D. 逆转录酶

E. 称为癌蛋白的蛋白质

26. 下列哪一种不是癌基因产物

A. 化学致癌物质　　　　　B. 生长因子类　　　　　　C. 生长因子受体类

D. G 蛋白类　　　　　　　E. 酪氨酸激酶类

27. 关于抑癌基因的叙述正确的是

A. 通常具有促进细胞增殖的作用　　　　　B. 缺失时不会导致肿瘤发生

C. 抑癌基因的突变通常是隐性的　　　　　D. 是正常细胞中存在的一类基因

E. 最早发现的是 *p53* 基因

28. 关于抑癌基因叙述错误的是

A. 可促进细胞的分化　　　　　　　　　　B. 可诱发细胞程序性死亡

C. 突变时可能导致肿瘤发生　　　　　　　D. 可抑制细胞过度生长

E. 最早发现的是 *p53* 基因

29. 对抑癌基因的叙述哪一项是正确的

A. 具有抑制细胞增殖的作用　　　　　　　B. 与癌基因的表达无关

C. 缺失与细胞的增殖和分化无关　　　　　D. 不存在于人类正常细胞中

E. 肿瘤细胞出现时才表达

30. 关于 *p53* 基因的叙述错误的是

A. 基因定位于 17p13　　　　　　　　　　B. 属于抑癌基因

C. 编码产物有转录因子作用　　　　　　　D. 编码 P21 蛋白质

E. 抑癌作用有一定广泛性

31. 关于 *Rb* 基因的叙述错误的是

A. 基因定位于 13q　　　　　　　　　　　B. 属于抑癌基因

C. 是最早发现的抑癌基因　　　　　　　　D. 编码 P28 蛋白质

E. 突变后可致癌

32. 下列何者是癌基因

A. *p53*　　　　　B. *myc*　　　　　C. *Rb*　　　　　D. *p16*　　　　　E. *WT1*

33. 属于抑癌基因的是

A. *ras*　　　　　B. *sis*　　　　　C. *p53*　　　　　D. *src*　　　　　E. *myc*

【B 型题】

A. 结构基因　　　B. 操纵基因　　　C. 阻遏基因　　　D. 癌基因　　　E. 抑癌基因

1. 编码阻遏蛋白的是

2. 结合阻遏蛋白的是

3. *p53* 基因是

4. *Rb* 基因是

    A. 顺式作用元件　　　　　B. 反式作用因子　　　　　C. 启动子

    D. 密码子　　　　　　　　E. 操纵子

5. 增强子属于

6. 原核生物转录的功能单位是

7. 能调节转录起始的是

    A. 抑制细胞过度生长和增殖的基因　　　　B. 促进细胞生长和增殖的基因

    C. 存在于病毒中的癌基因　　　　　　　　D. 抑癌基因

    E. 进化过程中,基因序列高度保守

8. 癌基因是

9. 病毒癌基因是

10. *Rb* 基因是

11. 抑癌基因特点是

    A. 抑制细胞过度生长和增殖的基因　　　　B. 体外引起细胞转化的基因

    C. 存在于正常细胞基因组的癌基因　　　　D. 突变的 *p53* 基因

    E. 携带有致转化基因

12. 病毒癌基因

13. 原癌基因

14. 抑癌基因

    A. 跨膜生长因子受体　　　　　　　　　　B. 膜结合的酪氨酸蛋白激酶

    C. 信息传递蛋白类　　　　　　　　　　　D. 生长因子类

    E. 核内转录因子

15. *erbB* 表达产物为

16. *ras* 表达产物为

17. *src* 表达产物为

18. *sis* 表达产物为

【C 型题】

    A. 阶段特异性　　B. 组织特异性　　C. 两者均是　　　D. 两者均不是

1. 某些蛋白仅在胚胎期表达而出生后即停止产生属于基因表达的

2. 某一基因产物在不同的组织器官中分布不完全相同属于基因表达的

    A. 增强子　　　　　B. 沉默子　　　　C. 两者均是　　　D. 两者均不是

3. 能增强 RNA 聚合酶和启动子之间的相互作用,提高目的基因表达的是

4. 结合转录因子,导致基因无法转录的是

    A. *p53*　　　　　B. *APC*　　　　C. 两者均是　　　D. 两者均不是

5. 癌基因为

6. 抑癌基因为

    A. 可使正常细胞向癌细胞转变　　　　　　B. 在正常细胞中也表达

    C. 两者均是　　　　　　　　　　　　　　D. 两者均不是

7. 病毒癌基因

8. 原癌基因

A. 缺失突变　　B. 点突变　　　C. 两者均是　　D. 两者均不是

9. 常见于 *p53*

10. 常见于 *Rb*

【X 型题】

1. 基因表达的组织特异性可表现为

　　A. 某种基因只在一种组织中表达,而在其他组织中不表达

　　B. 某种基因只在一类组织中表达相对多,而在其他类组织中表达相对少

　　C. 同一基因在不同组织中表达不同

　　D. 某种基因在所有组织中均表达

　　E. 某种基因只在一类组织中表达,而在其他类组织中不表达

2. 基因表达调控可以发生在

　　A. 复制水平　　　　　　　　B. 转录水平　　　　　　　　C. 转录起始

　　D. 翻译水平　　　　　　　　E. 翻译后水平

3. 关于乳糖操纵子描述正确的是

　　A. 含有 *lac Z*、*lac Y* 和 *lac A* 3 个结构基因　　B. 转录水平

　　C. 转录起始　　　　　　　　　　　　　　D. 翻译水平

　　E. 翻译后水平

4. 在 *lac* 操纵子中起调控作用的是

　　A. *lacI* 基因　　B. *lacZ* 基因　　C. *lacO* 序列　　D. *lacP* 序列　　E. *lacY* 基因

5. 真核基因表达调控的意义包括

　　A. 调节代谢,维持生长　　　　　　　　B. 维持发育与分化

　　C. 适应环境　　　　　　　　　　　　　D. 保证遗传物质的稳定性

　　E. 让基因表达水平维持稳定

6. 属于顺式作用元件的是

　　A. 启动子　　B. 增强子　　　C. 内含子　　　D. 沉默子　　　E. 外显子

7. 癌基因表达的产物有

　　A. 生长因子　　　　　　B. 生长因子受体　　　　　　C. 细胞内信号转导体

　　D. 转录因子　　　　　　E. P53 蛋白

8. 抑癌基因的表达产物主要包括

　　A. 转录调节因子　　　　　　　　　　B. 负调控转录因子

　　C. 细胞周期蛋白依赖性激酶抑制因子　　D. 信号通路的抑制因子

　　E. DNA 修复因子

9. 野生型 *p53* 基因

　　A. 是抑癌基因　　　　　　B. 是癌基因　　　　　　C. 编码蛋白质为 P53

　　D. 调节细胞的 DNA 复制　　E. 修复 DNA 损伤

（二）名词解释

1. 基因表达

2. 结构基因

3. 操纵子

4. 顺式作用元件

5. 原癌基因

6. 抑癌基因

（三）填空题

1. 正调控和负调控是基因表达的两种最基本的调节形式,其中原核细胞常用_____模式,而真核细胞常用_____模式。

2. 在原核细胞中,由同一调控区控制的一群功能相关的结构基因组成一个基因表达调控单位,称为_____,其调控区包括_____基因和_____基因。

3. 有些基因的表达较少受环境的影响,在一个生物体的几乎所有细胞中持续表达,因此被称为_____;另有一些基因表达极易受环境的影响,在特定环境信号刺激下,相应的基因被激活,基因表达产物增加,这种基因是可_____的基因,相反,如果基因对环境信号应答时被抑制,这种基因是可_____的基因。

4. 基因表达调控的生物学意义是_____、_____、_____。

5. 癌基因可以分为_____和_____。

6. 抑癌基因_____或_____不仅丧失抗癌作用,也可能导致肿瘤的发生。

7. _____是最早发现的抑癌基因。

8. 生长因子由细胞合成后分泌,能够通过靶细胞_____,将_____传递至细胞内部。

9. 操纵子的调控区由3种调控元件组成,即_____、_____、_____。

（四）问答题

1. 简述操纵子的基本结构。

2. 举例说明基因表达的正调控与负调控。

3. 与原核生物比较,真核生物基因表达调控有哪些特点。

4. 论述癌基因、抑癌基因与肿瘤发生的关系。

四、参考答案

（一）选择题

【A 型题】

1. E	2. B	3. B	4. A	5. B	6. A	7. B	8. E	9. C	10. B
11. E	12. B	13. D	14. C	15. A	16. E	17. E	18. D	19. D	20. C
21. A	22. D	23. A	24. C	25. A	26. A	27. C	28. E	29. A	30. D
31. D	32. B	33. C							

【B 型题】

1. C	2. B	3. E	4. E	5. A	6. E	7. C	8. B	9. C	10. D
11. A	12. E	13. C	14. A	15. A	16. C	17. B	18. D		

【C 型题】

1. A	2. B	3. A	4. B	5. B	6. A	7. A	8. B	9. B	10. A

【X 型题】

1. ABCE	2. BCDE	3. AB	4. ACD	5. ABC	6. ABD	7. ABCD
8. ABCDE	9. ACDE					

（二）名词解释

1. 基因表达指在细胞生命活动进行中,存储在 DNA 序列中的遗传信息经过转录和翻译,转变成具有生物活性的蛋白质分子的过程。

2. 结构基因指编码蛋白质或 RNA 的基因。产物包括结构蛋白、具有催化能力的酶和起调节作用的蛋白因子。

3. 操纵子由启动基因、操纵基因和一系列紧密连锁的结构基因构成,是原核生物转录的功能单位。

4. 顺式作用元件指 DNA 序列中那些不表达为蛋白质、rRNA 或 tRNA,而是作为 DNA 序列本身在原位发挥功能的序列。

5. 原癌基因是在正常细胞内未被激活的细胞癌基因,当其受到某些条件激活时,结构和/或表达发生异常,促使细胞在没有适当细胞外信号时恶性增殖。

6. 抑癌基因是正常细胞中存在的一类基因,通常它们具有抑制细胞增殖作用,但在一定条件下,这类基因如果丢失或被抑制,就会失去对细胞增殖的阴性调节作用。

（三）填空题

1. 负调控;正调控

2. 操纵子;启动;操纵

3. 管家基因;诱导;阻遏

4. 有利于物种适应环境;维持生长和增殖;维持个体发育与分化

5. 细胞癌基因;病毒癌基因

6. 突变;缺失

7. *Rb* 基因

8. 受体;信号

9. 启动子;阻遏基因;操纵基因

（四）问答题

1. 乳糖操纵子包含 3 个结构基因 *lacZ*, *lac Y*, *lacA*, 编码的蛋白质参与乳糖代谢。*Lac Z* 基因编码 β-半乳糖苷酶, *lac Y* 基因编码通透酶, *lac A* 基因编码乙酰转移酶。这 3 个酶负责将乳糖转运进入细胞,将之分解成为细菌能量的来源。

乳糖操纵子的调节序列包括启动子、阻遏基因 *lac I* 和操纵基因 O。*lac I* 编码阻遏蛋白。操纵基因位于启动子和结构基因之间,通过结合阻遏蛋白抑制整个乳糖操纵子。阻遏基因 *lac I* 表达阻遏蛋白,启动子 P 调节转录的起始,操纵基因 O 决定转录是否发生。

2. 以细菌可阻遏的乳糖操纵子为例:阻遏蛋白结合于操纵基因上,加强 RNA 聚合酶与 *lac* 启动子的结合,促使 RNA 聚合酶储存于启动子处,形成 RNA 聚合酶-阻遏蛋白-DNA 复合物。但是,这一复合物被抑制于封闭阶段,基因只有基础水平的转录。当环境中出现乳糖时,乳糖与阻遏蛋白结合,促使后者构象发生改变,与操纵基因的亲和力大大降低。这促使阻遏蛋白离开操纵基因,由此,封闭的复合物随即转变成开放复合物,转录立即起始。

以真核生物增强子为例:位于结构基因附近的增强子能增强 RNA 聚合酶和启动子之间的相互作用,提高目的基因的表达。增强子或是直接作用于 RNA 聚合酶的亚基,或是间接地通过改变 DNA 的结构。蛋白因子结合于增强子上,导致 DNA 弯折便于启动子区形成转录起始复合物。

3. 真核生物基因的表达与原核生物不同的方面包括

（1）结构上，原核细胞的染色质是裸露的 DNA，而真核细胞染色质则是 DNA 与组蛋白紧密结合形成的核小体。

（2）原核基因转录存在着正调控和负调控，既存在激活物的调控，也有阻遏物的调控。而真核细胞中虽然也有正、负调控成分，但迄今为止主要是正调控。

（3）原核生物基因在转录尚未完成之前翻译便已经开始进行，两个过程是相互偶联的。而真核基因的转录与翻译在时空上是分开的，导致表达调控又多了几个层次，调控机制也就变得更为复杂。

（4）真核生物存在管家基因，在各种细胞类型中基本上都有表达。不过，管家基因仍处于严格地调控之下，以适应生长发育和细胞周期的不同需求。

4. 肿瘤是一种基因病，属于多步发生的疾病。这些步骤包括癌基因的激活和抑癌基因的缺失。机体组织的一个细胞中的一个癌基因或抑癌基因发生突变，这个细胞就获得了相对于邻近细胞而言更佳的生长优势，肿瘤的发生就此开始。当拥有这一突变的子代细胞数目增加时，其中一个细胞发生第二次突变的可能性增加。具有两个突变的细胞生长速度将更快。这样的过程不断进行，若干突变就可能在某些细胞中累积，加速细胞生长，并侵润周边组织。

激活癌基因的突变是显性的，无论野生型等位基因存在与否，这种突变都将发出细胞增殖的信号。而抑癌基因的突变通常是隐性的。抑癌基因的一个拷贝发生突变一般是没有效用的，因为另一拷贝野生型等位基因的表达产物仍在发挥功能。必须两个拷贝都突变，抑制细胞生长的作用才会消失，才能导致肿瘤的形成。

（王黎芳）

第十四章

基因工程与常用的分子生物学技术

一、内容要点

(一)基因工程

掌握基因工程的概念;掌握基因工程的载体和工具酶;熟悉基因工程的基本原理和临床应用;了解基因工程的基本操作流程。

(二)常用分子生物学技术

了解常用分子生物学技术的分类和应用;熟悉基因诊断、基因治疗等新的医疗方法;对临床上的一些分子生物学新技术能有所知晓。

二、重点和难点解析

重组 DNA 技术(基因工程)是分离目的基因片段,连接到载体上构成重组体,导入宿主细胞后在宿主细胞内进行表达的技术。基因工程技术程序主要包括目的基因的分离、克隆;表达载体的构建或目的基因的表达调控结构重组;外源基因导入宿主细胞;外源基因在宿主基因组上的整合、表达及检测;外源基因表达产物的分离、纯化和活性检测。

目的基因是准备要分离、改造、扩增或表达的基因。把目的基因插入载体中并表达,可使宿主出现可传代的新遗传性状。制备目的基因方法包括人工合成法、基因组文库、cDNA文库、PCR 或 RT-PCR、转座子标签法、差异显示法等等。

用于基因工程的载体主要包括质粒、噬菌体、黏粒(柯斯质粒)、其他病毒载体、细菌人工染色体(BAC)载体和酵母人工染色体(YAC)载体等。最常用的是质粒载体。质粒是细菌或细胞质中,独立于染色质的共价闭环小分子双链 DNA,能自主复制,与细菌或细胞共生。质粒载体包含以下序列:质粒复制子,是复制的起点,表达载体还具有相应的表达元件;筛选标记,为营养缺陷标记或抗生素标记等;克隆位点,是限制性核酸内切酶酶切位点,外源性 DNA可由此插入质粒内。

基因工程需要的工具酶包括限制酶、连接酶、聚合酶和修饰酶等。限制性核酸内切酶是一类能识别并切割双链 DNA 分子内部特异序列的酶。限制性核酸内切酶识别回文序列进行酶切。连接酶通过催化 DNA 链的 5′-磷酸基与相邻的另一 DNA 链的 3′-羟基生成3′,5′-磷酸二酯键而封闭 DNA 链上的缺口。

通过 DNA 连接酶催化将限制性核酸内切酶酶切过的目的基因与合适的载体连接,形成重组 DNA 分子。重组 DNA 分子需要被导入细胞中,随着宿主细胞的增殖而扩增。不同的载体对应有不同的宿主细胞,导入的方法也不尽相同,包括转化、转染和感染。然后,对转化子进行筛选,以获得导入了重组 DNA 的宿主细胞。常用的筛选方法是抗生素筛选法和互补法。筛选得到的阳性克隆经过扩增后,有些需要诱导目的基因在宿主细胞中高效表达,表达产物为生命科学研究、医药或商业所用。

很多活性多肽和蛋白质都具有治疗和预防疾病的作用,它们都是从相应的基因表达而来的。但是由于在组织细胞内表达量极微,所以采用常规方法很难分离纯化获得足够量以供临床应用。而利用基因工程技术则可以大规模生产药物和制剂。人类疾病都直接或间接与基因相关,重组 DNA 技术的发展,使得科学家能够克隆和扩增某些未知的基因,从而进一步研究它们的结构和功能,确定该基因在疾病发生、发展过程中的作用。

核酸原位杂交是用序列已知的、特定标志标记过的核酸作为探针,与细胞或组织切片中的核酸碱基互补配对进行复性杂交,形成专一的杂交分子,通过探针上的标记将待测核酸在细胞、组织中的位置显示出来。

聚合酶链式反应是在体外将微量的目的基因片段大量扩增,以得到足量的 DNA 供研究分析和检测鉴定用的技术,属于分子生物学技术中最常用的方法。其基本原理与体内 DNA 的复制过程相似,由变性—退火—延伸 3 个基本步骤构成,每一次循环产生的链又可成为下次循环的模板。

以凝胶分离生物大分子后,将之转移或直接放在固定化介质上加以检测分析的技术称为印迹技术,包括 DNA、RNA 和蛋白质印迹技术。

基因诊断是借助分子生物学和分子遗传学的技术,检测遗传物质结构变化或表达水平是否异常的临床辅助诊断方法。可以检测侵入机体的病原微生物、先天性遗传疾病、后天基因突变引起的疾病等。基因治疗是利用分子生物学方法将外源正常基因导入患者的细胞内,以纠正、补偿由于基因缺陷或异常而引起的疾病,达到治疗和预防疾病的目的。根据靶细胞的不同,基因治疗分为种系基因疗法和体细胞基因治疗。

三、习题测试

(一)选择题

【A 型题】

1. 在分子生物学领域重组 DNA 技术又称
    A. 酶工程　　　B. 蛋白质工程　　C. 细胞工程　　　D. 发酵工程　　　E. 基因工程

2. 基因工程中的目的基因是
    A. 准备要分离、改造、扩增或表达的基因　　B. PCR 的产物
    C. 结构基因　　　　　　　　　　　　　　　D. 载体
    E. 转录调控区

3. 构建基因组 DNA 文库时,首先需要分离细胞的
    A. 线粒体 DNA　　　　　　　　B. 基因组 DNA　　　　　　　C. 总 mRNA
    D. tRNA　　　　　　　　　　　E. rRNA

4. cDNA 是
    A. 在体外经逆转录合成的与 RNA 互补的 DNA
    B. 在体外经逆转录合成的与 DNA 互补的 DNA

  C. 在体外经转录合成的与 DNA 互补的 RNA

  D. 在体外经逆转录合成的与 RNA 互补的 RNA

  E. 在体外经逆转录合成的与 DNA 互补的 RNA

5. 以下关于构建 cDNA 文库的叙述错误的是

  A. 从特定组织或细胞中提取 mRNA

  B. 将特定细胞的 DNA 用限制性核酸内切酶切割后,克隆到噬菌体或质粒中

  C. 用逆转录酶合成 mRNA 的对应单股 DNA

  D. 用 DNA 聚合酶,以单股 DNA 为模板合成双链 DNA

  E. 双链 DNA 与载体相连

6. 若已知碱基序列,获得目的基因最直接的方法是

  A. 化学合成法   B. 基因组文库法   C. cDNA 文库法

  D. PCR   E. 差异显示法

7. 质粒是

  A. 环状双链 RNA 分子   B. 环状单链 DNA 分子   C. 环状双链 DNA 分子

  D. 线状双链 DNA 分子   E. 线状单链 DNA 分子

8. 质粒具有以下特点

  A. 是位于细菌染色体外的 RNA   B. 不能自主复制

  C. 为单链环形 DNA   D. 不能与细菌或细胞共生

  E. 以上都不对

9. 在基因工程中通常所用的质粒是

  A. 细菌染色体 DNA   B. 细菌染色体以外的 DNA

  C. 病毒染色体 DNA   D. 病毒染色体以外 DNA

  E. 噬菌体 DNA

10. 基因工程中,质粒载体存在于

  A. 细菌染色体   B. 酵母染色体   C. 细菌染色体外

  D. 酵母染色体外   E. 病毒 DNA 外

11. 多克隆位点指质粒载体上的

  A. 多个限制性核酸外切酶酶切位点   B. 多个限制性核酸内切酶酶切位点

  C. 复制起始点   D. 复制子

  E. 筛选标记

12. 常用的质粒载体的特点是

  A. 是线形双链 DNA

  B. 插入片段的容量比 λ 噬菌体 DNA 大

  C. 通常含有抗生素抗性基因

  D. 含有同一限制性核酸内切酶的多个切口

  E. 不随细菌繁殖而进行自我复制

13. 以下说法正确的是

  A. 噬菌体是真核细胞的一类病毒

  B. 噬菌体基因左臂编码溶菌生长所需的蛋白质

  C. 利用 λ 噬菌体作载体是将外来目的 DNA 替代或插入中段序列

D. λ噬菌体载体对外源基因的容量比质粒载体小

E. λ噬菌体载体对宿主的选择面较宽

14. 基因工程中作为载体应具备以下特点

    A. 能在宿主细胞中复制繁殖　　　　　　B. 容易进入宿主细胞

    C. 具有多克隆位点　　　　　　　　　　D. 容易从宿主细胞中分离出来

    E. 以上均是

15. 限制性核酸内切酶

    A. 可将单链DNA任意切断　　　　　　B. 可将双链DNA特异序列切开

    C. 可将两个DNA分子连接起来　　　　D. 不受DNA甲基化影响

    E. 由噬菌体提取而得

16. 限制性核酸内切酶通常识别核苷酸序列的

    A. 正超螺旋结构　　　　B. 负超螺旋结构　　　　C. α-螺旋结构

    D. 回文结构　　　　　　E. 锌指结构

17. 可识别DNA的特异序列，并在识别位点或其周围切割双链DNA的酶为

    A. 限制性核酸外切酶　　B. 限制性核酸内切酶　　C. 非限制性核酸外切酶

    D. 非限制性核酸内切酶　E. DNA内切酶

18. 限制性核酸内切酶可以识别

    A. 双链DNA的特定碱基对　　　　　　B. 双链DNA的特定碱基序列

    C. 特定的密码子　　　　　　　　　　　D. 双链RNA的特定碱基序列

    E. 双链RNA的特定碱基对

19. 多数限制性核酸内切酶切割DNA后产生的末端为

    A. 平端末端　　　　　　B. 3′突出末端　　　　　C. 5′突出末端

    D. 黏性末端　　　　　　E. 缺口末端

20. *EcoR* I 切割DNA双链产生

    A. 平端　　　　　　　　B. 5′突出黏端　　　　　C. 3′突出黏端

    D. 钝性末端　　　　　　E. 配伍末端

21. 重组DNA技术中催化目的基因与载体DNA相连的酶是

    A. DNA聚合酶　　　　　B. RNA聚合酶　　　　　C. DNA连接酶

    D. RNA连接酶　　　　　E. 限制性核酸内切酶

22. 从T4噬菌体感染大肠杆菌中分离的DNA连接酶是

    A. 只能催化平端末端连接，而不能催化黏性末端连接

    B. 既能催化单链DNA连接又能催化黏性末端双链DNA连接

    C. 双链DNA中不需一条完整的单链

    D. 单链中的切口位点可缺少几个核苷酸

    E. 催化切口处相邻的5′-磷酸和3′-羟基末端形成磷酸二酯键

23. 重组DNA技术中不涉及的酶是

    A. 限制性核酸内切酶　　B. DNA聚合酶　　　　　C. DNA连接酶

    D. 逆转录酶　　　　　　E. DNA解链酶

24. 以下哪一操作属于重组DNA的核心过程

    A. 任意两段DNA接在一起　　　　　　B. 外源DNA插入人体DNA

C. 外源基因插入宿主基因   D. 目的基因插入适当载体

E. 目的基因接入哺乳类 DNA

25. 以质粒为载体,将外源基因导入受体菌的过程称

  A. 转化   B. 转染   C. 感染   D. 转导   E. 转位

26. 最常用的筛选转化细菌是否含重组质粒的方法是

  A. 营养互补筛选   B. 抗药性筛选   C. 免疫化学筛选

  D. PCR 筛选   E. 分子杂交筛选

27. 以下关于互补法筛选重组质粒的操作说法正确的是

  A. 外源基因插入使 *lacZ* 基因不表达形成蓝色菌斑

  B. 没有外源基因插入,*lacZ* 基因不表达

  C. 外源基因插入使 *lacZ* 基因不表达形成白色菌斑

  D. 载体含有 *lacZ* 基因的调控序列和 3′端编码区

  E. 载体上 *lacZ* 基因的调控序列区含多克隆位点

28. 利用基因工程可以进行

  A. 建立染色体基因文库   B. 分析基因的结构与功能

  C. 疾病的发生、发展及治疗的分子机制   D. 疾病的诊断和基因治疗

  E. 以上均可以

29. 原位杂交具有以下特点

  A. 不需从组织或细胞中提取核酸

  B. 对靶序列有很高的灵敏度

  C. 可完整保护组织与细胞的形态

  D. 准确反映出组织细胞的相互关系及功能状态

  E. 以上均是

30. 利用 PCR 扩增特异 DNA 序列主要原理之一是

  A. 反应体系内存在特异 DNA 片段   B. 反应体系内存在特异 RNA 片段

  C. 反应体系内存在特异 DNA 引物   D. 反应体系内存在特异 RNA 引物

  E. 反应体系内存在的 *Taq*DNA 聚合酶具有识别特异 DNA 序列的作用

31. 催化 PCR 反应的酶是

  A. DNA 连接酶   B. 反转录酶   C. 末端转移酶

  D. 碱性磷酸酶   E. *Taq* DNA 聚合酶

32. 以下哪种酶催化时需要引物

  A. 限制性核酸内切酶   B. 末端转移酶   C. Taq DNA 聚合酶

  D. DNA 连接酶   E. 碱性磷酸酶

33. PCR 反应体系不包括

  A. 基因组 DNA(模板)   B. T4DNA 连接酶   C. dNTP

  D. *Taq* DNA 聚合酶   E. 引物

34. 以 DNA 为模板的 PCR 反应,需要以下条件

  A. 经历变性-退火-延伸 3 个重复的阶段   B. 引物、*Taq* DNA 聚合酶

  C. 4 种 dNTP、模板 DNA   D. 缓冲液

  E. 以上均是

35. Southern 印迹的 DNA 探针与下列哪种片段杂交
    A. 序列完全相同的 RNA 片段
    B. 任何含有相同序列的 DNA 片段
    C. 任何含有互补序列的 DNA 片段
    D. 用某些限制性核酸内切酶切成的含有互补序列的 DNA 片段
    E. 含有互补序列的 RNA 片段

36. 下列哪个不是 Southern 印迹法的步骤
    A. 用限制性核酸内切酶消化 DNA   B. DNA 与载体连接
    C. 用凝胶电泳分离 DNA 片段   D. DNA 片段转移至硝酸纤维素膜上
    E. 用一个标记的探针与膜杂交

【B 型题】
    A. 基因组文库   B. cDNA 文库   C. mRNA 文库
    D. tRNA 文库   E. rRNA 文库

1. 分离细胞染色体 DNA 可制备

2. 分离细胞总 mRNA 可制备
    A. 将质粒或其他外源 DNA 导入宿主细胞,使其获得新表型的过程
    B. 噬菌体或细胞病毒介导的遗传信息的转移过程
    C. 真核细胞主动或者被动导入外源 DNA 片段而获得新表型的过程
    D. DNA 连接酶催化限制性核酸内切酶酶切过的目的基因与合适的载体连接
    E. 目的基因在宿主细胞中高效表达

3. 转导是指

4. 转化是指

5. 转染是指
    A. 限制性核酸内切酶   B. DNA 连接酶   C. 逆转录酶
    D. TaqDNA 聚合酶   E. 碱性磷酸酶

6. 识别 DNA 回文结构并对其双链进行切割的是

7. 用于聚合酶链式反应的是

8. 将目的基因与载体 DNA 进行连接的酶是

9. mRNA 转录合成 cDNA 的酶是
    A. 抗生素筛选法   B. RNA 反转录   C. 互补法
    D. 体外翻译   E. PCR

10. 对重组体内基因进行直接选择的方法是

11. 通过鉴定基因表达产物筛选重组体的方法是

【C 型题】
    A. cDNA 文库   B. 基因组文库
    C. 两者都是   D. 两者都不是

1. 文库构建过程中,需要将核酸片段连入载体分子形成重组 DNA

2. 文库构建过程中,需要将重组 DNA 引入宿主细胞并扩增

3. 文库构建过程中,需经逆转录酶催化合成
    A. 将含有真核生物基因的噬菌体感染细菌

    B. 将含有真核生物基因的质粒导入细菌进行表达

    C. 两者都是

    D. 两者都不是

4. 转化是

5. 转染是

6. 外源基因导入宿主细胞的方法包括

    A. DNA 聚合酶　　　　　　　　　B. 限制性核酸内切酶

    C. 两者都是　　　　　　　　　　　D. 两者都不是

7. 识别回文序列的是

8. PCR 需要使用到的是

9. 属于基因工程工具酶的是

10. 能够将单链切口形成磷酸二酯键的是

    A. DNA 杂交　　B. RNA 杂交　　C. 两者都是　　D. 两者都不是

11. Northern Blot

12. Southern Blot

13. Western Blot

14. 印迹技术

【X 型题】

1. 基因工程中目的基因的来源包括

    A. 人工合成法　　　　　B. 基因组文库　　　　　C. cDNA 文库

    D. PCR　　　　　　　　E. 差异显示法

2. 用于基因工程的载体主要包括

    A. 质粒　　　　　　　　B. 噬菌体　　　　　　　C. 黏粒

    D. 细菌人工染色体 BAC　　E. 酵母人工染色体 YAC

3. 适用于基因工程的质粒载体的标准配置序列包括

    A. 质粒复制子　　　　　B. 筛选标记　　　　　　C. 克隆位点

    D. 乳糖操纵子　　　　　E. 增强子

4. 基因工程需要的工具酶包括

    A. 限制性核酸内切酶　　B. DNA 连接酶　　　　　C. DNA 聚合酶

    D. 修饰酶　　　　　　　E. 核酸酶

5. 基因工程的过程包括

    A. 目的基因的获取

    B. 限制性核酸内切酶酶切目的基因和载体

    C. 构建 DNA 重组体

    D. DNA 重组体导入宿主细胞

    E. DNA 重组体的筛选

6. PCR 技术的优势是

    A. 高特异性　　　　　　B. 高敏感度　　　　　　C. 高产率

    D. 快速简便　　　　　　E. 重复性好

7. PCR 基本反应步骤包括

A. 变性　　　　　B. 退火　　　　　C. 复性　　　　　D. 沉淀　　　　　E. 显色

8. 印迹技术包括

　　A. Northern Blot　　　　　　　　　　B. Southern Blot

　　C. Western Blot　　　　　　　　　　D. RT-PCR

　　E. real time fluorescence quantitative PCR

9. Southern 印迹杂交的基本过程包括

　　A. 限制性核酸内切酶酶切 DNA

　　B. 琼脂糖凝胶电泳分离酶切后的片段

　　C. 电泳后的 DNA 片段原位转印到尼龙膜上并固定

　　D. 干烤固定 DNA 片段

　　E. 探针与 DNA 片段杂交、显影

10. 根据靶细胞的不同,基因治疗分为两种

　　A. 种系基因疗法　　　　B. 体细胞基因治疗　　　　C. 原位杂交

　　D. 胚胎植入前诊断　　　　E. 聚合酶链式反应

(二)名词解释

1. 基因工程

2. 限制性核酸内切酶

3. cDNA 文库

4. 聚合酶链反应(PCR)

5. 印迹技术

6. 基因治疗

(三)填空题

1. 在基因重组技术中,切割 DNA 用_____酶,连接 DNA 用_____酶。

2. _____和_____是分子克隆的常用载体。

3. 将重组质粒导入细菌称_____,将噬菌体 DNA 转入细菌称_____。

4. Southern、Northern 和 Western 印迹法是分别用于研究_____、_____和_____的转移和鉴定的几种常规技术。

5. 一项完整的基因工程主要包括:_____;表达载体的构建或目的基因的表达调控结构重组;_____;外源基因在宿主基因组上的整合、表达及检测;外源基因表达产物的_____。

6. 逆转录 PCR(RT-PCR)包括_____过程与_____反应两个阶段。

7. 基因诊断是借助分子生物学和分子遗传学的技术,检测遗传物质_____变化或_____是否异常的临床辅助诊断方法。

(四)问答题

1. 简述基因工程的基本过程。

2. 简要叙述基因工程中目的基因的获取主要有哪些方法。

3. 什么是基因工程载体?常用的基因工程载体有哪些?简要叙述它们的结构特点。

4. 什么是聚合酶链式反应(PCR)? PCR 反应体系中的原料有哪些?基本的过程是怎样的?

四、参考答案

（一）选择题

【A 型题】

1. E	2. A	3. B	4. A	5. B	6. A	7. C	8. E	9. B	10. C
11. B	12. C	13. C	14. E	15. B	16. D	17. B	18. B	19. D	20. B
21. C	22. E	23. E	24. D	25. A	26. B	27. C	28. E	29. E	30. C
31. E	32. C	33. B	34. E	35. C	36. B

【B 型题】

1. A	2. B	3. B	4. A	5. C	6. A	7. D	8. B	9. C	10. A
11. C

【C 型题】

1. C	2. C	3. A	4. B	5. A	6. C	7. B	8. A	9. C	10. D
11. B	12. A	13. D	14. C

【X 型题】

1. ABCDE	2. ABCDE	3. ABC	4. ABCDE	5. ABCDE	6. ABCDE
7. ABC	8. ABC	9. ABCDE	10. AB

（二）名词解释

1. 基因工程指分离目的基因片段，经过剪接后连接到载体上构成重组体，导入宿主细胞后在宿主细胞内进行表达。

2. 限制性核酸内切酶是一类能识别并切割双链 DNA 分子内部特异序列的酶。

3. cDNA 文库指包含细胞全部 mRNA 信息的 cDNA 克隆的集合。

4. 聚合酶链式反应是在体外将微量的目的基因片段大量扩增，以得到足量的 DNA 供研究分析和检测鉴定用的技术。

5. 印迹技术是以凝胶分离生物大分子后，将之转移或直接放在固定化介质上加以检测分析的技术。

6. 基因治疗是利用分子生物学方法将外源正常基因导入患者的细胞内，以纠正、补偿由于基因缺陷或异常而引起的疾病，达到治疗和预防疾病的目的。

（三）填空题

1. 限制性核酸内切酶；DNA 连接酶

2. 质粒载体；噬菌体载体

3. 转化；转染

4. DNA；RNA；蛋白质

5. 目的基因的分离；外源基因导入宿主细胞；分离、纯化和活性检测

6. 逆转录；PCR

7. 结构；表达水平

（四）问答题

1. ①目的基因的获取：通过化学合成或 PCR 的方法获取，也可从基因组 DNA 文库或 cDNA 文库筛选；②克隆载体的选择与构建：常用载体有质粒、噬菌体等；③目的基因与载体的连接：利用 DNA 连接酶将目的基因与载体 DNA 连接形成重组 DNA 分子；④重组 DNA 分

子导入受体细胞:重组 DNA 分子通过转染、转化、转导等方式导入受体细胞,随之复制、扩增;⑤重组体的筛选:以抗药性标志选择、分蓝白斑筛选等方法筛选出含重组 DNA 的受体细胞;⑥目的基因的表达:诱导载体上外源目的基因表达出相应的产物,供临床、医药等用途。

2. ①人工合成法:在已知目的基因的核苷酸序列后,可以按该碱基序列合成一段含少量(10～15 个)核苷酸的 DNA 片段,再利用碱基互补配对的原则形成双链片段,通过连接酶将这些双链片段逐个按顺序连接起来得到一个完整的目的基因。适用于已知核苷酸序列、分子量较小的目的基因的制备。②从基因文库中钓取:用限制性核酸内切酶酶切生物体基因组 DNA 得到酶切片段。这些片段被连入载体分子,形成重组分子。将后者导入宿主细菌或细胞中,每个宿主细菌/细胞携带有一段基因组 DNA 片段。分裂增殖后各自构成一个无性繁殖系(克隆)。利用分子杂交技术(从基因文库中筛选某一克隆,就能得到所需的目的基因片段。基因文库是分离高等真核生物基因的有效手段。③构建 cDNA 文库:提取组织细胞 mRNA 逆转录成 cDNA,与噬菌体或质粒载体连接,转化受体菌。每个细菌(克隆)含有一段 cDNA,并能繁殖扩增,可获得已经过剪接、去除了内含子的 cDNA。④聚合酶链式反应:在获得目的基因 5′和 3′末端的核苷酸序列(通常为 15～30bp)后设计出适合于扩增的引物可进行 PCR 获得目的基因。

3. 载体是携带有外源目的基因片段,将之转移至受体细胞的一类能自我复制的 DNA 分子。用于基因工程的载体主要包括质粒、噬菌体、黏粒等。

(1)质粒:质粒是细菌或细胞质中,独立于染色质的共价闭环小分子双链 DNA,能自主复制,与细菌或细胞共生。质粒载体结构上一般包含复制子、筛选标记和多克隆位点。

(2)噬菌体:噬菌体是感染细菌的一类病毒。利用 λ 噬菌体作载体,主要是将外源 DNA 替代或插入其基因组的中段序列,与左右臂一起包装成噬菌体,感染宿主细胞;允许插入的片段大小可以达到约 20kb。

4. PCR 是在体外将微量的目的基因片段大量扩增,以得到足量的 DNA 供研究分析和检测鉴定用的技术。PCR 的原料包括 DNA 模板、引物、TaqDNA 聚合酶、缓冲液、Mg 离子、4 种 dNTP。

PCR 由变性—退火—延伸 3 个基本步骤构成:①变性:93℃孵育一定时间后,模板 DNA 双链变性为单链;②退火(复性):温度下降至适宜温度,模板 DNA 单链与引物碱基互补配对,形成 DNA 单链模板-引物复合物;③延伸:温度上升至72℃,复合物在 TaqDNA 聚合酶的作用下,以 dNTP 为原料,单链序列为模板,在引物 3′-OH 端延伸出一条新的与模板 DNA 链互补的链。

以上 3 步重复循环进行,就可获得更多的 DNA 链,每一次循环产生的链又可成为下次循环的模板。

(王黎芳)

第十五章

细胞信号转导与物质代谢调节

一、内容要点

细胞信号转导是机体内一些细胞分泌出信号,另一些细胞有相应的受体,通过受体配体相互作用,引起细胞产生功能变化的过程。信号转导相关分子包括胞外信号分子、受体、胞内信号转导分子、效应分子。受体分为胞内受体和膜表面受体两大类,膜受体又有离子通道型受体、G 蛋白偶联受体和蛋白激酶偶联受体 3 类。受体的功能就是结合配体并将信号导入细胞。配体与受体结合通过改变胞内信号分子的数量、结构、分布甚至信号分子的相互作用来传递信号。各种信号转导分子的特定组合及有序的相互作用,构成了不同的信号转导通路。信号转导分子或过程的异常,可导致疾病的发生、发展。

机体内多种物质代谢同时进行,需要彼此间相互协调,才能维持细胞、机体的正常功能,适应机体各种内外环境的改变。所以机体内的各种物质代谢虽然各不相同,但它们却有共同的代谢池,共同的能量储存和利用形式、共同的还原当量 NADPH 以及共同的中间代谢物形成相互联系、相互转变、相互依赖的有机的整体,并在细胞、激素及整体水平受到精细的调节。

细胞水平调节主要通过改变关键酶活性实现;激素水平的调节主要是通过与靶细胞受体特异结合,通过信号通路来实现;在神经系统的主导下,机体通过调节激素释放,整合不同组织细胞内代谢途径,实现整体调节,维持整体代谢平衡。

二、重点和难点解析

1. **G 蛋白** 又称鸟苷酸结合蛋白,本章内容中所说的 G 蛋白是特指信号转导途径中与受体偶联的异源三聚体 G 蛋白。该类 G 蛋白是由 α、β、γ3 种亚基构成的寡聚体。其中 α 亚基功能主要有 3 个方面:一是具有鸟苷酸结合位点,可以结合 GDP 或 GTP;二是具有 GTP 酶活性,可以水解 GTP 成 GDP 和 Pi;三是和靶蛋白质结合,并对其活性进行调控。当 G 蛋白结合 GTP 时为活化形式,能够与靶蛋白质结合,并通过别构效应调节其活性,接着 α 亚基的 GTP 酶活性将结合的 GTP 水解为 GDP,G 蛋白恢复到非活化状态,停止对其下游靶蛋白的调节作用,所以 G 蛋白对下游靶蛋白的活化是瞬间的。

2. **G 蛋白偶联受体** 受体由一条多肽链组成,根据其在细胞膜上的分布,可以划分为细胞外区、跨膜区和细胞内区,由于该多肽链在细胞内外往返跨膜后形成 7 个跨膜区段,故又称为七跨膜受体或蛇形受体。受体通过胞内区与 G 蛋白偶联。通过胞外区与配体结合,配体受体复合物激活 G 蛋白,进一步作用于靶蛋白,最终产生胞内信使,因此该受体称之为 G 蛋白偶联受体。分布于 G 蛋白周围的靶蛋白的种类主要有两种:一类是酶,被 G

蛋白激活后可改变细胞内的第二信使的浓度;另一类是离子通道,被激活后引起离子流动。

3. **整体调节**　是指在神经系统的支配下,通过神经-体液途径直接调节所有细胞水平和激素水平的调节方式,使机体内的各组织器官的物质代谢途径相互协调和整合,以应对内外环境的变化,维持内环境的相对稳定。

三、习题测试

（一）选择题

【A 型题】

1. 可以与胞外信号分子特异性识别并结合,介导胞内第二信使生成,同时引起胞内产生效应的是

    A. 配体　　　　B. 激素　　　　C. 酶　　　　D. 受体　　　　E. 通道蛋白

2. 大多数膜受体的化学本质是

    A. 糖脂　　　　B. 磷脂　　　　C. 脂类物质　　　　D. 糖蛋白　　　　E. 类固醇

3. 关于 G 蛋白叙述,下列哪项是错误的

    A. 由 α、β、γ3 个亚基组成

    B. β 亚基能与 GDP 和 GTP 结合

    C. α 亚基具有 GTP 酶活性

    D. α、β、γ3 个亚基结合在一起时 G 蛋白才有活性

    E. α 亚基具有多样性

4. 蛋白激酶的作用是使蛋白或酶发生

    A. 磷酸化　　　　B. 去磷酸化　　　　C. 糖基化　　　　D. 水解　　　　E. 合成

5. 激活的 G 蛋白可能直接影响下列哪种酶

    A. 磷脂酶 A　　　　　　B. 磷脂酶 C　　　　　　C. 蛋白激酶 A

    D. 蛋白激酶 B　　　　　E. 蛋白激酶 C

6. cAMP 可以激活

    A. 磷脂酶 A　　　　　　B. 磷脂酶 C　　　　　　C. 蛋白激酶 A

    D. 蛋白激酶 B　　　　　E. 蛋白激酶 C

7. cGMP 可以激活

    A. 磷脂酶 A　　　　　　B. 磷脂酶 C　　　　　　C. 蛋白激酶 A

    D. 蛋白激酶 B　　　　　E. 蛋白激酶 G

8. DAG 可以激活

    A. 磷脂酶 A　　　　　　B. 磷脂酶 C　　　　　　C. 蛋白激酶 A

    D. 蛋白激酶 B　　　　　E. 蛋白激酶 C

9. IP_3 与相应受体结合后,可使胞内哪种离子的浓度升高

    A. K^+　　　　B. Na^+　　　　C. Mg^{2+}　　　　D. Ca^{2+}　　　　E. Zn^{2+}

10. 蛋白激酶的作用是使蛋白质或酶

    A. 去磷酸化　　　B. 磷酸化　　　C. 硫解　　　D. 还原　　　E. 氧化

11. 关于第二信使甘油二酯的叙述正确的是

    A. 分子小,可进入细胞起第二信使作用

B. 由磷脂酰肌醇-4,5-二磷酸水解生成

C. 能提高蛋白激酶 C 对 Ca^{2+} 的敏感性,从而激活蛋白激酶 C

D. 由甘油二酯水解生成

E. 只参与腺体分泌和肌肉张力改变等早期反应的信息传递过程

12. 下列哪些脂类在细胞信号传导中发挥重要作用

    A. 鞘磷脂   B. 磷脂酰丝氨酸   C. 磷脂酸

    D. 磷脂酰肌醇   E. 磷脂酰胆碱

13. 长期饥饿时,大脑的能量来源主要是

    A. 糖   B. 脂肪酸   C. 蛋白质   D. 酮体   E. 乳酸

14. 可进行糖异生的组织器官,除肾之外还有

    A. 肝   B. 脑   C. 心肌   D. 脾   E. 骨骼肌

15. 短期饥饿时哪条代谢途径明显增强

    A. 糖酵解   B. 糖原分解   C. 糖异生

    D. 糖原合成   E. 磷酸戊糖途径

16. 胞质不能进行的代谢途径是

    A. 糖原合成   B. 脂肪酸合成   C. 糖酵解

    D. 三羧酸循环   E. 糖异生

17. 线粒体内进行的代谢途径是

    A. 糖酵解   B. 脂肪酸的合成   C. 糖异生

    D. 糖原合成   E. 氧化磷酸化

18. 长期饥饿时肌肉的能量来源主要是

    A. 酮体   B. 葡萄糖   C. 脂肪酸   D. 氨基酸   E. 糖原

19. 肝细胞内合成的脂肪以何种形式释放入血

    A. HDL   B. VLDL   C. LDL   D. CM   E. IDL

20. 下列哪一种气体在胞内信号传递中发挥作用

    A. NO   B. CO_2 C. O_2 D. N_2 E. SO_2

21. 下列哪个选项不属于蛋白激酶

    A. PKA   B. TPP   C. PKC   D. PKG   E. PKB

22. 下列哪种代谢途径不在线粒体中进行

    A. 脂肪酸 β-氧化   B. 三羧酸循环   C. 氧化磷酸化

    D. 血红素合成   E. 糖原合成

23. 下列哪种酶不是别构酶

    A. 己糖激酶   B. 磷酸果糖激酶-1   C. 丙酮酸激酶

    D. 柠檬酸合成酶   E. 磷酸丙糖异构酶

【B 型题】

    A. 糖原合成酶   B. 柠檬酸合酶   C. 乙酰辅酶 A 羧化酶

    D. HMGCoA 还原酶   E. 丙酮酸激酶

1. 脂肪酸生物合成的限速酶是

2. 胆固醇生物合成的限速酶是

3. 三羧酸循环的别构调节酶是

4. 糖酵解途径的别构调节酶是
　　A. 细胞质　　　　　　　B. 细胞膜　　　　　　　C. 线粒体
　　D. 细胞核　　　　　　　E. 内质网

5. 细胞表面受体存在的部位是

6. 三羧酸循环的部位是

7. 第二信使分子存在的部位是

8. DNA 复制的细胞器是

【C 型题】

　　A. 胞质　　　　B. 线粒体　　　C. 两者都是　　　D. 两者都不是

1. 脂肪酸 β-氧化的场所是

2. 糖原合成的场所是

3. 酮体生成的场所是

4. 甘油磷脂的合成部位是

　　A. 多巴胺　　　B. NO　　　　C. 两者都是　　　D. 两者都不是

5. 属于神经递质的胞外信号分子是

6. 属于激素类的胞外信号分子是

7. 属于细胞因子类的胞外信号分子是

8. 属于气体类胞外信号分子是

　　A. 磷酸化　　　B. 去磷酸化　　　C. 两者都是　　　D. 两者都不是

9. 可激活糖原磷酸化酶的化学修饰是

10. 可激活糖原合酶的化学修饰是

11. 可激活己糖激酶的调节方式是

12. 丙酮酸脱氢酶的活性受哪种化学修饰调节

【X 型题】

1. 饥饿时体内的代谢可能发生下列变化
　　A. 糖异生加强　　　　　　B. 脂肪动员加强　　　　　　C. 糖原合成加强
　　D. 脂肪酸合成增多　　　　E. 蛋白质分解增多

2. 物质代谢调节的基本方式
　　A. 细胞水平对关键酶活性的调节　　　　B. 激素水平的调节
　　C. 整体水平的调节　　　　　　　　　　D. 基因水平的调节
　　E. 以上都不正确

3. 受体作用的特点有
　　A. 专一性　　　　　　　B. 饱和性　　　　　　　C. 高度亲和力
　　D. 可逆性　　　　　　　E. 以上都正确

4. 受体的种类有
　　A. 胞内受体　　　　　　B. 细胞表面受体　　　　　C. 酪氨酸激酶
　　D. G 蛋白　　　　　　　E. 以上都不是

5. 胞外信号分子的种类有
　　A. 激素　　　　　　　　B. 神经递质　　　　　　　C. 细胞因子
　　D. 生长因子　　　　　　E. 气体信号分子

6. 胞外信号分子的传递方式

  A. 内分泌途径   B. 旁分泌途径   C. 自分泌途径

  D. 突触传递途径   E. 以上都不是

7. 下列有关细胞表面受体的种类说法正确的是

  A. G 蛋白偶联受体属于细胞表面受体

  B. 酶偶联受体属于细胞表面受体

  C. 离子通道偶联受体属于细胞表面受体

  D. 不同的 G 蛋白介导不同的信号转导通路

  E. 分布于细胞核内的受体,称为细胞表面受体

8. 第二信使包括

  A. cAMP   B. cGMP   C. DAG   D. IP$_3$ E. Ca^{2+}

9. 气体信号分子包括

  A. cAMP   B. NO   C. CO   D. H$_2$S   E. SO$_2$

10. 依据 α 亚基的多样性,G 蛋白可以分为以下哪 4 类

  A. Gs   B. Gi   C. Gq   D. Gt   E. Ga

11. 信号通路中的 G 蛋白是由几种亚基构成的寡聚体

  A. α   B. β   C. κ   D. γ   E. &

12. 催化第二信使产生的酶类包括

  A. 腺苷酸环化酶   B. 鸟苷酸环化酶   C. 磷脂酶 C

  D. 磷脂酶 A   E. 氧化还原酶

(二)名词解释

1. 信号转导

2. 受体

3. 胞外信号分子

4. 第二信使

5. 酶的变构调节

6. 酶的化学修饰

7. 诱导剂

8. 阻遏剂

9. 限速酶

10. 激素

11. 神经递质

12. 生长因子

13. 酶的区域化分布

(三)填空题

1. 目前已知的第二信使有_____、_____、_____、_____、_____。

2. G 蛋白由_____、_____、_____组成;_____具有 GTP 酶活性。

3. 根据_____亚基的多样性,可以把 G 蛋白分为_____、_____、_____、_____四种类型。

4. 受体与其相应的配体结合的特点有_____、_____、_____、_____。

233

5. DAG 和 IP$_3$ 是胞内_____作用于 PIP$_2$ 的产物,cAMP 是_____作用于 ATP 的产物,cGMP 是_____作用于 GTP 的产物。

6. 物质代谢调节中,对细胞内关键酶的调节方式有_____种,分别是_____、_____、_____。

7. 霍乱毒素使得_____处于持续激活状态,_____大量产生,引起大量水分进入肠腔,造成剧烈的腹泻和水电解质紊乱等症状。

8. 信号转导药物是一个新的概念,信号转导分子的_____和_____是信号转导药物的研究出发点。

9. 目前发现的气体信号分子有_____、_____、_____。

10. 胞外信号分子又称作_____。

11. 神经递质按化学本质可以分为_____、_____。

12. 激素按其化学性质可分为_____、_____、_____、_____ 4 种类型。

13. 生长因子主要指具有专一调节生长和分化的胞外信号分子,通常只作用于_____,调节靶细胞的增殖和分化。

14. 物质代谢细胞水平调节方式中,针对酶活性调节的方式有_____、_____两种。

（四）问答题

1. 细胞水平调节的主要方式包括哪些?

2. 代谢过程中酶的别构调节的特点和意义有哪些?

3. 酶的化学修饰调节的特点和意义有哪些?

4. 简要绘制 G 蛋白偶联受体介导的信号通路。

5. 应激状态时机体代谢出现的变化有哪些?

6. ERK 信号途径基本反应包括哪些步骤?

7. 简要绘制 JAK-STAT 信号通途的反应模式。

8. 引起胞内 Ca^{2+} 浓度快速升高的途径有几种,分别是什么?

9. 简要回答胞外信号分子的传递方式。

10. 简要回答物质代谢的特点。

四、参考答案

（一）选择题

【A 型题】

1. D	2. D	3. B	4. A	5. B	6. C	7. E	8. E	9. D	10. B
11. C	12. D	13. D	14. A	15. C	16. D	17. E	18. C	19. B	20. A
21. B	22. E	23. E							

【B 型题】

1. C	2. D	3. B	4. E	5. B	6. C	7. A	8. D

【C 型题】

1. B	2. A	3. B	4. D	5. A	6. D	7. D	8. B	9. A	10. B
11. D	12. C								

【X 型题】

1. ABE	2. ABC	3. ABCDE	4. AB	5. ABCDE	6. ABCD	7. ABCD

8. ABCDE 　　9. BCD 　　10. ABCD 　　11. ABD 　　12. ABC

（二）名词解释

1. 信号转导　是指细胞感受、转导特定的化学信号以及由此引发的细胞反应过程。

2. 受体　是指存在于靶细胞膜上或细胞内的一类特殊蛋白质分子，可以特异性地识别与结合信号分子，并触发靶细胞产生特异的生物化学反应。

3. 胞外信号分子　又称作第一信使，是指由信号细胞合成并释放于胞外，通过扩散或体液转运等方式进行传递，与靶细胞膜上或胞内的受体特异性的识别并结合，调节靶细胞生命活动的化学物质。

4. 第二信使　细胞质内产生的能模拟第一信使发挥作用的小分子物质。

5. 酶的变构调节　又称别构调节，是指一些小分子化合物结合于酶活性中心以外的特定部位，引起酶构象的改变，从而改变酶活性。

6. 酶的化学修饰　又称共价修饰，是指酶蛋白多肽链的某些侧链基团在不同酶的催化下可逆地与一些基团共价结合，从而引起酶的活性改变。

7. 诱导剂　能够加速酶合成的化合物称诱导剂。

8. 阻遏剂　能够减少酶合成的化合物称阻遏剂。

9. 限速酶　代谢途径中的一个或几个关键酶，活性最低，催化反应速度最慢，决定代谢反应的总速率的酶称为限速酶。

10. 激素　是由特殊分化细胞（如内分泌腺或内分泌细胞，一般离靶器官较远）合成、加工并分泌的化学信号分子，一般经血液循环运输至远处的靶细胞。

11. 神经递质　是神经突触所释放的化学信号分子，通过突触间隙，作用于突触后神经元的胞体或树突，完成信息传递的功能；或者作用于效应细胞（如肌肉或腺体细胞等），从而出现肌肉收缩、腺体分泌等生理效应。

12. 生长因子　主要指专一调节生长和分化的胞外信号分子，通常只作用于邻近的靶细胞，调节靶细胞的增殖和分化。

13. 酶的区域化分布　参与同一代谢途径的酶常常组成多酶体系，分布于细胞的某一特定区域或亚细胞器中，即为酶的区域化分布。

（三）填空题

1. cAMP；cGMP；DAG；IP_3；Ca^{2+}

2. α；β；γ 亚基；α

3. α；Gs；Gi；Gq；Gt

4. 高度亲和力；高度专一性；饱和性；可逆性

5. 磷脂酶 C；腺苷酸环化酶；鸟苷酸环化酶

6. 3；区域性分布；酶活性调节；酶含量调节

7. G；cAMP

8. 激活剂；抑制剂

9. NO；CO；H_2S

10. 第一信使

11. 有机胺类；氨基酸类；神经肽类

12. 蛋白质和肽类激素；类固醇激素；氨基酸衍生物；脂肪酸衍生物

13. 邻近的靶细胞

14. 别构调节;化学修饰

(四)问答题

1. 细胞水平调节的主要方式包括酶活性的别构调节、化学修饰调节、酶含量的调节以及酶在亚细胞结构中的分隔分布。

2. ①代谢物终产物对催化该途径起始反应的酶起到抑制作用,使产物不致生成过多;②使能量得以有效利用,不致浪费;③别构调节还可使不同代谢途径相互协调,使机体成为一个有机的整体。

3. ①磷酸化与去磷酸化是最常见的酶促共价调节方式,酶的 1 分子亚基发生磷酸化常需消耗 1 分子 ATP;②绝大多数该类酶具有无活性和有活性的两种形式,其互变时由不同的酶催化,如蛋白激酶催化磷酸化,蛋白磷酸酶催化去磷酸化;③化学修饰的酶促反应,催化效率高,具有级联放大效应,调节效率高于别构调节。

4. 信号分子──→膜受体──→G 蛋白构象改变──→效应酶活化(AC、GC、PLC 等)──→第二信使含量或分布发生改变(cAMP、cGMP、IP_3/DAG)──→蛋白激酶、蛋白磷酸酶或离子通道──→引起较快的生物学效应,或迟发而持久的基因表达。

5. ①血糖升高:肾上腺素及胰高血糖素分泌增加,一方面激活磷酸化酶,促进肝糖原分解,抑制糖原合成,另一方面又可增加糖异生作用。同时,肾上腺皮质激素及生长素使周围组织对糖的利用降低。这些共同作用引起血糖升高,保证了大脑和红细胞对糖的需求。②脂肪动员加强:应激状态下,机体脂肪动员明显加强,脂肪酸成为心肌、骨骼肌及肾等组织主要能量来源。③蛋白质分解加强:蛋白质分解,释放出较多的丙氨酸等氨基酸参与到糖异生作用,同时尿素的生成和尿氮的排出增加,呈负氮平衡。

总之,应激时糖、脂肪、蛋白质分解代谢加强,合成代谢受到抑制,血液中分解代谢中间产物如葡萄糖、氨基酸、游离脂酸、甘油、乳酸、酮体以及尿素等含量增加。

6. 信号分子──→受体型酪氨酸激酶──→SOS──→Ras──→ERK──→MAPKKK──→MAPKK──→MAPK──→入核──→磷酸化活化多种效应蛋白──→生物学效应。

7. 胞外信号──→受体──→受体二聚化并与 JAK 结合──→JAK 自磷酸化而激活──→磷酸化 STAT──→入核──→调控特定基因表达。

8. 引起细胞质游离 Ca^{2+} 信号产生的反应有两种:一是细胞质膜钙通道开放,引起钙内流,如神经递质诱导烟碱型乙酰胆碱受体通道(nAChR)开启,钙离子迅速从胞外进入胞内;二是细胞内钙库膜上的钙通道开放,引起钙释放,如 IP_3 诱导内质网膜上的 IP_3 依赖的钙通道释放 Ca^{2+}。

9. 由信号细胞释放的信号分子,需经扩散或转运,才能到达靶细胞产生作用。根据传递距离的远近,可将信号分子的传递方式分为 4 种:内分泌途径、旁分泌途径、自分泌途径、突触传递途径。

10. ①机体内各种物质代谢相互联系形成一个有机的整体;②物质代谢受到精细的调节;③不同组织、器官物质代谢各具特色;④代谢物具有共同的代谢通路;⑤ATP 是能量储存和消耗的共同形式;⑥NADPH 作为还原剂参与机体众多的代谢。

(李艳花)

第十六章

血 液 生 化

一、内容要点

血液由血浆和血细胞两大部分组成,血浆的主要成分有水、蛋白质、有机物质和无机盐;血细胞包括红细胞、白细胞和血小板。血液在人体的功能主要有:①物质运输;②维持机体内环境稳定;③机体防御功能。

1. 血浆蛋白质的种类及功能　血浆蛋白可通过盐析法和电泳法对其分类。用盐析法可将其分为白蛋白、球蛋白和纤维蛋白原3类。用乙酸纤维素薄膜电泳法可将血浆蛋白区分为5条区带,电泳速度由快到慢依次为白蛋白、α_1球蛋白、α_2球蛋白、β球蛋白、γ球蛋白。通过对电泳区带扫描技术可计算出每一类蛋白的相对含量,正常人各类蛋白相对含量为:白蛋白57%～68%,α_1球蛋白0.8%～5.7%,α_2球蛋白4.9%～11.2%,β球蛋白7.0%～l3%,γ球蛋白9.8%～18.2%。血浆蛋白的功能主要有:①营养供能;②维持血浆胶体渗透压;③维持血浆正常pH;④运输作用;⑤催化作用;⑥血液凝固与纤维蛋白溶解作用;⑦免疫作用。

2. 红细胞的代谢特点　成熟红细胞不能进行核酸和蛋白质的生物合成,也不能进行有氧氧化获得能量。血液中的葡萄糖是红细胞唯一的能量来源,红细胞主要通过糖酵解、磷酸戊糖途径、2,3-BPG支路代谢。通过这些代谢提供细胞所需能量和还原当量(NADH,NADPH)以及一些重要的代谢物(2,3-DPG),对维持成熟红细胞的生命特点及正常生理功能有重要作用。

3. 血红蛋白的结构、合成及调节　成人血红蛋白的结构为两个α亚基和两个β亚基组成的四聚体结构,每个亚基由一分子血红素和一分子珠蛋白组成。其中血红素可以在机体多数细胞合成,合成过程包括δ-氨基-γ-酮戊酸(ALA)的生成,然后ALA在ALA脱水酶的催化下,2分子ALA脱水缩合成1分子胆色素原(PBG)。

在胞质中由胆色素原进一步生成尿卟啉原和粪卟啉原;胞质中生成的粪卟啉原再进入线粒体中生成血红素。血红素生成后从线粒体转入胞质,与珠蛋白结合而成为血红蛋白。血红蛋白的合成主要通过血红素的合成调节进行。调节因素有ALA合酶的调节;ALA脱水酶与亚铁螯合酶的调节;促红细胞生成素、雄性激素及雌二醇的调节。

二、重点和难点解析

血浆蛋白的主要功能具体有:

1. 营养供能方面　血浆中的白蛋白和前清蛋白能起组织修补作用,起着营养贮备的作用。血浆蛋白质可以分解为氨基酸,随时可供其他细胞合成新的蛋白质所利用,还可以被水解为氨基酸进而分解供能。

2. 维持血浆胶体渗透压　血浆渗透压包括晶体渗透压和胶体渗透压,晶体渗透压的形成是通过电解质产生,是渗透压的主要部分;血浆中的白蛋白、球蛋白、纤维蛋白原能够维持血浆胶体渗透压,其中最主要的是白蛋白。

3. 维持血浆正常 pH　血浆蛋白可组成缓冲体系,在维持机体酸碱度中发挥作用。

4. 运输作用　血浆中一些不溶或难溶于水的物质如:胆红素、药物等以及一些易被细胞摄取或易随尿液排出的物质,常与一些载体蛋白结合,以利于它们在血液中运输和代谢调节。如:血浆脂蛋白、白蛋白、转铁蛋白、视黄醇结合蛋白等。

5. 催化作用　血浆中有许多种酶,具有生物催化剂的作用。

6. 血液凝固与纤维蛋白溶解作用　蛋白类的凝血因子有凝血因子Ⅰ、Ⅱ、Ⅴ、Ⅶ、Ⅷ、Ⅸ、Ⅹ、Ⅺ、Ⅻ、ⅩⅢ;纤溶系统类蛋白质,包括纤溶酶原、纤溶酶、纤溶酶激活剂及抑制剂等。凝血因子经一定条件被激活后,可促使纤维蛋白原转变为纤维蛋白,促使血细胞形成凝块,防止出血。血浆中的纤溶酶原在纤溶激活剂的作用下转变为纤溶酶,使纤维蛋白溶解,以保证血流通畅。

三、习题测试

(一)选择题

【A 型题】

1. 红细胞中含量最丰富的蛋白质为
   A. 白蛋白　　　　B. 血红蛋白　　　　C. 球蛋白　　　　D. 珠蛋白　　　　E. 纤维蛋白原

2. 正常人体的血液总量占体重的
   A. 5%　　　　B. 8%　　　　C. 10%　　　　D. 15%　　　　E. 20%

3. 血浆与血清的不同主要是哪种成分
   A. 红细胞　　　　　　　　B. 白细胞　　　　　　　　C. 无机离子
   D. 非蛋白氮　　　　　　　E. 纤维蛋白原

4. 人血浆蛋白的浓度为
   A. 70~75g/L　　　　　　　B. 35~40g/L　　　　　　　C. 80~110g/L
   D. 105~120g/L　　　　　　E. 135~145g/L

5. 在 pH8.6 的缓冲液中,将血清蛋白质进行乙酸纤维素薄膜电泳,泳动最快的是
   A. γ球蛋白　　B. 白蛋白　　C. β球蛋白　　D. α_1球蛋白　　E. α_2球蛋白

6. 血浆蛋白中维持血浆胶体渗透压最主要的是哪种蛋白
   A. 白蛋白　　B. α_1球蛋白　　C. α_2球蛋白　　D. β球蛋白　　E. γ球蛋白

7. 血浆中的 Ca^{2+} 是凝血因子中的哪一种
   A. 凝血因子Ⅰ　　　　　　B. 凝血因子Ⅱ　　　　　　C. 凝血因子Ⅲ
   D. 凝血因子Ⅳ　　　　　　E. 凝血因子Ⅴ

8. 在血浆蛋白中,含量最多的蛋白质是
   A. γ球蛋白　　B. β球蛋白　　C. 白蛋白　　D. α_1球蛋白　　E. α_2球蛋白

9. 正常白蛋白(A)/球蛋白(G)的比值是
   A. 0.5~1.0　　　　　　　B. 1.0~2.0　　　　　　　C. 1.5~2.5
   D. 2.0~3.0　　　　　　　E. 2.5~3.5

10. 血浆胶体渗透压的大小主要取决于

    A. 无机盐   B. 有机酸   C. 葡萄糖   D. 球蛋白   E. 白蛋白

11. 血浆白蛋白的功能不包括

    A. 维持血浆胶体渗透压   B. 运输作用   C. 免疫作用

    D. 营养作用   E. 缓冲作用

12. 有关白蛋白的描述,不正确的是

    A. 只有肝细胞合成   B. 免疫球蛋白属于白蛋白

    C. 能作为载体蛋白   D. 与球蛋白相比,分子量小,呈椭圆形

    E. 是血浆中含量最多的蛋白质

13. 成熟红细胞的主要能源物质是

    A. 脂肪酸   B. 糖原   C. 葡萄糖   D. 酮体   E. 氨基酸

14. 2,3-BPG 的功能是使

    A. 在组织中 Hb 与氧的亲和力降低   B. 在组织中 Hb 与氧的亲和力增加

    C. Hb 与 CO_2 结合   D. 在肺中 Hb 与氧的亲和力增加

    E. 在肺中 Hb 与氧的亲和力降低

15. 下列血浆蛋白在急性时相反应中含量下降的是

    A. α1-抗胰蛋白酶   B. α1-酸性糖蛋白   C. 结合珠蛋白

    D. 铜蓝蛋白   E. 转铁蛋白

16. 血红素不是下列哪种物质的辅基

    A. 过氧化物酶   B. 胆红素   C. 细胞色素

    D. 肌红蛋白   E. 过氧化氢酶

17. 合成血红素的部位在

    A. 胞质和微粒体   B. 胞质和线粒体   C. 胞质和内质网

    D. 线粒体和微粒体   E. 线粒体和内质网

18. 血红素合成的原料是

    A. 甘氨酸、琥珀酸、Fe^{2+} B. 天冬氨酸、琥珀酰 CoA、Fe^{2+}

    C. 甘氨酸、琥珀酰 CoA、Fe^{2+} D. 天冬氨酸、乙酰 CoA、Fe^{2+}

    E. 琥珀酸、乙酰 CoA、Fe^{2+}

19. 合成血红素的限速酶是

    A. ALA 脱水酶   B. ALA 合酶   C. 亚铁螯合酶

    D. 胆色素原脱氨酶   E. 原卟啉原IX氧化酶

20. 不参与血红素合成代谢调节的是

    A. ALA 合酶   B. ALA 脱水酶   C. 血红素

    D. 线状四吡咯   E. EPO

21. 血红素合成的中间阶段在哪里进行

    A. 线粒体   B. 内质网   C. 胞质   D. 微粒体   E. 胞核

22. 纤维蛋白原在乙酸纤维素薄膜电泳过程中位于哪个区带

    A. 白蛋白区带   B. α_1 球蛋白区带   C. α_2 球蛋白区带

    D. β 球蛋白区带   E. γ 球蛋白区带

23. 红细胞中含有下列哪种结构或物质

　　A. 细胞核　　　　B. 内质网　　　　C. 线粒体　　　　D. 蛋白质　　　E. 高尔基体

24. 血红蛋白的辅基为

　　A. 亚铁血红素　　　　　　B. 高铁血红素　　　　　　C. NADH

　　D. NADPH　　　　　　　　E. 磷酸吡哆醛

25. 引起血浆晶体渗透压最显著的是哪种离子

　　A. K^+　　　　　B. Mg^{2+}　　　　C. Ca^{2+}　　　　D. Cl^-　　　　E. Na^+

26. 血浆蛋白乙酸纤维素薄膜电泳区带蛋白含量最少的是

　　A. 白蛋白　　　B. α_1球蛋白　　C. α_2球蛋白　　D. β球蛋白　　E. γ球蛋白

27. 血红蛋白的合成调控,下列哪一项无调控机制

　　A. 促红细胞生成素　　　　B. ALA 合酶　　　　　　C. 雄性激素及雌二醇

　　D. 尿卟啉原Ⅲ脱羧酶　　　E. ALA 脱水酶

28. 2,3-BPG 的作用描述哪一项不正确

　　A. 促进血红蛋白结构稳定于 T 态　　　B. 降低血红蛋白与氧的结合

　　C. 有利于血红蛋白缺氧环境中对氧的释放　　　D. 增强血红蛋白与氧的结合能力

　　E. 是红细胞代谢的方式之一

29. 红细胞产生 NADPH 的途径是通过

　　A. 糖酵解　　　　　　　B. 有氧氧化　　　　　　　C. 磷酸戊糖途径

　　D. 2,3-BPG 途径　　　　E. 氧化磷酸化

30. 促红细胞生成素的主要合成部位是

　　A. 肝　　　　　B. 肾　　　　　C. 红细胞　　　　D. 胰腺　　　　E. 肺

【B 型题】

　　A. 白蛋白　　　B. 血红蛋白　　　C. γ球蛋白　　　D. CRP　　　　E. 脂蛋白

1. 是一种急性时相反应蛋白质的为

2. 有免疫作用的是

3. 血浆中含量最多的蛋白质是

4. 能运输脂类的是

5. 能携带 O_2 的是

　　A. 白蛋白　　　B. α_1球蛋白　　　C. α_2球蛋白　　　D. β球蛋白　　　E. γ球蛋白

6. 血清蛋白乙酸纤维素薄膜电泳中含高密度脂蛋白的区带为

7. 血清蛋白乙酸纤维素薄膜电泳中含低密度脂蛋白的区带为

8. 血清蛋白乙酸纤维素薄膜电泳中含免疫球蛋白的区带为

9. 血清蛋白乙酸纤维素薄膜电泳中含结合珠蛋白的区带为

10. 维持血液胶体渗透压的主要蛋白为

　　A. 糖酵解　　　　　　　B. 糖的有氧氧化　　　　　　C. 血红素合成

　　D. 磷酸戊糖途径　　　　E. 2,3-BPG 支路

11. 红细胞产生 NADPH 的主要途径是

12. 红细胞获得能量的途径是

13. 能调节红细胞血红蛋白的运氧功能

14. 代谢过程受 EPO 的影响的是

　　A. ALA 合酶　　　　　　B. ALA 脱水酶　　　　　　C. 胆色素原脱氨酶

D. 亚铁螯合酶　　　　　　E. EPO

15. 血红素合成的限速酶是

16. 需要有还原剂存在才有活性

17. 红细胞生成的主要调节剂是

【C 型题】

　　A. 红细胞　　　B. 血小板　　　C. 都是　　　　　D. 都不是

1. 主要起运输作用的是

2. 主要参与凝血过程的是

3. 呈双凹圆盘状的是

　　A. 细胞核　　　B. 线粒体　　　C. 都是　　　　　D. 都不是

4. 在红细胞中存在

5. 血红素合成所需部位

6. 绝大多数真核细胞含有

　　A. 维生素 A　　B. 维生素 D　　C. 都是　　　　　D. 都不是

7. 又称抗眼干燥症维生素的是

8. 凝血过程需要

9. 具有抗氧化作用的是

10. 参与钙的吸收的是

【X 型题】

1. 属于载体蛋白的是

　　A. 白蛋白　　　　　　　B. 运铁蛋白　　　　　　C. 脂蛋白

　　D. 铜蓝蛋白　　　　　　E. 结合珠蛋白

2. 血浆白蛋白的功能有

　　A. 维持胶体渗透压　　　B. 维持血浆正常的 pH　　C. 营养作用

　　D. 运输作用　　　　　　E. 免疫作用

3. 成熟红细胞中的代谢途径有

　　A. 糖酵解　　　　　　　B. 磷酸戊糖途径　　　　　C. 2,3-BPG 旁路

　　D. 三羧酸循环　　　　　E. 血红素的合成

4. 含有血红素的物质包括

　　A. 细胞色素　　　　　　B. 血红蛋白　　　　　　C. 肌红蛋白

　　D. 过氧化物酶　　　　　E. 过氧化氢酶

5. 合成血红素的原料有

　　A. 乙酰 CoA　　　　　　B. 甘氨酸　　　　　　　C. 琥珀酰 CoA

　　D. Fe^{2+}　　　　　　　E. Fe^{3+}

6. 有关血红素合成的描述,正确的是

　　A. 合成的起始和终末阶段在胞质内进行,中间阶段在线粒体内进行

　　B. 第一步是合成血红素的限速步骤

　　C. 关键酶是血红素合成酶

　　D. 该途径受血红素的反馈抑制

　　E. 维生素 B_6 缺乏时,血红素的合成受影响

7. 有关 ALA 合酶的叙述正确的是

    A. 是血红素合成的限速酶　　　　　　　B. 辅酶是磷酸吡哆醛

    C. 不受血红素的反馈调节　　　　　　　D. 高铁血红素能强烈抑制该酶活性

    E. 睾酮能诱导该酶合成

8. 成熟红细胞的代谢特点是

    A. 丧失合成核酸和蛋白质的能力

    B. 不能进行糖的有氧氧化

    C. 糖酵解是获得能量的唯一途径

    D. 其 NADPH 的唯一来源是磷酸戊糖途径

    E. 能合成血红素

(二)名词解释

1. 急性时相反应

2. 急性时相反应蛋白

3. 血浆功能性酶

4. 血液凝固

5. 2,3-BPG 支路

6. 血红素

7. 卟啉症

(三)填空题

1. 血液由血浆和_____、_____、_____等有形成分组成。血浆占全血容积的_____%。

2. 用乙酸纤维素薄膜电泳可将血清蛋白质分成 _____、_____、_____、_____和_____5 种,在 pH8.6 的缓冲液中走在最前面的是_____,走在最后面的是_____。

3. 根据血浆酶的来源和功能,可将其分为_____、_____、_____3 类。

4. 成熟红细胞只保留了对其十分重要的_____和_____两条代谢途径,其中_____途径是红细胞获得能量的唯一途径。

5. 2,3-BPG 由_____在红细胞内转变产生,其主要功能是_____。

6. 合成血红素的基本原料是_____、_____、_____。合成的起始和终末阶段均在_____内进行,而中间阶段在_____内进行。

(四)简答题

1. 血浆蛋白如何分类? 每一类含量为多少?

2. 简述血浆蛋白质的功能。

3. 血红素合成的调节机制如何?

四、参考答案

(一)选择题

【A 型题】

1. B	2. B	3. E	4. A	5. B	6. A	7. C	8. C	9. C	10. E
11. C	12. B	13. C	14. A	15. E	16. B	17. B	18. C	19. B	20. D

21. C　　22. D　　23. D　　24. A　　25. E　　26. B　　27. D　　28. D　　29. C　　30. B

【B 型题】

1. D　　2. C　　3. A　　4. E　　5. B　　6. B　　7. D　　8. E　　9. C　　10. A

11. D　　12. A　　13. E　　14. C　　15. A　　16. D　　17. E

【C 型题】

1. A　　2. B　　3. A　　4. D　　5. B　　6. C　　7. A　　8. D　　9. A　　10. B

【X 型题】

1. ABCD　　2. ABCD　　3. ABC　　4. ABCDE　5. BCD　　6. BDE　　7. ABDE　　8. ABCD

(二)名词解释

1. 急性时相反应是指机体在外伤、炎症、手术、急性心梗、肿瘤等情况下,血浆中部分蛋白质水平可有明显增高或降低,这一现象被称为急性时相反应。

2. 急性时相反应出现时表现出明显升高或降低的蛋白质叫急性时相反应蛋白。

3. 血浆功能性酶指在血浆中发挥催化功能的酶,多在肝细胞合成后分泌入血。

4. 血液凝固指血管内皮损伤、血液流出血管时,血液内发生一系列酶促级联反应,使血液由液体状态转为凝胶状态。

5. 在葡萄糖的无氧酵解通路中,1,3-二磷酸甘油酸(1,3-BPG)有 15% ~50% 在二磷酸甘油酸变位酶催化下生成 2,3-BPG,后者再经 2,3-BPG 磷酸酶催化生成 3-磷酸甘油酸。经此 2,3-BPG 生成的侧支循环称 2,3-BPG 支路。

6. 血红素是指主要存在于血红蛋白的辅基,其他一些蛋白质如肌红蛋白,细胞色素,过氧化氢酶,过氧化物酶也以血红素为辅基。

7. 血红素合成代谢异常而引起卟啉化合物或其前体的堆积,称为卟啉症。

(三)填空题

1. 红细胞;白细胞;血小板;8

2. 白蛋白;α_1 球蛋白;α_2 球蛋白;β 球蛋白;γ 球蛋白;白蛋白;γ 球蛋白

3. 血浆功能性酶;外分泌酶;细胞酶

4. 糖酵解;磷酸戊糖途径;糖酵解

5. 1,3-BPG;影响血红蛋白与氧的结合能力

6. 甘氨酸;琥珀酰 CoA;Fe^{2+};线粒体;胞质

(四)简答题

1. 分离血浆蛋白的常用方法为电泳分离方法。临床常采用简单快速的乙酸纤维素薄膜电泳,用 pH8.6 的缓冲液可将血浆蛋白分为白蛋白、α_1 球蛋白、α_2 球蛋白、β 球蛋白和 γ 球蛋白 5 条带。正常人各类蛋白相对含量为:白蛋白 57% ~68% ,α_1-球蛋白 0.8% ~5.7% ,α_2-球蛋白 4.9% ~11.2% ,β-球蛋白 7.0% ~l3% ,γ-球蛋白 9.8% ~18.2% 。

2. ①营养供能:每个成人的血浆中约含有 200g 蛋白质,起着营养贮备的作用;②维持血浆胶体渗透压;③维持血浆正常 pH:血浆蛋白可组成缓冲体系,在维持机体酸碱度中发挥作用;④运输作用:血浆中一些不溶或难溶于水的物质如:胆红素、药物等以及一些易被细胞摄取或易随尿液排出的物质,常与一些载体蛋白结合,以利于它们在血液中运输和代谢调节。如:血浆脂蛋白、白蛋白、转铁蛋白、视黄醇结合蛋白等;⑤催化作用:血浆中有许多种酶,具有生物催化剂的作用;⑥血液凝固与纤维蛋白溶解作用:血浆蛋白中有一类蛋白为凝血因子,参与血液的凝固过程。血浆中的纤溶酶原在纤溶激活剂的作用下转变为纤溶酶,使纤维

243

蛋白溶解,以保证血流通畅;⑦免疫作用:血浆中具有免疫作用的蛋白质是免疫球蛋白 IgG、IgA、IgD、IgE、IgM 和补体在机体发挥免疫机制中密切相关。

3. ①ALA 的合成是最主要的调节步骤,ALA 合酶是血红素合成酶体系的限速酶。受血红素的反馈抑制,属于别构抑制,此外,血红素还可抑制 ALA 合酶的合成。某些类固醇激素能诱导 ALA 合酶,从而促进血红素的合成。许多在肝中进行生物转化的物质,如致癌剂、药物、杀虫剂等可导致肝 ALA 合酶显著增加。②ALA 脱水酶和亚铁螯合酶:ALA 脱水酶也可被血红素抑制,但并不引起明显的生理效应,因为此酶的活性较 ALA 合酶强 80 倍。ALA 脱水酶和亚铁螯合酶对重金属的抑制均非常敏感,因此,血红素合成的抑制是铅中毒的重要体征。此外,亚铁螯合酶活性还需还原剂的存在,还原剂的缺如会抑制血红素的合成。③促红细胞生成素(EPO):EPO 主要在肾合成,缺氧时释放入血。EPO 是细胞生长因子,能加速有核红细胞的成熟以及血红素和血红蛋白的合成,促进原始红细胞的繁殖和分化。EPO 是红细胞生成的主要调节剂。

(李元宏)

第十七章

肝的生物化学

一、内容要点

肝是人体最大的实质性器官,它独特的组织结构和化学组成特点,赋予了肝特别复杂多样的生物化学功能。在生命活动中几乎参与了体内各类物质代谢,被誉为人体物质代谢的中枢,并且还具有分泌、排泄及生物转化等功能。

(一)肝在物质代谢中的作用

1. 在糖代谢中的作用 肝通过糖原合成、分解和糖异生作用维持血糖浓度的相对稳定。

2. 肝在脂类代谢中的作用 肝在脂类的消化、吸收、转运、分解、合成及转化和改造中均占中心地位;如将胆固醇转化为胆汁酸,帮助脂类的消化吸收;磷脂、胆固醇、脂肪也主要在肝合成,并以脂蛋白的形式转运至肝外各组织利用和代谢;同时肝细胞将脂肪酸活跃代谢并加工成酮体,为肝外组织尤其是大脑和神经组织提供能源。

3. 肝在蛋白质代谢中的作用 几乎所有的血浆蛋白(除 γ 球蛋白外)都由肝合成并释放,同时肝也是清除血浆蛋白(白蛋白除外)的主要器官;肝是除支链氨基酸外所有氨基酸分解代谢的重要器官,氨基酸分解代谢产生的氨在肝生成尿素而解毒。

4. 肝在维生素代谢的作用 肝在维生素的吸收、储存、运输和代谢等方面均起重要作用。体内维生素 A、D、K、B_2、PP、B_6、B_{12} 等主要在肝贮存和转化。维生素 A 在肝中的含量占体内总量的 95%,维生素 D_3 在肝转变为 1,25-$(OH)_2$-D_3 等。

5. 肝在激素代谢中的作用 许多激素在发挥其调节作用后,主要在肝被分解转化,从而降低或丧失其活性,此过程称为激素的灭活。这种灭活过程对于激素作用的时间和强度具有调控性。

(二)肝的生物转化作用

1. 生物转化作用的概念和特点 生物转化作用是指机体将一些非营养物质进行代谢转变,增加其极性(或水溶性),使其易随胆汁或尿液排出体外的过程。其反应的主要特点是:反应的多样性和连续性及解毒与致毒的双重性。

2. 生物转化作用的反应类型和酶系 主要有两相反应:第一相反应包括氧化、还原和水解反应。氧化反应中主要有加单氧酶系、单胺氧化酶系和脱氢酶系(醇脱氢酶和醛脱氢酶)参与作用。其中最重要的是存在于微粒体中的加单氧酶系,进入体内的外来化合物约有一半以上是经此酶系统催化而氧化。该酶系统的特点是易被诱导物诱导生成,其生理意义是参与药物和毒物的转化和体内多种生理活性物质的合成;还原反应中主要有硝基还原酶和偶氮还原酶参与作用;水解反应中有酯酶、酰胺酶和糖苷酶参与作用。第二相反应是结合反应。结合反应是体内最重要的生物转化方式。凡含有羟基、羧基或氨基的药物、毒物或激素均可与葡萄糖醛酸、硫酸、乙酰基、甲基等发生结合反应,其中以葡萄糖醛酸的结合反应最为重要和普遍。

3. 影响生物转化作用的因素　影响生物转化作用的主要因素有年龄、性别、诱导物和肝疾病等。

肝的生物转化作用保护了机体组织免受许多伤害,但由于这些有害物质容易在肝聚集,如果摄入量过多,必然加重肝负担,使肝本身中毒而损害肝细胞的功能。所以,对肝功不全者一定要限制某些食物和在肝内解毒的药物的摄入,以免对肝造成进一步损伤。

（三）胆汁酸代谢

1. 胆汁酸是胆汁中存在的一大类胆烷酸的总称,是由肝细胞利用胆固醇为原料,在一系列酶(主要是 7α-羟化酶)催化下,经氧化、异构、还原和侧链修饰等反应生成的 24 碳类固醇化合物,是胆汁中的主要成分,是脂类物质消化吸收所必需的一类物质。按其结构可分为:①游离胆汁酸:包括胆酸、脱氧胆酸、鹅脱氧胆酸和石胆酸;②结合胆汁酸:主要有甘氨胆酸、牛磺胆酸、甘氨鹅脱氧胆酸和牛磺鹅脱氧胆酸。胆汁中所含的胆汁酸主要是结合胆汁酸。按来源可分为:①初级胆汁酸:是肝细胞合成的胆汁酸:包括胆酸、鹅脱氧胆酸及其与甘氨酸和牛磺酸的结合产物;②次级胆汁酸:是初级胆汁酸进入肠道后,在细菌作用下生成的胆汁酸:包括脱氧胆酸、石胆酸及其与甘氨酸和牛磺酸的结合产物。合成胆汁酸是体内清除胆固醇的主要形式。

2. 肠道中的各种胆汁酸发挥作用后被肠壁重吸收,经门静脉进入肝,游离型胆汁酸再转变为结合型胆汁酸,并同新合成的结合型胆汁酸一起再排入肠腔,此乃为胆汁酸的"肠肝循环"。除石胆酸外,95% 的胆汁酸经"肠肝循环"而被反复利用。

3. 胆汁酸的生物合成受多种因素的调节,其核心是对胆汁酸合成关键酶的调控。7α-羟化酶是催化胆固醇在肝内转变为胆汁酸的限速酶。该酶受产物胆汁酸的反馈调节,因此减少肠道胆汁酸的吸收,可解除对 7α-羟化酶抑制,以促进胆汁酸的生成。维生素 C 可通过 7α-羟化酶的羟化作用促进胆汁酸的生成。甲状腺素可通过激活胆汁酸生成中侧链氧化酶系,促进胆汁酸生成。所以,甲状腺功能亢进的患者血胆固醇浓度常偏低,而甲状腺功能低下的患者血胆固醇含量偏高。胆汁酸的主要功能是帮助脂类的消化吸收,促进胆固醇排泄。

（四）胆色素的代谢与黄疸

1. 胆色素的概念和胆红素的生成　胆色素是含铁卟啉类化合物在人体内主要分解代谢的产物,包括胆红素、胆绿素、胆素原和胆素等化合物。胆色素代谢以胆红素代谢为中心。主要来源于衰老红细胞中血红蛋白的分解释放,胆红素包括游离胆红素和结合胆红素两种。游离胆红素是在吞噬细胞系统内生成,结合胆红素是游离胆红素在肝转化而成。

2. 游离胆红素和结合胆红素的性质　①游离胆红素:游离胆红素分子中有 2 个丙酸基易形成分子内氢键,极性基团隐藏于分子内部,故成为难溶于水的脂溶性物质,在血中与白蛋白结合而运输,不易经肾排出,但易通过细胞膜,对大脑和神经具有毒性作用;②结合胆红素:肝细胞通过 Y 蛋白和 Z 蛋白将游离胆红素摄入肝内,在内质网葡萄糖醛酸转移酶的催化下,与葡萄糖醛酸结合为葡萄糖醛酸胆红素,即结合胆红素,随胆汁排入肠道。结合胆红素水溶性增强,无毒性,不易透过细胞膜,但易透过肾小球滤过膜。

3. 胆色素的肠肝循环　结合胆红素随胆汁排入肠道后,在肠道细菌作用下,脱去葡萄糖醛酸基再次形成游离胆红素,游离胆红素继续在细菌的作用下逐步还原成为无色的胆素原族化合物,大部分胆素原随粪便排出体外,少部分重吸收,经门静脉入肝。其中大部分又以原形再随胆汁排入肠道,形成胆素原的"肠肝循环"。吸收的少量胆素原可进入体循环,通过肾小球滤出,由尿排出。胆素原族在空气中均被氧化成黄色的胆素(粪胆素、尿胆素)。

4. 黄疸　血清胆红素升高可扩散入组织,使组织黏膜黄染,称为黄疸。根据黄疸发病的原因不同分为溶血性黄疸、肝细胞性黄疸和阻塞性黄疸 3 种类型。各种黄疸具有其独特的血、尿、粪的胆色素改变。可借其生化检测予以鉴别诊断。

二、重点和难点解析

(一)胆汁酸的来源和种类

胆汁酸按其来源分为初级胆汁酸和次级胆汁酸;也可按其结构分为游离型胆汁酸和结合型胆汁酸。其合成部位、原料和代谢特点见表 17-1:

表 17-1　胆汁酸的来源和种类

	初级胆汁酸	次级胆汁酸
合成原料	胆固醇	初级胆酸
合成场所	肝细胞	肠道
代谢特点	7α-羟化	7α-脱羟基
游离型	胆汁酸和鹅脱氧胆酸	脱氧胆酸和石胆酸
结合型	甘氨胆酸、牛磺胆酸、甘氨鹅脱氧胆酸和牛磺鹅脱氧胆酸	甘氨鹅脱氧胆酸和牛磺鹅脱氧胆酸

(二)肝合成和分泌血浆蛋白及白蛋白与清/球蛋白比值

肝除合成自身所需蛋白外,还合成多种血浆蛋白。血浆蛋白中,除 γ-球蛋白外,几乎所有的血浆蛋白均来自于肝细胞的合成。人体血浆蛋白总浓度约为 $60\sim80g/L$,临床常采用简单快速的乙酸纤维素薄膜电泳法,将血浆蛋白分为 5 个区带:白蛋白(A)、α_1 球蛋白、α_2 球蛋白、β 球蛋白和 γ 球蛋白。其中 A 含量最多为 $40\sim55g/L$,球蛋白(G)含量为 $20\sim30g/L$,两者比值为 $A/G=1.5\sim2.5/1$,当肝功受损时,肝合成蛋白质的能力下降,尤其表现为白蛋白减少,而球蛋白合成量代偿性增加,致使清/球(A/G)比值下降甚至倒置,这种变化可作为临床慢性肝病的诊断指标之一。也是肝病患者出现水肿和出血倾向的主要原因。

(三)3 种黄疸的胆色素指标鉴别

3 种类型黄疸血、尿、粪的改变见表 17-2。

表 17-2　3 种类型黄疸血、尿、粪的改变

指标	溶血性黄疸	肝细胞性黄疸	阻塞性黄疸
血清胆红素			
结合胆红素	不变/微增	↑	↑↑
未结合胆红素	↑↑	↑	不变/微增
尿三胆			
尿胆红素	-	++	++
尿胆素原或尿胆素	-	++	++
粪便颜色	加深	变浅/或正常	变浅/陶土色

表中符号表示:—变化不明显,↑增加,↑↑显著增加,↓↓显著下降

三、习题测试

(一) 选择题

【A 型题】

1. 严重肝疾病出现男性乳房发育、蜘蛛痣是由于
   A. 雌激素分泌过多　　　　B. 雌激素分泌过少　　　　C. 雌激素灭活下降
   D. 雄激素分泌过少　　　　E. 胆固醇合成增多

2. 肝在脂类代谢中不同于其他组织的特有作用是
   A. 合成脂肪酸　　　　B. 合成磷脂　　　　C. 生成酮体
   D. 合成胆固醇　　　　E. 合成糖原

3. 下列哪些物质不属于非营养性物质
   A. 药物毒物　　　　　　　　　　B. 食品添加剂
   C. 肠道腐败产物被吸收　　　　　D. 体内合成的非必需氨基酸
   E. 胆固醇和磷脂

4. 下列物质中有哪一种能促进胆汁酸的合成
   A. 胰岛素　　B. 甲状腺素　　C. 石胆酸　　D. 葡萄糖　　E. 酮体

5. 对于生物转化作用,下列叙述正确的是
   A. 是非营养物质在生物体内的代谢转化过程
   B. 转化过程有能量生成
   C. 肝是生物转化的唯一器官
   D. 生物转化的过程就是解毒的过程
   E. 是指进入生物体内的物质在体内代谢转变的过程

6. 生物转化最主要的作用是
   A. 使所有毒物的毒性降低
   B. 使进入体内的药物失效
   C. 使非营养性物质极性、水溶性增加,利于排泄
   D. 使生物活性物质灭活
   E. 为机体产生能量

7. 生物转化中第一相反应最主要的是
   A. 氧化反应　　　　B. 还原反应　　　　C. 水解反应
   D. 结合反应　　　　E. 酯化反应

8. 生物转化第二相反应最普遍的结合反应是
   A. 与硫酸结合反应　　　　　　B. 与谷胱甘肽结合反应
   C. 与甲基结合反应　　　　　　D. 与葡萄糖醛酸结合反应
   E. 与甘氨酸结合

9. 生物转化的主要器官是
   A. 肝　　　　B. 肺　　　　C. 肾　　　　D. 肠　　　　E. 脑

10. 游离型次级胆汁酸是下列哪种物质
    A. 鹅脱氧胆酸　　　　B. 甘氨胆酸　　　　C. 脱氧胆酸
    D. 胆酸　　　　　　　E. 甘氨鹅脱氧胆酸

11. 参加生成结合胆汁酸的氨基酸是
    A. 鸟氨酸　　　　　　　　B. 甘氨酸　　　　　　　　C. 牛磺酸
    D. 甲硫氨酸　　　　　　　E. 亮氨酸

12. 体内胆固醇的主要代谢途径是
    A. 被肠道细菌还原转变成粪胆固醇随粪便排出
    B. 在肝内转变为胆汁酸
    C. 在肝内转变为胆红素随胆汁排出
    D. 在皮下经脱氢生成 7-脱氢胆固醇随汗液排出
    E. 转变为类固醇激素

13. 胆汁酸合成的限速酶是
    A. 胆汁酸合成酶　　　　　B. 7α-羟化酶　　　　　　C. 7α-羟胆固醇氧化酶
    D. 胆酰 CoA 合成酶　　　 E. 单胺氧化酶

14. 胆红素的主要来源是
    A. 肌红蛋白　　　　　　　B. 血红蛋白　　　　　　　C. 细胞色素
    D. 过氧化物酶　　　　　　E. 白蛋白

15. 血液中与胆红素结合的是
    A. 白蛋白　　　B. Y 蛋白　　　C. Z 蛋白　　　D. GA　　　E. 球蛋白

16. 随胆汁酸排入肠腔的胆红素几乎完全是
    A. 结合胆红素　　　　　　B. 未结合胆红素　　　　　C. 胆红素 – Y 蛋白
    D. 胆红素-Z 蛋白　　　　 E. 胆红素-白蛋白

17. 葡萄糖醛酸胆红素在肠道细菌作用下转变成
    A. 胆汁酸　　　B. 胆素原　　　C. 粪胆素　　　D. 胆素　　　E. 胆红素

18. 关于结合胆红素的叙述哪项是错误的
    A. 水中溶解度大　　　　　　　　　B. 正常人主要经肾随尿排出
    C. 不易透过生物膜　　　　　　　　D. 主要与葡萄糖醛酸结合
    E. 经胆道排泄

19. 阻塞性黄疸的特点
    A. 血中未结合胆红素含量升高　　　B. 粪便呈陶土色
    C. 尿胆素升高　　　　　　　　　　D. 粪便颜色正常
    E. 粪胆原增加

20. 正常人粪便的主要色素是
    A. 胆素原　　　B. 胆红素　　　C. 胆素　　　D. 粪胆原　　　E. 粪固醇

21. 血红素加氧酶催化代谢的产物是
    A. CO_2、Fe 及胆绿素　　　B. CO_2,Fe 及胆红素　　　C. CO,Fe 及胆绿素
    D. CO 及胆绿素　　　　　　 E. Fe 及胆绿素

22. 肝进行生物转化时葡萄糖醛酸的活性供体是
    A. GA　　　B. UDPG　　　C. ADPGA　　　D. UDPGA　　　E. CDPGA

23. 生物转化中参与氧化反应最重要的酶是
    A. 加单氧酶　　　　　　　B. 加双氧酶　　　　　　　C. 水解酶
    D. 胺氧化酶　　　　　　　E. 醇脱氢酶

24. 下列哪一种物质不与胆红素竞争性与白蛋白的结合
   A. 磺胺类　　　B. NH_4^+　　　C. 胆汁酸　　　D. 有机酸　　　E. 水杨酸

25. 肝细胞对胆红素生物转化作用的实质是
   A. 使胆红素与 Y 蛋白结合
   B. 使胆红素与 Z 蛋白结合
   C. 使胆红素的极性变小
   D. 增强毛细胆管膜上载体转运系统有利于胆红素排泄
   E. 主要破坏胆红素分子内的氢键并进行结合,极性增加,利于排泄

26. 肝内胆红素的代谢产物最多的是
   A. 双葡萄糖醛酸胆红素酯　　　　　　B. 单葡萄糖醛酸胆红素酯
   C. 胆红素硫酸酯　　　　　　　　　　D. 甘氨酸结合物
   E. 甲基结合物

27. 血浆胆红素以哪一种为主要的运输形式
   A. 胆红素-Y 蛋白　　　B. 胆红素-球蛋白　　　C. 胆红素-白蛋白
   D. 胆红素-Z 蛋白　　　E. 游离胆红素

28. 粪胆素原重吸收入肝后的转归是
   A. 大部分以原形再排至胆道,少量成为血液循环中的尿胆素原随尿排出
   B. 全部以原形再排至胆道
   C. 大部分转化成尿胆素原
   D. 全部转化成尿胆素原
   E. 全部入血液循环以原形从尿中排出

29. 正常人血清胆红素总浓度不超过
   A. 5mg/dl　　　B. 2mg/dl　　　C. 1mg/dl　　　D. 0.5mg/dl　　　E. 0.1mg/dl

30. 下列哪项血浆白蛋白/球蛋白(A/G)比值可提示肝严重病变
   A. 等于 1.5 ~ 2.5　　　B. 小于 2.5　　　C. 小于 1
   D. 小于 0.5　　　E. 大于 2.5

31. 肝细胞性黄疸患者不应出现下述哪一种情况
   A. 尿胆红素阳性
   B. 尿胆素原轻度增加或正常
   C. 血清范登堡试验直接反应阳性、间接反应加强
   D. 血清中未结合胆红素增加
   E. 血清结合胆红素减少

32. 服用苯巴比妥类药物可降低血清游离胆红素浓度的机制是
   A. 刺激肝细胞 Y 蛋白合成与诱导葡萄糖醛酸基转移酶的合成
   B. 药物增加了它的水溶性有利于游离胆红素从尿液中排出
   C. 刺激 Z 蛋白合成
   D. 药物将游离胆红素分解
   E. 药物与游离胆红素结合,抑制了它的肠肝循环

33. 胆红素葡萄糖醛酸酯的生成需什么酶催化
   A. 葡萄糖醛酸基结合酶　　　　　　　B. 葡萄糖醛酸基转移酶

　　　C. 葡萄糖醛酸基生成酶　　　　　　　D. 葡萄糖醛酸基酯化酶

　　　E. 葡萄糖醛酸基脱氢酶

34. 血浆中的未结合胆红素主要与下列哪种物质结合而运输

　　　A. 脂蛋白　　　　　　　　B. $\alpha 2$-巨球蛋白　　　　　C. 糖蛋白

　　　D. 有机阴离子　　　　　　E. 血浆白蛋白

35. 下列胆汁酸哪一种为次级游离胆汁酸

　　　A. 牛磺胆酸　　　　　　　B. 甘氨胆酸　　　　　　C. 脱氧胆酸

　　　D. 牛磺鹅脱氧胆酸　　　　E. 甘氨鹅脱氧胆酸

36. 血红素加氧酶分布于肝、脾、骨髓中网状内皮细胞的什么部位

　　　A. 线粒体内　　　B. 微粒体内　　　C. 溶酶体内　　　D. 质膜上　　　　E. 胞质内

37. 肝细胞内胆红素主要以下列哪一种形式存在

　　　A. 胆红素-脂类　　　　　B. 胆红素-Y 蛋白　　　　　C. 胆红素-Z 蛋白

　　　D. 游离胆红素　　　　　E. 与肝蛋白结合

38. 下列哪种物质的合成过程仅在肝中进行

　　　A. 尿素　　　B. 糖原　　　C. 血浆蛋白　　　D. 脂肪酸　　　E. 胆固醇

39. 胆红素生成与下列哪种物质有关

　　　A. NADH　　　B. $FADH_2$　　　C. $FMNH_2$　　　D. NADPH　　　E. TPP

40. 下列哪种途径不参与肝维持血糖浓度的相对恒定

　　　A. 糖的有氧氧化　　　　　B. 糖原的合成　　　　　C. 糖原的分解

　　　D. 糖异生　　　　　　　　E. 以上都是

41. 与肝无关的代谢过程有

　　　A. 将胡萝卜素转变为维生素 A

　　　B. 将 25-OH-D_3 转变为 1,25-OH_2-D_3

　　　C. 将维生素 PP 转变为 NAD^+ 和 $NADP^+$ 的组成成分

　　　D. 将泛酸转变为 CoA 的组成成分

　　　E. 维生素 B_6 转变为磷酸吡哆醛

42. 影响胆红素在肝细胞内的代谢因素不包括

　　　A. Y 蛋白缺乏　　　　　　　　　　　B. UDPGA 来源不足

　　　C. 葡萄糖醛酸基转移酶缺乏　　　　　D. 血中白蛋白浓度

　　　E. 血中球蛋白浓度

43. 阻塞性黄疸不应出现

　　　A. 血中结合胆红素含量↑　　B. 尿胆素原↓　　　　C. 尿胆素↓

　　　D. 尿胆红素阴性　　　　　　E. 粪胆素原↓

44. 肝在脂类代谢中没有的功能是

　　　A. 生成酮体　　　　　　　　　　　　B. 利用酮体

　　　C. 使胆固醇转变生成胆汁酸　　　　　D. 合成脂蛋白

　　　E. 合成胆固醇

45. 饥饿时肝中物质代谢不会

　　　A. 糖原分解增多　　　　B. 蛋白质分解增强　　　　C. 酮体生成增多

　　　D. 糖异生作用增强　　　E. 酮体生成减少

46. 肝在蛋白质和氨基酸代谢中的作用是
   A. 合成血浆蛋白　　　　　　B. 水解尿素　　　　　　　C. 合成抗体蛋白
   D. 生成铵盐　　　　　　　　E. 通过嘌呤核苷酸循环脱氨

47. 哪一种物质不是初级胆汁酸
   A. 胆酸　　　　　　　　　　B. 脱氧胆酸　　　　　　　C. 鹅脱氧胆酸
   D. 牛磺胆酸　　　　　　　　E. 甘氨胆酸

48. 正常粪便的棕黄色是由于存在下列什么物质
   A. 粪胆素　　　B. 尿胆素原　　　C. 胆红素　　　D. 血红素　　　E. 胆绿素

【B 型题】
   A. 肝糖原的分解作用　　　　　　　　　B. 肝糖原的合成作用
   C. 维持血糖浓度的恒定　　　　　　　　D. 将糖转变为脂肪
   E. 合成胆汁酸

1. 肝对糖代谢最主要的作用是

2. 饭后肝对糖代谢的主要作用是

3. 肝对胆固醇的代谢作用是

4. 糖在肝内分解代谢的主要去向是
   A. 葡萄糖醛酸转移酶　　　B. 加单氧酶　　　　　　　C. 水解酶
   D. 单胺氧化酶　　　　　　E. 醇脱氢酶

5. 生物转化中参与乙醇代谢的主要酶是

6. 生物转化中参与结合反应的主要酶是

7. 生物转化中参与阿司匹林转化的酶是

8. 参与多种物质羟化反应的酶是
   A. 胆色素　　　B. 胆汁酸　　　C. 胆固醇　　　D. 磷脂　　　E. 甲胎蛋白

9. 铁卟啉化合物分解代谢的产物是

10. 胆固醇在肝转化的主要产物是

11. 胎儿血中长存的物质但在出生后就消失的是

12. 当与胆汁酸比例失调时易沉积形成胆结石的是
   A. 鹅脱氧胆酸　　　　　　B. 甘氨脱氧胆酸　　　　　C. 脱氧胆酸
   D. 石胆酸　　　　　　　　E. 甘氨鹅脱氧胆酸

13. 不能与甘氨酸或牛磺酸结合的胆汁酸是

14. 大部分不被重吸收而随粪便排出体外的胆汁酸是

15. 初级胆酸和次级胆酸同时都存在的形式是

16. 具有溶解胆结石作用的是
   A. 尿素　　　B. 胆红素　　　C. 胆绿素　　　D. 胆素　　　E. 胆汁酸

17. 促进胆固醇排泄的物质是

18. 是尿和粪颜色来源的物质是

19. 血红素在血红加氧酶的催化下生成的物质是

20. 氨在肝转化的产物是

21. 胆绿素在胞质中迅速被还原的产物是
   A. 白蛋白　　　B. 球蛋白　　　C. 血红蛋白　　　D. 甲胎蛋白　　　E. γ-球蛋白

22. 婴儿出生后消失,但当肝癌变血中又重新出现的物质是

23. 在血中运输胆红素的是

24. 肝硬化时代偿性升高,而引起白/球比倒置的是

25. 其代谢是胆红素主要来源的是

    A. 7α-羟化酶   B. 卵磷脂胆固醇脂酰基转移酶

    C. 单胺氧化酶系   D. 乙酰基转移酶

    E. 硝基还原酶

26. 催化氯霉素转化而失活的酶是

27. 催化磺胺类药物代谢的酶是

28. 胆固醇转化为胆汁酸的限速酶是

29. 肝合成分泌到血浆中使胆固醇成酯的是

    A. 血中结合胆红素升高为主

    B. 血中未结合胆红素升高为主

    C. 血中结合胆红素和未结合胆红素均升高

    D. 血中结合胆红素和未结合胆红素均降低

    E. 血中总胆红素达 $30\mu mol/L$

30. 溶血性黄疸是

31. 肝细胞性黄疸的是

32. 阻塞性黄疸的是

33. 非显性黄疸的是

【C 型题】

    A. 葡糖醛酸   B. 胆汁酸   C. 两者均有   D. 两者均无

1. 与胆红素代谢有关的是

2. 与胆固醇降解有关的是

3. 其含量与肝功能无关的是

4. 与肝生物转化有关的是

    A. 珠蛋白   B. 血红蛋白   C. 两者均是   D. 两者均不是

5. 具有运输 O_2 功能的是

6. 与血红素生成过程有关的是

7. 与胆红素生成有关的是

8. 与胆汁酸生成有关的是

    A. 脱氧胆酸   B. 石胆酸   C. 两者均是   D. 两者均不是

9. 初级胆汁酸是

10. 次级胆汁酸是

11. 能被肠道重吸收的是

12. 与胆固醇降解有关的是

    A. 第一相反应   B. 第二相反应

    C. 两者均是   D. 两者均不是

13. 肝生物转化的氧化、还原、水解反应属于

14. 磺胺类药物在肝的乙酰化反应属于

15. 葡萄糖的无氧酵解属于

16. 雌酮类激素在肝转化为雌酮硫酸酯的过程属于

    A. 结合胆红素   B. 游离胆红素   C. 两者均有   D. 两者均无

17. 正常尿中可检出的是

18. 与血浆白蛋白结合的是

19. 与 UDPGA 发生反应后的是

20. 肝细胞性黄疸患者血中将出现

【X 型题】

1. 肝调节血糖的作用是通过

    A. 糖原合成作用   B. 糖原分解作用   C. 糖异生作用

    D. 糖酵解作用   E. 糖的有氧氧化

2. 肝在脂肪代谢中的作用

    A. 生成酮体   B. 利用酮体

    C. 合成脂蛋白、胆固醇及磷脂   D. 分泌脂肪酶进入胆道帮助脂肪消化

    E. 分泌胆汁酸乳化脂类

3. 肝在蛋白质代谢中的作用主要表现为

    A. 能合成和分泌除 γ 球蛋白外的几乎所有血浆蛋白

    B. 转化和分解支链氨基酸

    C. 合成尿素以解氨毒

    D. 肝具有较强的蛋白质储备能力

    E. 合成白蛋白

4. 未结合胆红素在血中增加的原因可能是

    A. 脾功能亢进   B. 新生儿黄疸

    C. 血型不合的输血   D. 缺乏 UDP 葡萄糖醛酸转移酶

    E. 胆道阻塞

5. 阻塞性黄疸(胆道完全梗阻)时

    A. 尿中有胆红素,而尿胆素原及尿胆素消失

    B. 血清未结合胆红素增加

    C. 血清结合胆红素增多

    D. 粪便呈棕黄色

    E. 粪便呈陶土色

6. 在肝中降解灭活的激素有

    A. 胰岛素   B. 肾上腺皮质激素   C. 肾上腺素

    D. 性激素   E. 去甲肾上腺素

7. 下列关于血红素分解代谢的叙述哪些是正确的

    A. 离丙酸基侧链最远的次甲基桥断裂   B. 铁脱下后大多数从尿中排出

    C. NADPH 是还原剂   D. 胆绿素氧化成胆红素

    E. 胆绿素还原成胆红素

8. 排泄到肠道的胆红素经细菌还原成无色化合物包括

    A. 中胆素原   B. 中胆红素   C. 粪(尿)胆素原

D. 粪胆素　　　　　　　　　E. 尿胆素

9. 肝硬化黄疸患者,可能出现的检验结果是

    A. 血清总胆红素增加　　　B. 尿胆红素阳性　　　　　C. 尿胆原增加

    D. 粪胆原增加　　　　　　E. 粪胆素减少

10. 肝生物转化作用的特点

    A. 连续性　　　　　　　　B. 多样性　　　　　　　　C. 解毒和致毒双重性

    D. 复杂性　　　　　　　　E. 综合性

11. 肝对脂代谢的主要作用是

    A. 合成 VLDL 及 HDL　　B. 合成磷脂　　　　　　　C. 合成酮体

    D. 氧化酮体　　　　　　　E. 将胆固醇转化为胆汁酸

12. 慢性肝功能不全时,患者可能出现

    A. 白蛋白降低,球蛋白升高　　　　　B. 胆固醇酯/胆固醇比值下降

    C. 血中芳香族氨基酸升高　　　　　　D. 凝血因子 II 降低

    E. 凝血功能障碍

13. 肝在维生素代谢中的作用是

    A. 促进水溶性及脂溶性维生素吸收　　B. 储存维生素 A、D、K

    C. 储存维生素 C、B_6　　　　　　　D. 维生素 D_3 的活化

    E. 使泛酸转变为辅酶 A

14. 体内通常用来结合游离胆汁酸的化合物包括

    A. 甘氨酸　　　　　　　　B. 葡萄糖醛酸　　　　　　C. 牛磺酸

    D. 硫酸　　　　　　　　　E. 乙酰辅酶 A

15. 肝细胞性黄疸时,实验室检查可能见到

    A. 血清结合胆红素升高　　　　　　　B. 血清未结合胆红素升高

    C. 尿中尿胆素原升高　　　　　　　　D. 尿中出现胆红素

    E. 血清 Van den Bergh 试验呈双相反应

16. 肝性昏迷时患者的血液生化改变为

    A. 芳香族氨基酸含量升高　　　　　　B. 支链氨基酸含量升高

    C. NH_3 升高　　　　　　　　　　　D. 多巴胺升高

    E. 血中出现假性神经递质

17. 肝在蛋白质和氨基酸代谢中的作用主要有

    A. 合成血浆蛋白　　　　　B. 合成抗体蛋白　　　　　C. 合成尿素

    D. 水解尿素　　　　　　　E. 生成铵盐

18. 肝生物转化使体内的非营养物质改变主要是

    A. 彻底氧化供能　　　　　　　　　　B. 增强极性及水溶性以利从肾排出

    C. 转化成建造细胞的原料　　　　　　D. 使生物活性改变

    E. 起解毒或增毒的作用

19. 甲状腺激素对胆固醇代谢的调节作用是

    A. 促进乙酰-CoA 合成胆固醇　　　　B. 降低血胆固醇

    C. 促进胆固醇转变为胆汁酸　　　　　D. 胆固醇转变为肾上腺皮质激素

    E. 升高血胆固醇

20. 肝硬化时的机体代谢改变为
    A. 低白蛋白血症   B. 部分患者有轻度黄疸
    C. 脂蛋白电泳谱异常   D. 凝血功能障碍
    E. 血清蛋白检测 A/G 比值下降

（二）名词解释

1. 生物转化

2. 胆色素

3. 初级胆汁酸

4. 次级胆汁酸

5. 未结合胆红素

6. 结合胆红素

7. 胆素原

8. 胆素

9. 激素灭活

10. 胆色素的肠肝循环

11. 黄疸

12. 胆汁酸的肠肝循环

（三）填空题

1. 肝在糖代谢中的主要作用是_____。

2. 肝细胞除合成自身蛋白以外,还合成血浆中的_____、_____、_____及_____。

3. 肝有_____及_____双重血液供应。

4. β-胡萝卜素在_____转化为维生素 A,维生素 D_3 在肝可转化为_____。

5. 生物转化的第一相反应主要包括_____、_____和_____反应。

6. 生物转化的特点有_____、_____和_____。

7. 初级游离胆汁酸包括_____和_____。

8. 胆色素包括_____、_____、_____和_____。

9. 血中胆红素分为_____和_____两种。

10. 胆红素的生成部位为_____。

11. 肝对胆红素代谢的表现为_____、_____和_____。

12. 肝有_____及_____两条输出通路。

13. 在肝含量最丰富的维生素是_____,与人体的_____有关。

14. 次级游离胆汁酸包括_____和_____。

15. 肝维持血糖浓度恒定主要是通过_____、_____和_____来实现。

16. 生物转化的第二相反应是指_____反应。

17. 胆红素在肝与葡萄糖醛酸结合的产物有_____和_____。

18. 次级胆汁酸包括_____、_____和_____。

19. 在肠道中胆汁酸转变为次级胆汁酸是通过_____和_____。

20. 生物转化的氧化反应中主要有_____酶系、_____酶系和_____酶系参与。

21. 参与结合胆汁酸形成的氨基酸主要有_____和_____。

22. 凡含有_____基、_____基或_____基的药物、毒物或激素均可与葡萄糖醛酸、硫酸、乙酰基、甲基等发生结合反应。

23. 初级结合胆汁酸包括_____、_____、_____、_____。

24. 在体内经代谢转化能生成胆红素的化合物_____、_____、_____、_____、_____。

25. 胆固醇在_____转变为胆汁酸,其生成胆汁酸的限速酶是_____。

26. 影响生物转化作用的主要因素有_____、_____、_____和_____等。

27. 还原反应中主要有_____酶和_____酶参与作用。

28. 激素在肝内被分解转化,从而降低或丧失其活性的过程称为激素_____。

29. 肝细胞能迅速从血液中摄取胆红素是依据_____、_____两种配体蛋白。

30. 临床常根据黄疸发病的原因不同将其分为_____、_____、_____。

(四) 问答题

1. 请述说肝对胆红素的主要代谢过程。

2. 请简要述说胆色素的基本代谢过程。

3. 简单的说出胆汁酸的生理功能有哪些。

4. 请简述影响生物转化的因素有哪些。

5. 说出未结合胆红素和结合胆红素的区别是什么。

6. 列表区分溶血性、肝细胞性及阻塞性黄疸。

7. 胆红素在何处生成? 在血中以什么形式运输?

8. 生物转化的生理意义有哪些?

9. 何谓胆汁酸的肠肝循环、其生理意义是什么?

10. 比较胆汁酸肠肝循环与胆色素肠肝循环的异同点。

四、参考答案

(一)选择题

【A 型题】

1. C	2. C	3. D	4. B	5. A	6. C	7. A	8. D	9. A	10. C
11. B	12. B	13. B	14. B	15. A	16. A	17. B	18. B	19. B	20. C
21. C	22. D	23. A	24. B	25. E	26. A	27. C	28. A	29. C	30. C
31. E	32. A	33. B	34. E	35. C	36. B	37. B	38. A	39. D	40. A
41. B	42. E	43. D	44. B	45. E	46. A	47. B	48. A		

【B 型题】

1. C	2. B	3. E	4. D	5. E	6. A	7. C	8. B	9. A	10. B
11. E	12. C	13. D	14. D	15. E	16. A	17. E	18. D	19. C	20. A
21. B	22. D	23. A	24. E	25. C	26. E	27. D	28. A	29. B	30. B
31. C	32. A	33. E							

【C 型题】

1. A	2. B	3. D	4. A	5. B	6. B	7. B	8. D	9. D	10. C
11. C	12. C	13. A	14. B	15. D	16. B	17. D	18. B	19. A	20. C

【X 型题】

1. ABC	2. ACE	3. ACE	4. ABC	5. ACE	6. ABD	7. ACE
8. AC	9. AB	10. ABC	11. ABCE	12. ABCDE	13. BD	14. AC
15. ABCDE	16. ACE	17. AC	18. BDE	19. ABC	20. ABCDE	

（二）名词解释

1. 生物转化是各种非营养物质在体内经过代谢转变,增加其极性或改变活性,利于随胆汁或尿液排出体外的过程。

2. 胆色素是体内含铁卟啉化合物的主要分解代谢产物,包括胆绿素、胆红素、胆素原和胆素等。

3. 初级胆汁酸是肝细胞以胆固醇为原料,经一系列酶促反应而合成的胆汁酸;包括胆酸、鹅脱氧胆酸及其与甘氨酸和牛磺酸的结合产物。

4. 次级胆汁酸是初级胆汁酸在肠道中受细菌作用而生成的胆汁酸;包括脱氧胆酸、石胆酸及其与甘氨酸和牛磺酸的结合产物。

5. 在单核-吞噬细胞系统中,由血红蛋白分解产生的胆红素,进入血浆与白蛋白结合而运输的形式,称为未结合胆红素。

6. 未结合胆红素在肝细胞内质网与葡萄糖醛酸结合的葡萄糖醛酸胆红素酯,称为结合胆红素。

7. 胆素原是指进入肠道的胆红素,受肠菌酶作用脱去葡萄糖醛酸基,被逐步还原而成的一类无色的化合物。有中胆素原、尿胆素原和粪胆素原。

8. 胆素原随粪尿排出体外受空气的氧化作用,而生成的黄色物质称为胆素。

9. 激素降解或失去活性的代谢过程,称为激素的灭活。

10. 进入肠道的胆色素中 10%～20% 被肠道重吸收经门静脉入肝,其中大部分又以原形排入肠道的过程,称为胆色素的肠肝循环。

11. 血清胆红素升高扩散入组织,使组织黏膜黄染的现象,称为黄疸。

12. 肝分泌到肠道的各种胆汁酸的 95% 被肠壁重吸收经门静脉入肝,再与新合成的结合型胆汁酸一起再排入肠道的过程,称为胆汁酸的肠肝循环。

（三）填空题

1. 维持血糖浓度的相对恒定

2. 白蛋白;球蛋白;纤维蛋白原;凝血酶原

3. 肝动脉;门静脉

4. 肝;25-OH-D$_3$

5. 氧化;还原;水解

6. 连续性;多样性;解毒与致毒的两重性

7. 胆酸;鹅脱氧胆酸

8. 胆绿素;胆红素;胆素原;胆素

9. 未结合胆红素;结合胆红素

10. 单核-吞噬细胞系统

11. 摄取;结合转化;排泄

12. 肝静脉;胆道

13. A;视觉

14. 脱氧胆酸;石胆酸

15. 糖原合成;糖原分解;糖异生作用

16. 结合

17. 胆红素葡萄糖醛酸双酯;胆红素葡萄糖醛酸单酯

18. 脱氧胆酸;石胆酸;甘氨鹅脱氧胆酸;牛磺鹅脱氧胆酸

19. 水解反应;脱羟反应

20. 加单氧酶系;单胺氧化酶系;脱氢酶系

21. 甘氨酸;牛磺酸

22. 羟;羧;氨

23. 甘氨胆酸;牛磺胆酸;甘氨鹅脱氧胆酸;牛磺鹅脱氧胆酸

24. 血红蛋白;肌红蛋白;过氧化物酶;过氧化氢酶;细胞色素酶系

25. 肝;7α-羟化酶

26. 年龄;性别;诱导物;抑制物;肝疾病

27. 硝基还原酶;偶氮还原酶

28. 灭活

29. Y 蛋白;Z 蛋白

30. 溶血性黄疸;肝细胞性黄疸;阻塞性黄疸

(四)问答题

1. 胆红素在肝的代谢主要表现 3 个方面

(1)肝细胞对游离胆红素的摄取:肝细胞通过 Y 蛋白和 Z 蛋白将游离胆红素迅速摄入肝内,带至内质网进行结合和转化。

(2)肝细胞对胆红素的结合和转化:在内质网葡萄糖醛酸转移酶的催化下,胆红素与葡萄糖醛酸结合为葡萄糖醛酸胆红素,也称为结合胆红素。

(3)肝对胆红素的排泄:结合胆红素被肝细胞分泌入胆管系统,随胆汁排入肠道。

2. (1)在单核-吞噬细胞内生成胆红素。

(2)在血液胆红素与白蛋白结合而运输。

(3)肝细胞对游离胆红素进行摄取、结合转化形成结合胆红素而随胆汁排泄入肠道。

(4)在肠道细菌作用下水解、还原而生成无色的胆素原。胆素原大部分随粪便排出形成粪胆素;小部分胆素原重吸收入肝,其中的大部分又以原形排入肠道,小部分进入体循环经肾由尿液排出,即尿胆素原,经空气氧化形成尿胆素。

3. 胆汁酸的主要功能是帮助脂类的消化吸收和促进胆固醇溶解排泄。

4. 影响生物转化的因素有年龄、性别、诱导物和肝疾病等。

5. 两种胆红素的区别见表 17-3。

表 17-3 两种胆红素的区别

	未结合胆红素	结合胆红素
与葡萄糖醛酸结合	未结合	结合
水中溶解度	小	大
脑细胞毒性	大	无
经肾随尿排出	不能	能

6. 3 种类型黄疸血、尿、粪的改变见表 17-4。

表 17-4　3 种类型黄疸血、尿、粪的改变

指标	溶血性黄疸	肝细胞性黄疸	阻塞性黄疸
血清胆红素			
结合胆红素	不变/微增	↑	↑↑
未结合胆红素	↑↑	↑	不变/微增
尿三胆			
尿胆红素	–	++	++
尿胆素原或尿胆素	–	++	++
粪便颜色	加深	变浅/或正常	变浅/陶土色

7. 胆红素在肝、脾及骨髓的单核-吞噬细胞系统生成,在血中主要与白蛋白结合成白蛋白-胆红素而运输。

8. 生物转化的生理意义在于使体内的非营养物质的生物学活性降低或消失(灭活)、毒物的毒性或药物的药理作用被改变;更重要的是使非营养物质极性增强易随尿或胆汁排出。但有些非营养物质经肝生物转化后其毒性反而增强。即解毒与致毒的双重性。

9. 随胆汁流入肠腔的初级胆汁酸在协助脂类物质消化吸收后,在肠道受细菌作用生成次级胆汁酸。如肠道的胆汁酸约有 95% 被肠壁重吸收由门静脉入肝,再与新合成的结合型胆汁酸一起又排入肠道。此乃为"胆汁酸的肠肝循环"。胆汁酸肠肝循环的生理意义在于使有限的胆汁酸重复利用,使有限的胆汁酸池发挥最大限度的乳化作用,以补充肝合成胆汁酸能力的不足和满足机体对胆汁酸的生理需求。

10. 首先相同点是:二者都是指代谢物在肠道与肝之间的循环过程。不同点是:由肝分泌到肠道的各种胆汁酸约有 95% 被肠壁重吸收由门静脉进入肝,再与新合成的结合型胆汁酸一起再排入肠道,形成胆汁酸的肠肝循环。而进入肠道的胆色素只有 10% ~20% 被肠道重吸收经门静脉入肝,其中大部分又以原形排入肠道形成胆素原的肠肝循环,而小部分则进入体循环从尿中排出。更主要的是胆汁酸的肠肝循环具有重要的生理意义,使有限的胆汁酸重复利用,使有限的胆汁酸池发挥最大限度的乳化作用,以补充肝合成胆汁酸能力的不足和满足机体对胆汁酸的生理需求。而胆素原的肠肝循环则毫无意义。

（尹永英）

第十八章

水、电解质代谢与酸碱平衡

一、内容要点

水是人体内含量最多、最重要的无机物,具有很多独特的理化性质,是维持人体正常代谢活动的必需物质之一。机体中一部分水与蛋白质、多糖等物质结合,以结合水的形式存在,另一部分水以游离状态存在,称为自由水。

水的生理功能主要为调节体温,促进并参与物质代谢,运输作用,润滑作用,保持细胞、组织、器官的形态、硬度和弹性(结合水)。

正常成人每日需水量约为2500ml,其来源主要有饮水、食物水及代谢水。水的排出主要有肺排水、皮肤排水(非显性出汗和显性出汗)、消化道排水、肾排水。正常成人每日水的进出量大致相等,故2500ml称为正常需水量。在排出的水中,人体每日必需经肺、皮肤、消化道和肾(按每天最低尿量500ml计)排出水约1500ml,除300ml代谢水外,成人每日至少应从外界摄取1200ml水,才能维持最基本的水平衡,因此1200ml称为最低需水量。

体液中电解质的生理功能主要包括:①维持体液渗透压和酸碱平衡;②维持神经、肌肉的兴奋性;③参与物质代谢;④构成组织细胞成分。

神经肌肉的兴奋性及心肌兴奋性与各种电解质之间的关系如下:

$$神经肌肉兴奋性 \propto \frac{[Na^+] + [K^+]}{[Ca^{2+}] + [Mg^{2+}] + [H^+]}$$

$$心肌兴奋性 \propto \frac{[Na^+] + [Ca^{2+}]}{[K^+] + [Mg^{2+}] + [H^+]}$$

钙和磷是人体含量最多的无机元素,99%以上的钙和85%以上的磷以羟磷灰石$[3Ca_3(PO_4)_2Ca(OH)_2]$的形式参与构成骨盐,存在于骨及牙齿中。维生素D是促进钙吸收的最重要因素。成人每日进出体内的钙量大致相等,多吃多排,少吃少排,维持动态平衡。正常情况下,$[Ca] \times [P] = 35 \sim 40$。

凡含量占人体总重量的万分之一以下,每日需要量在100mg以下的元素均称为微量元素。目前公认的人体必需微量元素主要有铁、硅、氟、锌、铜、锡、碘、锰、钼、硒、钴、镍、铬、钒等,仅占人体总重量的0.05%左右。微量元素主要来自食物,其作用包括:①参与构成酶的活性中心或辅酶;②参与体内物质的运输;③参与激素和维生素的合成。

机体在生命活动过程中不断地从食物中摄取酸性物质和碱性物质,同时自身又不断地产生酸碱物质。机体通过一系列的调节作用,最后将多余的酸性或碱性物质排出体外,使体液pH维持在相对恒定的范围内,这一过程称为酸碱平衡,因此正常人血浆的pH总是维持在7.35~7.45之间。

体液 pH 的相对恒定,主要取决于三方面的调节作用:①体液的缓冲作用。其中血液缓冲体系包括血浆的缓冲体系和红细胞的缓冲体系。血浆缓冲体系中以碳酸氢盐缓冲体系最为重要,主要缓冲固定酸;红细胞缓冲体系中以血红蛋白及氧合血红蛋白缓冲体系最为重要,主要缓冲挥发性酸。②肺主要以呼出 CO_2 的方式来调节血浆中 H_2CO_3 的浓度。③肾对酸碱平衡的调节作用,主要是通过调节血浆中的[$NaHCO_3$],以维持血浆 pH 的恒定。这三方面的作用相互协调,相互制约,共同维持体液 pH 的相对恒定。机体内外环境的剧烈变化或某些疾病,常可导致水、电解质及酸碱平衡失调,影响全身组织、器官的功能,如不及时纠正,可引起严重后果,甚至危及生命。

二、重点和难点解析

(一)体液电解质的分布有如下特点

1. 体液电解质的含量若以毫克当量/升(mEq/L)表示,细胞外液和细胞内液阴、阳离子总量相等而呈电中性。

2. 细胞内、外液中各种电解质含量的差异很大。细胞外液的阳离子主要为 Na^+,阴离子主要为 Cl^- 和 HCO_3^-;细胞内液的阳离子主要为 K^+,阴离子主要为 HPO_4^{2-} 和蛋白质负离子。Na^+、K^+ 在细胞膜内、外分布的显著差异是由于细胞膜上存在的 Na^+,K^+-ATP 酶对二者在细胞内外的分布进行调节所致。

3. 细胞内液的电解质总量比细胞外液高,但细胞内液与细胞外液的渗透压却基本相等,这是因为细胞内液中含大分子蛋白质和二价离子较多,而这些电解质产生的渗透压较小。

4. 血浆与组织间液的电解质组成及含量较接近,但血浆中蛋白质的含量远远大于组织间液,这种差异有利于血浆与组织间液之间进行水的交换。此外,因血浆标本较易采取,故临床上常通过测定血浆中电解质含量来推测整个细胞外液的电解质含量。

(二)钙磷代谢的调节

1. $1,25$-$(OH)_2$-D_3　可促进 Ca^{2+} 的吸收和转运;$1,25$-$(OH)_2$-D_3 在促进 Ca^{2+} 吸收的同时增加磷的吸收。既可加速间叶细胞形成新的破骨细胞,又可增强破骨细胞的活性,从而促进骨的吸收,动员骨质中的钙磷释放入血。直接促进肾近曲小管对钙磷的重吸收,降低尿钙和尿磷浓度。

2. 甲状旁腺激素(PTH)　PTH 能使间叶细胞转化为破骨细胞,增加破骨细胞数量,并能增强破骨细胞活性;PTH 可促进肾远曲小管对钙的重吸收,PTH 可抑制肾近曲小管对 HPO_4^{2-} 的重吸收,因此尿磷增加,血磷降低;PTH 还可激活肾中的 α_1-羟化酶促进维生素 D_3 的活化。因此,PTH 具有升高血钙、降低血磷的作用,促进了溶骨和脱钙。

3. 降钙素(CT)　CT 可促进骨组织中骨盐的沉积,抑制骨盐溶解,减少骨组织中钙、磷的释放;抑制肾近曲小管对钙、磷的重吸收,增加尿钙及尿磷排出;抑制肾 α_1-羟化酶的活性,使 25-(OH)-D_3 不能转变为 $1,25$-$(OH)_2$-D_3,从而间接抑制肠道对钙、磷的吸收。因此,CT 的作用为降低血钙和血磷浓度。

(三)血液的缓冲作用

在体液的多种缓冲体系中,以血液缓冲体系最为重要。

血液的缓冲体系:

(1)血浆的缓冲体系有:

$$\frac{NaHCO_3}{H_2CO_3}, \quad \frac{Na_2HPO_4}{NaH_2PO_4}, \quad \frac{Na\text{-}Pr}{H\text{-}Pr}$$

$$(Pr:血浆蛋白)$$

（2）红细胞的缓冲体系有：

$$\frac{KHCO_3}{H_2CO_3}, \quad \frac{K_2HPO_4}{KH_2PO_4}, \quad \frac{K\text{-}Hb}{H\text{-}Hb}, \quad \frac{K\text{-}HbO_2}{H\text{-}HbO_2}, \quad \frac{有机磷酸钾盐}{有机磷酸}$$

$$(Hb:血红蛋白 \qquad HbO_2:氧合血红蛋白)$$

在血浆缓冲体系中以碳酸氢盐缓冲体系最为重要,在红细胞缓冲体系中以血红蛋白及氧合血红蛋白缓冲体系最为重要。血浆 $NaHCO_3/H_2CO_3$ 缓冲体系不仅缓冲能力强,而且该系统可进行开放式调节:其 H_2CO_3 浓度,可通过体液中物理溶解的 CO_2 取得平衡而受肺的呼吸调节;而 $NaHCO_3$ 浓度则可通过肾的调节作用维持相对恒定。

血浆 pH 主要取决于血浆中 $[NaHCO_3]$ 与 $[H_2CO_3]$ 的比值。在正常情况下,血浆 $[NaHCO_3]$ 约为 24mmol/L, $[H_2CO_3]$ 约为 1.2mmol/L,两者比值为 $24/1.2 = 20/1$。血浆 pH 可通过亨德森-哈塞巴(Henderson-hassalbach)方程式求得:

$$pH = pKa + lg\frac{[NaHCO_3]}{[H_2CO_3]}$$

其中 pKa 是 H_2CO_3 解离常数的负对数,温度在37℃时为 6.1。将数值代入上式:

$$pH = 6.1 + lg\frac{20}{1} = 6.1 + 1.3 = 7.4$$

（四）肾对酸碱平衡的调节作用

肾对酸碱平衡的调节主要是通过调节血浆中的 $[NaHCO_3]$,以维持血浆 pH 的恒定。当血浆中 $[NaHCO_3]$ 下降时,肾对酸的排泄及对 $NaHCO_3$ 的重吸收作用加强,以恢复血浆中 $NaHCO_3$ 的正常浓度;当血浆中 $[NaHCO_3]$ 升高时,肾减少对 $NaHCO_3$ 的重吸收并排出过多的碱性物质,使血浆中 $[NaHCO_3]$ 仍维持在正常范围。可见肾对酸碱平衡的调节作用,实质上就是调节 $NaHCO_3$ 的浓度。肾的这种调节作用主要是通过肾小管细胞的泌氢、泌氨及泌钾作用,排出多余的酸性物质来实现的。

三、习题测试

（一）选择题

【A 型题】

1. 下列有关水的生理功能叙述错误的是
   A. 水可促进并参与物质代谢　　　　　B. 水是体温的良好调节剂
   C. 结合水转变成自由水后才具有功能　D. 水具有润滑作用
   E. 水具有运输作用

2. 成人每日最低需水量为
   A. 500ml　　B. 1200ml　　C. 100ml　　D. 2500ml　　E. 1000ml

3. 少尿是指每日尿量少于
   A. 100ml　　B. 200ml　　C. 300ml　　D. 400ml　　E. 500ml

4. 缺水时变动最显著以减少体液丢失的是
   A. 皮肤排汗　B. 肾排尿　　C. 皮肤蒸发　D. 粪便排出　E. 呼吸蒸发

5. 机体产生的 1g 固体代谢废物至少需要多少水才能使之溶解

    A. 1ml   B. 5ml   C. 15ml   D. 20ml   E. 50ml

6. 水可维持组织、器官的形态、硬度和弹性，主要是因为

    A. 具有溶解作用   B. 参加物质代谢   C. 起运输作用

    D. 以结合水存在   E. 起润滑作用

7. 体内的主要阳离子不包括

    A. K^+ B. Na^+ C. Mg^{2+} D. Ca^{2+} E. Fe^{2+}

8. 下列关于体液中电解质含量及分布叙述错误的是

    A. 细胞外液中的主要阴离子是 Cl^- 和 HCO_3^-

    B. 细胞内液中的主要阴离子是 HPO_4^{2-} 和蛋白质阴离子

    C. K^+ 是细胞外液中的主要阳离子

    D. K^+ 是细胞内液中的主要阳离子

    E. 以上都不是

9. 血浆中主要的阴离子是

    A. 蛋白质阴离子   B. Cl^- 和 HCO_3^- C. HPO_4^{2-}

    D. 有机酸阴离子   E. 以上都不是

10. 细胞内液中的主要离子是指

    A. K^+、HPO_4^{2-}、蛋白质阴离子   B. K^+ 和 HCO_3^-

    C. Na^+ 和 Cl^- D. Na^+ 和 HCO_3^-

    E. 以上都不是

11. 大量丢失下列哪种消化液可发生脱水和碱中毒

    A. 肠液   B. 胃液   C. 胰液   D. 胆汁   E. 唾液

12. 体内的电解质主要为

    A. 蛋白质阴离子   B. 有机酸类   C. 有机碱类

    D. 无机盐   E. 以上都不是

13. 下列哪组离子浓度增高时可增强心肌的兴奋性

    A. $[Na^+]+[Ca^{2+}]$ B. $[Na^+]+[H^+]$

    C. $[K^+]+[Mg^{2+}]+[H^+]$ D. $[Na^+]+[Mg^{2+}]+[H^+]$

    E. 以上都不是

14. 下列哪组离子浓度增高时可增强神经肌肉的兴奋性

    A. $[Na^+]+[Ca^{2+}]$ B. $[Na^+]+[K^+]$ C. $[Na^+]+[Mg^{2+}]$

    D. $[K^+]+[Ca^{2+}]$ E. 以上都不是

15. 体内含量最多的无机元素是

    A. 铁   B. 钾   C. 磷   D. 钙   E. 钠

16. 关于钙吸收的叙述错误的是

    A. 降低肠道 pH 能促进钙吸收

    B. 过多的草酸、植酸可影响钙的吸收

    C. 活性维生素 D 促进钙的吸收

    D. 碱性磷酸盐可与钙结合促进钙的吸收

    E. 以上都不是

17. 下列哪种物质不利于钙的吸收
    A. 氨基酸　　　　　　　　B. 乳酸　　　　　　　　　C. 活性维生素 D
    D. 草酸　　　　　　　　　E. 以上都不是

18. 钙需要量最多的人群是
    A. 婴儿　　　　　　　　　B. 儿童　　　　　　　　　C. 青少年
    D. 成人　　　　　　　　　E. 孕妇和乳母

19. 血浆中哪种离子浓度升高时可引起 Ca^{2+} 浓度升高
    A. HCO_3^-　　　　　　　B. HPO_4^{2-}　　　　　　C. H^+
    D. $H_2PO_4^-$　　　　　　E. 以上都不是

20. 血浆中的非扩散钙是指
    A. 离子钙　　　　　　　　B. 氯化钙　　　　　　　　C. 葡萄糖酸钙
    D. 硫酸钙　　　　　　　　E. 蛋白结合钙

21. 若以 mg/dl 表示,正常成人血浆中 $[Ca] \times [P]$ 的乘积为
    A. 5~10　　　B. 15~20　　　C. 25~30　　　D. 35~40　　　E. 45~50

22. 钙离子对神经肌肉兴奋性及心肌兴奋性的作用是
    A. 引起神经肌肉兴奋性↑,心肌兴奋性↑
    B. 引起神经肌肉兴奋性↓,心肌兴奋性↓
    C. 引起神经肌肉兴奋性↓,心肌兴奋性↑
    D. 引起神经肌肉兴奋性↑,心肌兴奋性↓
    E. 以上都不是

23. 关于钙的功能叙述错误的是
    A. 构成骨骼、牙齿的主要成分　　　　B. 参与血液凝固过程
    C. 增强心肌兴奋性　　　　　　　　　D. 增强神经、肌肉兴奋性
    E. 参与信号转导

24. 引起手足抽搐的原因是血浆中
    A. 结合钙浓度↑　　　　　　B. 结合钙浓度↓　　　　　　C. 离子钙浓度↑
    D. 离子钙浓度↓　　　　　　E. 血钙↓

25. 下列磷的功能哪项是错误的
    A. 参与核苷酸的合成　　　　B. 参与酸碱平衡的调节　　　C. 细胞膜的组成成分
    D. 参与物质代谢的调节　　　E. 以上都不是

26. 关于 $1,25-(OH)_2-D_3$ 的叙述哪项是错误的
    A. 促进钙的吸收和转运　　　　　　　B. 促进骨骼的生长和钙化
    C. 是由维生素 D_3 经肾直接羟化而成　　D. 间接促进 Ca^{2+}-ATP 酶的合成
    E. 是由维生素 D_3 经肝及肾的羟化而成

27. 活性维生素 D 是指
    A. $1,25-(OH)_2-D_3$　　　　B. $1,24-(OH)_2-D_3$　　　　C. $25-(OH)-D_3$
    D. $1-(OH)-D_3$　　　　　　　E. $1,24,25-(OH)_3-D_3$

28. 血磷浓度最高的人群是
    A. 新生儿　　　　　　　　B. 婴幼儿　　　　　　　　C. 青少年
    D. 成年人　　　　　　　　E. 老人

29. 调节 PTH 合成和分泌的主要因素是
    A. 血磷浓度　　　　　　　　B. 血钠浓度　　　　　　　　C. 血钾浓度
    D. 血钙浓度　　　　　　　　E. 以上都不是

30. 下列有关 PTH 的功能不包括哪项
    A. 升高血钙　　　　　　　　B. 降低血磷　　　　　　　　C. 促进溶骨作用
    D. 促进骨骼脱钙　　　　　　E. 升高血磷

31. 下述 PTH 的功能哪项是错误的
    A. 抑制骨基质的分解和吸收　　　　　　B. 抑制破骨细胞转化为骨细胞
    C. 促进肾远曲小管对钙的重吸收　　　　D. 抑制肾近曲小管对 HPO_4^{2-} 的重吸收
    E. 以上都不是

32. 导致佝偻病的原因不包括
    A. PTH 分泌减少　　　　　　B. 严重肝病　　　　　　　　C. 严重肾病
    D. 日照不足　　　　　　　　E. 维生素 D 摄入不足

33. PTH 对钙磷代谢的影响为
    A. 引起血钙↑,血磷↑　　　　B. 引起血钙↑,血磷↓　　　　C. 引起血钙↓,血磷↑
    D. 引起尿钙↓,尿磷↓　　　　E. 引起尿钙↑,尿磷↑

34. 既能升高血钙、又能升高血磷的激素是
    A. 降钙素　　　　　　　　　B. 醛固酮　　　　　　　　　C. 甲状腺素
    D. 甲状旁腺素　　　　　　　E. 1,25-(OH)$_2$-D$_3$

35. 有关 CT 对钙、磷代谢叙述正确的是
    A. 引起血钙↑,血磷↑　　　　B. 引起血钙↓,血磷↓　　　　C. 引起血钙↓,血磷↑
    D. 引起尿钙↓,尿磷↓　　　　E. 引起尿钙↑,尿磷↓

36. 下列哪种因素与钙磷的调节无直接关系
    A. PTH　　　　　　　　　　B. CT　　　　　　　　　　　C. 活性维生素 D$_3$
    D. 甲状腺素　　　　　　　　E. 以上都不是

37. 微量元素是指每人每日该元素量的需要量低于
    A. 100ng　　　　B. 100μg　　　　C. 1mg　　　　D. 10mg　　　　E. 100mg

38. 均为人体必需微量元素的是
    A. 铁、磷、铜　　　　　　　B. 氟、硒、铅　　　　　　　C. 镍、铜、钾
    D. 铁、硒、碘　　　　　　　E. 铬、钙、锰

39. 宏量元素不包括
    A. 钙　　　　　B. 铁　　　　　C. 镁　　　　　D. 硫　　　　　E. 氯

40. 微量元素的作用不包括
    A. 为机体提供能量　　　　　B. 参与物质运输　　　　　　C. 参与激素合成
    D. 参与维生素合成　　　　　E. 构成酶的活性中心或辅酶

41. 妊娠妇女每天约需铁为
    A. 0.5mg　　　　B. 1mg　　　　C. 1.5mg　　　　D. 2mg　　　　E. 2.5mg

42. 关于铁的吸收的叙述正确的是
    A. 主要吸收部位为十二指肠　　　　　　B. 主要吸收部位为空肠上段
    C. 青春期妇女每天约需 1mg 铁　　　　　D. Fe^{2+} 比 Fe^{3+} 易吸收

E. 维生素 C 可促进铁的吸收

43. 关于铁的排泄叙述正确的是
    A. 主要经肾排出
    B. 主要经皮肤排出
    C. 生育期女性排铁量多于男性
    D. 铁的摄入量大于排出量
    E. 消化道排铁量较少

44. 催化血浆 Fe^{2+} 氧化为 Fe^{3+} 的酶是
    A. 运铁蛋白
    B. 血红蛋白
    C. 肌红蛋白
    D. 铜蓝蛋白
    E. 细胞色素 C

45. 下列关于锌的叙述错误的是
    A. 人体内含锌约 1.5~2.5g
    B. 血清锌浓度约为 0.1~0.15mmol/L
    C. 食物锌的吸收率大于 50%
    D. 可参与形成各种含锌酶类
    E. 可参与基因表达调控

46. 关于铜的功能的叙述错误的是
    A. 作为电子传递体参与生物氧化过程
    B. 主要随尿液排出体外
    C. 缺乏可引起缺铁性贫血
    D. 参与 SOD 的作用
    E. 为维生素 C 氧化酶活性中心的必需组分

47. 下列有关碘的叙述错误的是
    A. 碘的主要作用是参与甲状腺激素的合成
    B. 碘具有抗氧化的功能
    C. 成人缺碘可引起地方性甲状腺肿
    D. 其中约 30% 集中于甲状腺组织
    E. 主要随粪便排出

48. 下列有关硒的叙述错误的是
    A. 低分子有机硒较易吸收
    B. 硒以硒代半胱氨酸的形式参与体内多种蛋白的构成
    C. 可促进重金属的排出
    D. 参与辅酶 A 与辅酶 Q 的合成
    E. 主要随粪便排出体外

49. 下列有关硒的吸收与运输错误的是
    A. 在血浆内主要与球蛋白结合
    B. 可与血浆 VLDL 结合
    C. 可与血浆 LDL 结合
    D. 可与血浆 HDL 结合
    E. 维生素 E 可促进硒的吸收

50. 硒的摄入量每日不应低于
    A. $10\mu g/d$ B. $20\mu g/d$ C. $30\mu g/d$ D. $40\mu g/d$ E. $50\mu g/d$

51. 下列不是酸性物质的是
    A. HCl   B. H_2SO_4 C. H_2CO_3 D. NH_4^+ E. NH_3

52. 正常人体内酸性物质的最主要的来源是
    A. 酸性食物
    B. 酸性药物
    C. 糖、脂肪及蛋白质的合成代谢
    D. 糖、脂肪及蛋白质的分解代谢
    E. 非营养物质的代谢

53. 挥发酸是指
    A. 磷酸   B. H_2SO_4 C. H_2CO_3 D. 乳酸   E. 丙酮酸

54. 血浆中缓冲固定酸主要依靠
    A. 磷酸氢二钠　　　　B. 碳酸氢钠　　　　C. 碳酸钠
    D. 蛋白质钠　　　　E. 磷酸二氢钠

55. 体液中最重要的缓冲体系是
    A. 血液缓冲体系　　　　B. 肾　　　　C. 肺
    D. 细胞内液　　　　E. 以上都不是

56. 血浆中最重要的缓冲体系是
    A. 磷酸氢二钠/磷酸二氢钠　　　B. 硫酸钠/硫酸　　　C. 碳酸氢钠/碳酸
    D. 蛋白质钠/蛋白质　　　E. 柠檬酸钠/柠檬酸

57. 在缓冲系统中具有缓冲碱的为
    A. H_2CO_3　　　　B. NaH_2PO_4　　　　C. $NaHCO_3$
    D. H-Pr　　　　E. 以上都不是

58. 正常人体内每天产生数量最多的酸是
    A. β-羟丁酸　　B. 乳酸　　C. 丙酮酸　　D. 碳酸　　E. 乙酰乙酸

59. 关于血液缓冲作用的正确叙述是
    A. 红细胞 pH 主要取决于 $[NaHCO_3]$ 与 $[H_2CO_3]$ 的比值
    B. 血液的缓冲作用和肺、肾对酸碱平衡的调节不相关
    C. 固定酸主要由红细胞血红蛋白缓冲体系缓冲
    D. 正常情况下血液的 pH 为 7.4
    E. 以上都不是

60. 体内代谢产生的各种酸能由肺排出的是
    A. 丙酮酸　　B. H_2CO_3　　C. H_2SO_4　　D. β-羟丁酸　　E. 乙酰乙酸

61. 关于肺在酸碱平衡中的作用叙述不正确的是
    A. 排出 CO_2 是肺的重要功能
    B. 主要调节挥发酸的浓度
    C. 主要调节固定酸的浓度
    D. 当 PCO_2 下降时,呼吸中枢受抑制,肺通气量下降
    E. 肺呼出 CO_2 受呼吸中枢的调节

62. 肾对酸碱平衡的调节主要是
    A. 调节血浆中的 $[NaHCO_3]$　　　　B. 调节血浆中的 $[H_2CO_3]$
    C. 调节血浆中的 $[H_2SO_4]$　　　　D. 调节血浆中的 $[NaH_2PO_4]$
    E. 调节血浆中的 $[Na_2HPO_4]$

63. 对固定酸不具有缓冲作用的是
    A. $NaHCO_3$　　　　B. Na-Pr　　　　C. Na_2HPO_4
    D. H_2CO_3　　　　E. 以上都不是

64. 肾重吸收 HCO_3^- 的主要部位是
    A. 远曲小管　　B. 近曲小管　　C. 髓袢降支　　D. 髓袢升支　　E. 集合管

65. 血浆 HCO_3^- 浓度的正常值是
    A. 10～22mmol/L　　　　B. 22～28mmol/L　　　　C. 28～35mmol/L
    D. 35～42mmol/L　　　　E. 40～55mmol/L

66. 远曲小管细胞所分泌的氨主要来自
    A. 谷氨酰胺的水解　　　　　B. 尿素的水解　　　　　C. 氨基酸的脱氨基
    D. 肠道中的氨　　　　　　　E. 血液中的氨

67. 高血钾可引起
    A. 酸中毒　　　　　　　　　B. 碱中毒　　　　　　　C. 低血钠
    D. 尿液酸化增强　　　　　　E. 尿钠排出增高

68. 下列关于 pH 的描述不正确的是
    A. 正常人动脉血 pH 变动范围为 7.35 ~ 7.45
    B. 平均为 7.40
    C. pH > 7.45 为失代偿性碱中毒
    D. pH < 7.35 为失代偿性酸中毒
    E. 动脉血 pH 的测定可区分酸碱平衡紊乱是代谢性的还是呼吸性的

69. 当 pH 在正常值范围内不代表
    A. 酸碱平衡　　　　　　　　　　　B. 酸中毒但代偿良好
    C. 碱中毒但代偿良好　　　　　　　D. 存在程度相近的酸中毒及碱中毒
    E. 体内没有酸碱平衡失调

70. $PaCO_2$ 的正常范围是
    A. 1.5 ~ 3.0kPa　　　　B. 2.5 ~ 4.0kPa　　　　C. 3.5 ~ 5.0kPa
    D. 4.5 ~ 6.0kPa　　　　E. 5.5 ~ 7.0kPa

71. $PaCO_2$ < 4.5 kPa 表示
    A. 呼吸性碱中毒　　　　　　　　　B. 代谢性碱中毒
    C. 失代偿性的代谢性酸中毒　　　　D. 失代偿性的代谢性碱中毒
    E. 以上都不是

72. $PaCO_2$ > 6.0kPa 表示
    A. 呼吸性酸中毒　　　　　　　　　B. 代谢性酸中毒
    C. 代偿后的代谢性酸中毒　　　　　D. 失代偿性的代谢性碱中毒
    E. 以上都不是

73. 有关阴离子间隙的叙述哪项不正确
    A. 是指未测定阴离子与未测定阳离子的差值　　B. 平均为 12mmol/L
    C. 阴离子间隙的参考值为 8 ~ 16mmol/L　　　　D. AG 值增高可见于呼吸性酸中毒
    E. 以上都不是

74. 有关缓冲碱的叙述哪项不正确
    A. 是指血液中所有具有缓冲作用的负离子碱的总和
    B. 常以氧饱和的全血在标准状态下测定
    C. 正常值为 45 ~ 52mmol/L
    D. 是反映呼吸性酸碱紊乱的指标
    E. 包括 HCO_3^-、Hb^-、HbO_2^-、Pr^-、HPO_4^- 等

75. 有关缓冲碱的叙述正确的是
    A. 是反映代谢性酸碱紊乱的指标　　　B. 代谢性酸中毒时 BB 增加
    C. 代谢性碱中毒时 BB 降低　　　　　D. 酸碱紊乱时该值不变

E. 以上都不对

76. 下列关于 $PaCO_2$ 的描述哪项不正确

A. 指物理溶解于动脉血浆中的 CO_2 所产生的张力

B. 其平均值是 5.3kPa

C. 不代表肺泡气 CO_2 分压

D. $PaCO_2 < 4.5$ kPa,表示肺通气过度,CO_2 排出过多

E. $PaCO_2 > 6.0$ kPa,表示肺通气不足,有 CO_2 潴留

77. 关于实际碳酸氢盐的叙述哪项不正确

A. 正常变动范围为 22 ~27mmol/L

B. 受呼吸因素的影响

C. 受代谢因素的影响

D. 是指在隔绝空气的条件下测得的血浆中 HCO_3^- 的真实含量

E. 实际碳酸氢盐与标准碳酸氢盐的差值反映了代谢因素对酸碱平衡的影响

78. 呼吸性酸中毒时

A. AB = SB　　　　　　　B. AB > SB　　　　　　　C. AB < SB

D. SB 升高　　　　　　　E. SB 降低

79. 呼吸性碱中毒时

A. AB = SB　　B. AB > SB　　C. AB < SB　　D. SB 升高　　E. SB 降低

【B 型题】

A. 60%　　　　B. 40%　　　　C. 20%　　　　D. 15%　　　　E. 5%

1. 正常成人的体液占体重的

2. 细胞内液占体重的

3. 细胞外液占体重的

4. 血浆占体重的

5. 组织间液占体重的

A. 150ml　　　　B. 350ml　　　　C. 500ml　　　　D. 1500ml　　　　E. 2500ml

6. 正常成人每天经肺排出的水约为

7. 正常成人每天由皮肤蒸发的水约为

8. 正常成人每天经消化道排出的水约为

9. 正常成人每天经肾排出的水约为

A. I^-　　　　B. Fe^{2+}　　　　C. Mg^{2+}　　　　D. Ca^{2+}　　　　E. Cu^{2+}

10. 血红蛋白中含有

11. 甲状腺素中含有

12. 心肌及骨骼肌的收缩需要

A. 甲状旁腺激素　　　　B. 降钙素　　　　C. 1,25-$(OH)_2$-D_3

D. 25-(OH)-D_3　　　　E. 甲状腺素

13. 能降低血钙和血磷浓度的是

14. 具有升高血钙、降低血磷的是

15. 经肝羟化生成的维生素 D 是

16. 能降低尿钙和尿磷浓度的是

A. 铜　　　　　B. 氟　　　　　C. 碘　　　　　D. 锌　　　　　E. 铁

17. 缺乏后会引起小细胞低色素性贫血的是

18. 可与胰岛素结合的是

19. 能影响铁吸收的是

20. 缺乏会引起地方性甲状腺肿的是

A. 心房利钠因子　　　　　B. 甲状旁腺激素　　　　　C. 抗利尿激素

D. 胰岛素　　　　　E. 醛固酮

21. 可增强肾小管细胞膜上腺苷酸环化酶活性的是

22. 具有排钾、排氢、保钠作用的是

23. 能促进肾远曲小管对 Ca^{2+} 重吸收的是

24. 可促进 K^+ 进入细胞的是

A. 碳酸氢盐缓冲体系　　　　　B. 血红蛋白缓冲体系

C. 无机磷酸盐缓冲体系　　　　　D. 有机磷酸盐缓冲体系

E. 血浆蛋白缓冲体系

25. 血浆缓冲体系中最重要的是

26. 红细胞缓冲体系中最重要的是

27. 对挥发酸的缓冲最重要的是

28. 对固定酸的缓冲最重要的是

29. 对碱的缓冲最重要的是

A. 碱剩余　　　　　B. 阴离子间隙　　　　　C. pH

D. 实际碳酸氢盐　　　　　E. 动脉血二氧化碳分压

30. 可反映肺泡气 CO_2 分压的是

31. 不受呼吸性成分的影响的是

32. 只反映代谢性酸碱紊乱的指标是

A. 失代偿性呼吸性酸中毒　　B. 代偿性代谢性酸中毒　　C. 代偿性呼吸性酸中毒

D. 失代偿性代谢性碱中毒　　E. 代偿性代谢性酸中毒

33. 原发性 H_2CO_3 增高，$NaHCO_3/H_2CO_3 = 20/1$

34. 原发性 $NaHCO_3$ 增高，$NaHCO_3/H_2CO_3 > 20/1$

35. 原发性 $NaHCO_3$ 增高，$NaHCO_3/H_2CO_3 = 20/1$

【C 型题】

A. K^+　　　　　B. Na^+　　　　　C. 两者均是　　　　　D. 两者均不是

1. 体内的主要阳离子

2. 细胞内液中的主要阳离子

3. 细胞外液中的主要阳离子

A. 蛋白结合钙　　　　　B. 离子钙

C. 两者都是　　　　　D. 两者都不是

4. 非扩散结合钙是

5. 直接发挥作用的是

6. 属结合钙的是

A. CT　　　　　B. PTH　　　　　C. 两者都是　　　　　D. 两者都不是

7. 能降低血钙和血磷浓度的是

8. 能升高血钙、降低血磷的是

9. 可由胆固醇转化生成的是

10. 能升高血钙和血磷的是

    A. 植酸　　　　　B. 铜　　　　　C. 两者都是　　D. 两者都不是

11. 能促进铁吸收的是

12. 能抑制铁吸收的是

13. 能促进锌吸收的是

14. 能抑制锌吸收的是

    A. 钙　　　　　　B. 磷　　　　　C. 二者都参与　D. 二者都不参与

15. 构成骨盐

16. 核酸的组成成分

17. 增强心肌收缩力

18. 参与能量的生成、储存和利用

    A. 挥发酸　　　　B. 固定酸　　　　C. 二者均是　　D. 二者均不是

19. 由肺排出

20. 由肾排出

21. 体内酸的主要来源

    A. 动脉血二氧化碳分压　　　　　　　B. 碱剩余

    C. 二者均是　　　　　　　　　　　　D. 二者均不是

22. 反映代谢性酸碱紊乱

23. 不受呼吸因素的影响

    A. 呼吸性酸中毒　　　　　　　　　　B. 呼吸性碱中毒

    C. 二者都是　　　　　　　　　　　　D. 二者都不是

24. SB 正常时,如果 AB > SB,可见于

25. SB 正常时,如果 AB < SB,可见于

【X 型题】

1. 体液电解质分布的特点包括

    A. 以毫克当量/升表示,体液呈电中性

    B. 以毫克当量/升表示,体液不呈电中性

    C. 细胞内、外液中各种电解质含量的差异很大

    D. 细胞内液的电解质总量比细胞外液高

    E. 细胞外液的电解质总量比细胞内液高

2. 使心肌兴奋性增高的是

    A. K^+　　　　　B. Na^+　　　　C. Mg^{2+}　　　D. Ca^{2+}　　　E. H^+

3. 水的功能包括

    A. 维持生物大分子构象　　B. 调节体温　　　　　C. 促进并参与物质代谢

    D. 润滑作用　　　　　　　E. 运输作用

4. 降低神经肌肉兴奋性的离子有

    A. Cl^-　　　　　B. K^+　　　　C. Mg^{2+}　　　D. Na^+　　　E. Ca^{2+}

5. 具有水和电解质平衡调节作用的激素有
   A. 抗利尿激素
   B. 醛固酮
   C. 心房利钠因子
   D. 甲状旁腺激素
   E. 胰岛素

6. 心房利钠因子的作用包括
   A. 强大的利钠、利尿作用
   B. 拮抗肾素-醛固酮系统的作用
   C. 显著减轻失水或失血后血浆中 ADH 水平增高的程度
   D. 舒张血管,降低血压的作用
   E. 以上都不是

7. 醛固酮对水电解质代谢的作用有
   A. 排钾的作用
   B. 排氢的作用
   C. 保钠的作用
   D. 保水的作用
   E. 保氯的作用

8. 钙的排泄特点包括
   A. 多吃多排
   B. 少吃少排
   C. 多吃少排
   D. 多吃不排
   E. 少吃不排

9. 扩散结合钙有
   A. 蛋白结合钙
   B. 柠檬酸钙
   C. 乳酸钙
   D. 氯化钙
   E. 硫酸钙

10. 手足搐搦的原因包括
    A. 钙离子浓度↓
    B. 钙离子浓度↑
    C. 镁离子浓度↓
    D. 镁离子浓度↑
    E. 以上都不是

11. 下列哪种食物为成碱食物
    A. 肉类
    B. 瓜果
    C. 豆类
    D. 谷类
    E. 蔬菜

12. 固定酸包括
    A. 乳酸
    B. 碳酸
    C. 乙酰乙酸
    D. 丙酮酸
    E. 醋酸

13. 硒能调节哪种维生素的代谢
    A. 维生素 A
    B. 维生素 C
    C. 维生素 E
    D. 维生素 K
    E. 以上都不是

14. 硒缺乏可引起哪些疾病
    A. 心血管疾病
    B. 神经变性疾病
    C. 糖尿病
    D. 癌症
    E. 克山病

15. 缺碘可引起
    A. 地方性甲状腺肿
    B. 甲状腺功能减退
    C. 甲状腺功能亢进
    D. 呆小症
    E. 桥本氏甲状腺炎

16. 含锌酶有
    A. 碳酸酐酶
    B. 醛缩酶
    C. 羧基肽酶
    D. 磷酸酶
    E. DNA 聚合酶

17. 挥发酸的来源主要包括
    A. 糖的分解代谢产生
    B. 脂类的分解代谢产生
    C. 蛋白质的分解代谢产生
    D. 维生素的分解代谢产生

E. 核酸的分解代谢产生

18. 对碱性物质具有缓冲作用的是

    A. H_2CO_3　　　　B. NaH_2PO_4　　　C. H-Pr　　　　D. $NaHCO_3$　　　　E. Na-Pr

19. 下列关于动脉血 $PaCO_2$ 的描述正确的是

    A. 是指物理溶解于动脉血浆中的 CO_2 所产生的张力

    B. $PaCO_2$ 基本上反映肺泡气 CO_2 分压

    C. $PaCO_2 > 6.0kPa$，表示肺通气不足，有 CO_2 潴留

    D. $PaCO_2 < 4.5kPa$，表示肺通气过度，CO_2 排出过多

    E. 正常范围为 $4.5 \sim 6.0kPa$

20. 下列关于 pH 的描述正确的是

    A. 平均为 7.40

    B. 是表示血浆中 H^+ 浓度的指标

    C. pH > 7.45 为失代偿性碱中毒

    D. pH < 7.35 为失代偿性酸中毒

    E. 以上都不对

21. 有关酸碱平衡紊乱叙述正确的是

    A. 低血钾时常伴有碱中毒

    B. 低血钾时常伴有酸中毒

    C. 高血钾时常伴有碱中毒

    D. 高血钾时常伴有酸中毒

    E. 以上都不对

22. 肾对酸碱平衡的调节作用中正确的是

    A. 主要是调节血浆中的 $[NaHCO_3]$

    B. 主要是调节血浆中的 $[H_2CO_3]$

    C. 主要是调节血浆中的 $[H^+]$

    D. 主要是调节血浆中的 $[OH^-]$

    E. 主要是调节血浆中的 $[NH_3]$

23. 关于钙的吸收率，叙述正确的是

    A. 婴儿的吸收率约为 50%

    B. 成人的吸收率约 20%

    C. 儿童的吸收率约为 40%

    D. 老年人的吸收率约为 30%

    E. 以上都不对

（二）名词解释

1. 体液

2. 电解质

3. 代谢水

4. 结合水

5. 非显性出汗

6. 可扩散钙

7. 非扩散钙

8. 钙磷乘积

9. 微量元素

10. 酸碱平衡

11. 挥发性酸

12. 固定酸

13. 阴离子间隙

14. 标准碳酸氢盐

15. 实际碳酸氢盐

（三）填空题

1. 水的存在形式包括_____和_____两种。

2. 人体每日经皮肤体表蒸发约排出_____ ml 水，经消化道约排出_____ ml 水，经肾约排出_____ ml 水，人体每日最低需水量为_____ ml。

3. 钙磷乘积的正常值为_____，其钙和磷的浓度是以_____来表示的。

4. 血浆钙有_____、_____两种存在形式。

5. 人体内钙总量约_____ g，磷总量约_____ g，钙的吸收率一般为_____。

6. 体内的酸性物质可分为_____、_____两大类。

7. 铁缺乏可导致_____，血浆铜蓝蛋白含有的微量元素为_____，成人缺碘可引起_____，胎儿及婴儿期缺碘可引起_____。

8. 进入血液的固定酸或碱性物质，主要由_____缓冲；挥发酸主要由_____缓冲。

9. 肾对 $NaHCO_3$ 浓度的调节作用主要是通过肾小管细胞的_____、_____及_____作用，排出多余的酸性物质来实现的。

10. 血浆 pH 是表示血浆中_____浓度的指标，$PaCO_2$ 是指物理溶解于动脉血浆中的_____所产生的张力，_____是指血液中所有具有缓冲作用的负离子碱的总和。

11. 高血钾时常伴有_____，低血钾时常伴有_____。

（四）问答题

1. 试述体内水的生理功能。

2. 试述体内水的来源和去路。

3. 体液中电解质具有哪些生理功能？

4. 体液电解质的分布有何特点？

5. 影响钙吸收的因素都有哪些？

6. 影响铁吸收的因素都有哪些？

7. 试述体内酸碱物质的来源。

8. 为什么说碳酸氢盐缓冲体系是血浆中最重要的缓冲体系？

9. 肺对酸碱平衡是如何调节的？

10. 肾对酸碱平衡是如何调节的？

四、参考答案

（一）选择题

【A 型题】

1. C	2. B	3. E	4. B	5. C	6. D	7. E	8. C	9. B	10. A
11. B	12. D	13. A	14. B	15. D	16. D	17. D	18. E	19. C	20. E
21. D	22. C	23. D	24. D	25. E	26. C	27. A	28. A	29. D	30. E
31. A	32. A	33. B	34. E	35. B	36. D	37. E	38. D	39. B	40. A
41. C	42. D	43. C	44. D	45. C	46. E	47. E	48. E	49. D	50. D
51. E	52. D	53. C	54. E	55. A	56. C	57. C	58. D	59. D	60. B
61. C	62. A	63. D	64. A	65. B	66. A	67. A	68. E	69. E	70. D
71. A	72. D	73. D	74. D	75. A	76. C	77. B	78. B	79. C	

【B 型题】

1. A	2. B	3. C	4. E	5. D	6. B	7. C	8. A	9. D	10. B
11. A	12. D	13. B	14. A	15. D	16. C	17. E	18. D	19. A	20. C
21. C	22. E	23. B	24. D	25. A	26. B	27. B	28. A	29. A	30. E
31. D	32. A	33. C	34. D	35. B					

【C 型题】

1. C	2. A	3. B	4. A	5. B	6. A	7. A	8. B	9. D	10. D
11. D	12. C	13. D	14. C	15. C	16. C	17. A	18. B	19. A	20. B
21. C	22. A	23. D	24. D	25. D					

【X 型题】

1. AC	2. BD	3. ABCDE	4. CE	5. ABC	6. ABCD
7. ABCDE	8. AB	9. BCDE	10. A	11. BE	12. ACDE
13. ABCD	14. ABCDE	15. ABCED	16. ABCDE	17. ABC	18. ABC
19. ABCED	20. ABCD	21. AD	22. A	23. AC	

（二）名词解释

1. 体液是体内的水分及溶解于水中的无机盐和有机物的总称。

2. 体液中的无机盐、某些小分子有机化合物和蛋白质等常以离子状态存在,称为电解质。

3. 代谢水是指糖、脂肪和蛋白质等营养物质在体内生物氧化过程中生成的水。

4. 结合水是指与蛋白质、核酸和蛋白多糖等物质结合而存在的水。

5. 非显性出汗即体表蒸发的水分,正常成人每天约 500ml。

6. 可扩散钙是指血浆中的钙离子及柠檬酸钙等,它们能透过半透膜或细胞膜,故称为可扩散钙。

7. 非扩散钙指与血浆蛋白结合,不能通过半透膜或细胞膜扩散的钙。

8. 钙磷乘积指血钙与血磷的浓度乘积(以 mg/dl 计)。

9. 凡含量占人体总重量的万分之一以下,每天需要量在 100mg 以下者均称为微量元素。

10. 机体通过一系列的调节作用,最后将多余的酸性或碱性物质排出体外,使体液 pH 维持在相对恒定的范围内,这一过程称为酸碱平衡。

11. 即碳酸,因 H_2CO_3 随血液循环运至肺部后重新分解成 CO_2 并呼出体外,故称 H_2CO_3 为挥发酸,是体内酸的主要来源。

12. 不能由肺呼出,必须经肾随尿排出体外的酸性物质,称之为非挥发酸或固定酸。

13. 阴离子间隙是指未测定阴离子与未测定阳离子的差值。

14. 标准碳酸氢盐是全血在标准条件下,即温度 37℃,$PaCO_2$ 为 5.3kPa,Hb 的氧饱和度为 100% 时测得的血浆中 HCO_3^- 的含量。

15. 实际碳酸氢盐是指在隔绝空气的条件下,在实际体温、$PaCO_2$ 和氧饱和度情况下测得的血浆中 HCO_3^- 的真实含量。

（三）填空题

1. 自由水;结合水

2. 500;150;1500;1200

3. 35～40;mg/dl

4. 游离钙;结合钙

5. 700～1400;400～700;25%～40%

6. 挥发酸;固定酸

7. 小细胞低色素性贫血;铜;地方性甲状腺肿;呆小症

8. 碳酸氢盐缓冲体系;血红蛋白缓冲体系

9. 泌氢;泌氨;泌钾

10. H^+;CO_2;缓冲碱

11. 酸中毒;碱中毒

(四)问答题

1. ①调节体温;②促进并参与物质代谢;③运输作用;④润滑作用;⑤结合水对维持生物大分子构象,保持细胞、组织、器官的形态、硬度和弹性起到一定的作用。

2. ①人体每日水的来源平均为(ml):饮水(包括饮料)1200;食物水1000;代谢水300;总计2500。②人体每日水的去路平均为(ml):呼吸蒸发350;皮肤蒸发500;消化道排水150;肾排水1500;总计2500。

3. (1)维持体液渗透压和酸碱平衡:无机盐中的 Na^+、Cl^- 是维持细胞外液渗透压的主要离子,而 K^+、HPO_4^{2-} 是维持细胞内液渗透压的主要离子。

(2)维持神经、肌肉的兴奋性

$$神经、肌肉的兴奋性 \propto \frac{[Na^+]+[K^+]}{[Ca^{2+}]+[Mg^{2+}]+[H^+]}$$

$$心肌兴奋性 \propto \frac{[Na^+]+[Ca^{2+}]}{[K^+]+[Mg^{2+}]+[H^+]}$$

(3)参与物质代谢:某些无机离子是多种酶类的激活剂或辅助因子,如细胞色素氧化酶需要 Fe^{2+} 和 Cu^{2+};Cl^-、Br^- 及 I^- 等可促进唾液淀粉酶对淀粉的水解。Ca^{2+} 与肌钙蛋白结合能激发心肌和骨骼肌的收缩。糖类、脂类、蛋白质、核酸的合成都需 Mg^{2+} 的参与。血红蛋白中的 Fe^{2+}、甲状腺素中的 I^- 也均与其生物活性密切相关。

(4)构成组织细胞成分:电解质存在于机体所有组织细胞中。如钙、磷和镁是骨、牙组织中的主要成分;含硫酸根的蛋白多糖参与构成软骨、皮肤等组织。

4. ①体液电解质的含量若以毫克当量/升(mEq/L)表示,细胞外液和细胞内液阴、阳离子总量相等而呈电中性;②细胞内、外液中各种电解质含量的差异很大。细胞外液的阳离子主要为 Na^+,阴离子主要为 Cl^- 和 HCO_3^-;细胞内液的阳离子主要为 K^+,阴离子主要为 HPO_4^{2-} 和蛋白质负离子;③细胞内液的电解质总量比细胞外液高,但细胞内液与细胞外液的渗透压却基本相等;④血浆与组织间液的电解质组成及含量较接近,但血浆中蛋白质的含量远远大于组织间液。

5. ①维生素D是促进钙吸收的最重要因素;②降低肠道pH可促进钙的吸收;③食物中的某些成分可影响钙的吸收:过多的草酸、植酸、脂肪酸、碱性磷酸盐等可与钙结合形成难溶性钙盐,阻碍钙的吸收;镁盐过多也可抑制钙的吸收;④钙的吸收率与年龄呈反比。

6. ①胃酸、维生素C、半胱氨酸和谷胱甘肽等还原性物质因可将 Fe^{3+} 还原为 Fe^{2+},从而有利于铁的吸收;②某些氨基酸、柠檬酸、苹果酸和胆汁酸等可与铁结合成可溶性螯合物,促进了铁的吸收;③植酸、草酸和鞣酸等可与铁形成不溶性铁盐而阻碍铁的吸收;④此外,小肠黏膜细胞中存在铁的特异受体,能根据需要控制铁的摄入量,当体内储存铁增多时则吸收减少,反之,储存铁不足时则吸收铁增多。

7. ①体内的酸性物质主要来自糖、脂类及蛋白质等的分解代谢,故这些物质被称为成酸物质,另外少量来源于某些食物及药物;②体内碱性物质主要来源于食物中的瓜果蔬菜,此外,某些药物本身就是碱,如抑制胃酸的药物碳酸氢钠等。机体在物质代谢过程中也可产生少量的碱性物质,如氨基酸脱氨基生成的 NH_3。

8. 在血浆缓冲体系中以碳酸氢盐缓冲体系最重要,因为血浆 $NaHCO_3/H_2CO_3$ 缓冲体系不仅缓冲能力强,而且该系统可进行开放式调节,其 H_2CO_3 浓度,可通过体液中物理溶解的 CO_2 取得平衡而受肺的呼吸调节;而 $NaHCO_3$ 浓度则可通过肾的调节作用维持相对恒定。

9. 肺通过呼出 CO_2 来调节血中 H_2CO_3 的浓度,以维持 $[NaHCO_3]/[H_2CO_3]$ 的正常比值。当动脉血 PCO_2 增高或 pH 及 PO_2 降低时,呼吸中枢兴奋,呼吸加深加快,CO_2 呼出增多;反之,当动脉血 PCO_2 降低或 pH 升高时则呼吸中枢受抑制,呼吸变浅变慢,CO_2 呼出减少。

10. 肾对酸碱平衡的调节作用,主要是通过调节血浆中的 $[NaHCO_3]$,以维持血浆 pH 的恒定。当血浆中 $[NaHCO_3]$ 下降时,肾对酸的排泄及对 $NaHCO_3$ 的重吸收作用加强,以恢复血浆中 $NaHCO_3$ 的正常浓度;当血浆中 $[NaHCO_3]$ 升高时,肾减少对 $NaHCO_3$ 的重吸收并排出过多的碱性物质,使血浆中 $[NaHCO_3]$ 仍维持在正常范围。因此,肾对酸碱平衡的调节作用,实质上就是调节 $NaHCO_3$ 的浓度。肾的这种调节作用主要是通过肾小管细胞的泌氢、泌氨及泌钾作用,排出多余的酸性物质来实现的。

（李　妍）